孝道决定人生

李 军 著

孝道不看，一生遗憾；
孝道一读，家庭幸福；
孝道必学，人生和谐；
孝道做到，回归大道。

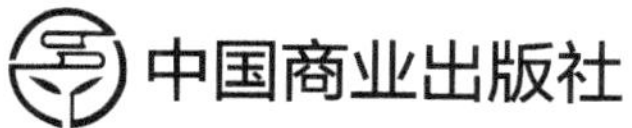

中国商业出版社

图书在版编目（CIP）数据

孝道决定人生 / 李军著 . -- 北京 : 中国商业出版社 , 2023.6

ISBN 978-7-5208-2537-5

Ⅰ . ①孝…　Ⅱ . ①李…　Ⅲ . ①孝－传统文化－中国　Ⅳ . ① B823.1

中国国家版本馆 CIP 数据核字（2023）第 126605 号

责任编辑：石胜利

策划编辑：王　彦

中国商业出版社出版发行

（www.zgsycb.com　100053　北京广安门内报国寺 1 号）

总编室：010-63180647　编辑室：010-83128926

发行部：010-83120835 / 8286

新华书店经销

北京虎彩文化传播有限公司印刷

*

710 毫米 ×1000 毫米　16 开　15 印张　240 千字

2023 年 6 月第 1 版　　2023 年 6 月第 1 次印刷

定价：75.00 元

* * * *

（如有印装质量问题可更换）

修订版前言

自2015年版《孝道决定命运》出版以来，深受广大读者的欢迎，先后共印刷了8次。在演讲这个课程和销售这本书的过程中，不少听众和读者提出了许多关心的问题，本人都给予了相应的解答，其中一些解答的内容就出现在这次的修订版中。另外，本人对忠孝方面的论述无论是深度、宽度还是高度都进一步地提升了，其中一部分内容也体现在修订版中。因此，修订版中除了删除了2015年版中的少量内容外，还增加了孝亲尊师、孝道与社会主义核心价值观等，进一步增加了忠道方面的相关内容，增加了任正非、王传福、曹德旺等人的案例，在悟道章节中也进行了完善，使内容更加深入。当然，在其他方面也做了少量的修改，在此就不一一提及了。总之，修订版比2015年版更加全面深入，即更加有深度和宽度，也更加有高度。经过再三考虑之后，修订版取名为《孝道决定人生》。

修订版的完成，首先要感谢太太周轶和儿子李翔的支持，更要感谢广大的读者和听众的支持！

作者再次强调，这本书不仅适合企业家、企业的精英、银行职员，同样适合公务人员、成功的追求者和幸福的追求者，也适合充满理想的大学生、中学生和高年级的小学生。

作者再次感谢给2015年版提供了帮助的老师和朋友等。首先要感谢邓卉茹老师一直以来给了我许多学习机会、锻炼机会和指点，还要感谢赵清先生、冯英老师，再就是要感谢颖君师姐陈骏富、张飚师兄等。此外，还要特别感谢马东华老师、黎泊明老师，以及从未见过面的陈大惠、蔡礼旭、钟茂森、胡小林、林文雄、李丹、徐井才等老师，还有净空法师，而李毅行长也提供了一系列的建议，在此再次表示感谢！

李　军

2023 年 3 月 9 日

2015版前言

世界上没有一个不渴望成功、不渴望幸福的人，但是真正实现自己理想的人却屈指可数。一直以来，不知有多少人四处苦苦寻求成功之道、幸福之道，可是终其一生终究还是没有找到。却不知道她就在身边，就在家里。为了追求梦想，我也和大家一样，苦苦寻求成功之道，一直不懈地努力，一直不懈地参加各种学习和培训。

1992年4月曾到一家大型上市公司任职，曾担任过某事业部的核算中心主任、集团国内市场部西南区域商务经理，其间接受过大量的较为系统的市场营销培训；2003年11月曾在美国的一家公司从事营销工作，做到高级营销主任，其间接受了大量学习、培训、训练，包括源自美国西点军校的培训，还特别对西点军校进行了研究，从而对西点军校的培养人才的理念有深刻的了解。此外，参加了很多成功人士介绍成功之道的学习，也看了很多介绍成功人士的成功之道的书，还看了不少西方的修炼自己、提升自己的书籍，而也正是在这家公司接受了马东华老师的较系统的传统文化的学习与培训之后，才让我顿悟。我深感我们中华民族的伟大，深感传统文化的博大精深，于是又大量恶补学习了陈大惠老师主持的《圣贤教育改变命运》，蔡礼旭老师主讲的《弟子规》，钟茂森老师主讲的《孝经》，以及胡小林老师、净空法师的光碟，后来又参加了黎泊明老师的传统文化的课程，还参加了慈济的读书会和薰法香等，从而对传统文化又有了更深的认识，特别是对孝文化有了更加深刻的认识和理解，进而使我深感中国传统文化特别是孝文化的优秀。虽然中华民族孝文化是世界上独一无二的文化，是世界上最优秀的文化，但是，我过去一直对中国优秀传统文化不屑一顾，这和我经历过的时代有关，那时中国优秀的传统文化几乎到了灭绝的地步，如果谁说传统文化好，挨批、挨斗、挨打并且拖累全家那是轻的，严重的可能引来杀身之祸。在那个年代，我们根本无法系统地学习优秀的传统文化，也无法系统地了解优秀的传统文化，很多人都存在对传统文化的错误认识和看法。在美国的公司做营销期间就一直有人约我去听免费的、公益的传统文化的课程，我根本就没兴趣去参加，以为我在重点大学学习过，又在国内外的著名的大公司长期接受了大量的学习培训，包括源自美国西点军校的培训学习，根本不相信那些优秀传统文化对我能有帮助。所以，我不愿意去参加学习。正是因为这家公司组织学习才有缘参加传统文化的学习，才较系统地了解了中国传统文化。否则的话，可能永远没有机会系统地学习、认识传统文化。

正因为我这种人生经历和学习经历，才让我认识到仅凭目前中学期间学习几个经典课程是难以系统地认识到中华优秀传统文化特别是孝文化的优秀性的。因此，就算是学完高中，哪怕是上了大学，读了硕士、博士，也难以让这些人明道、信道、行道，那些腐败分子都往往是有一定学历甚至高学历的人，也正因为这样，我们才要特别注重“传道”。

有感于传统文化赋予我们及这个时代的责任，立志弘扬传统文化特别是孝文化，努力推广传统文化特别是孝文化。希望通过传道，让大家明道、信道、行道，从而提升全民族、全社会的道德修养，实现文化自信和文化力量，实现中华文化的伟大复兴，为中国梦的实现，为中华民族的伟大复兴，为世界和平贡献自己微薄的力量。使命是“为天地立心，为生民立命，为往圣继绝学，为万世开太平”。

于是，我开始准备企业培训用的 PPT。企业培训和大学学习不一样，不可能一个个着重强调，于是有了这本书的前身——《孝道基因》PPT。

我想传统文化这么好，孝道的威力这么大，应该将它写成书。这样才便于将孝道送进亿万家庭，将孝道送进企业，从而提高亿万家庭的孝道层次，提高企业员工的孝道层次，从而促进亿万家庭生活幸福，促进企业良性发展，促进社会和谐，为中国梦的实现添砖加瓦，为中华民族的伟大复兴、为世界的和平贡献自己的微薄力量。因为再过十年、二十年，就算是中国梦实现了，就算是水涨船高，大家的收入提高了，大家有钱了，但是，如果大家或多数人的孝道都没有提高，或者说孝道层次都比较低，都不怎么孝敬父母的话，这样的人、这样的家庭怎么可能幸福呢？这样的社会怎么能和谐呢？中国梦又能持续多久呢？更何况我们在实现中国梦的过程中本身就面临很多的挑战。

这就是“传道”的关键所在，我们一定要通过“传道”来真正提升全民的道德水准，使中华民族真正走上伟大复兴之路，并长盛不衰。

“传道”传什么？传道的核心就是传孝道，传忠孝。忠孝的教育必须从小抓起。忠孝是立国兴国、立业兴业、立家兴家之本。忠孝的教育是最廉价、最牢固的防护体系，虽没有千军万马但胜似千军万马。这才是传道的关键所在。

因此，我们要在为中国梦努力拼搏的同时，不断提升孝道层次，从而提升我们的道德水准。当中国梦实现的那一天，我们收入高了，多数人的孝道层次都得到一定的提升，这样的人、这样的家庭就基本算是幸福了，这样的社会也就和谐了。于是我下决心把 PPT 转化成一本书。

但是，自己身边这些人大多数都是名不见经传的人，没有说服力（尽管其中有千万富翁、亿万富翁，也有一定水平的学者、专家、教授，还有做到一定级别的官员），于是，我又进一步研究历朝历代帝王的孝道层次对其本人的命运及对应时期的社会情况及朝代的兴衰的影响，发现朝代的开创、兴衰及灭亡，最终是由皇帝的孝道决定的。此外，我还研究了释证严、李嘉诚和比尔・盖茨等人的孝道情况，发现他们的命运都是由孝道决定的。此外，还发现所有的帝王、成功人士并不清楚孝道决定了他们的命运，很多关于所谓成功之道的书介绍的所谓成功之道，都是分道、小道甚至是细枝末节，而最终决定他们成功和命运的根源是孝道。那些失败的人也不知道他们失败的根源也是因为孝道。写作这本书的过程，又使我进一步加深了对孝道的认识，加深了对《孝经》和《道德经》的认识，并且对它们有了新的见解，我都把它们的很多内容写进了本书，于是就取名《孝道决定人生》。实际上，还想过《孝道决定结局》，觉得也很适合，思来想去，最后还是取名《孝道决定人生》。

希望读者通过这本书，深刻认识孝道，力行孝道。熟练掌握好孝道，对于我们识人、选人、育人、用人、待人以及交友都将有非常大的帮助。此外，我们熟练掌握好孝道，力行孝道，提升孝道层次，还可以获得成功人生、幸福人生。

因此，这本书不仅适合企业家、企业的精英、银行职员，同样适合公务人员、成功的追求者和幸福的追求者，也适合充满理想的大学生、中学生和高年级的小学生。

最后，让我们一起来学孝道，修孝道，行孝道，为我们的父母，也为我们自己的幸福，为家人的幸福，为大家的幸福，为中国梦的实现，为中华民族的伟大复兴，为世界的和平，为人类的幸福，为弘扬我们中华民族优秀的传统文化做出贡献。

李　军

2015 年 5 月 31 日

幸福的根源是什么

每个人来到这个世界，忙忙碌碌，追求的是什么？

概括起来说，不外乎是成功或者幸福。成功最终还是为了幸福，但是有很多的人成功之后并不幸福。

有些富豪们为什么犯罪？

2012年前的过去10年，《胡润百富榜》上榜发生变故的有48名。其中所谓的“问题富豪”可以分为六个类别：

一、被判刑的16人；

二、尚未宣判的3人；

三、正在被调查的10人；

四、下落不明的7人；

五、曾被调查过的7人；

六、去世的5人。

有些银行高管和领导人为何犯罪？

希特勒为什么是战争狂魔？

韩国前总统为什么被枪杀？

任正非为什么能够成为世界通信大王？

曹德旺为什么能成为世界玻璃大王？

王传福为什么能成为世界电动汽车大王？

盖茨为什么能成为世界首富？

钱学森为什么能成为世界性的科技泰斗？

虞舜为什么能够继承帝王？

秦始皇嬴政为什么能使秦朝灭亡，子孙几乎灭绝？

汉文帝刘恒为什么能够开创中国第一个盛世？

唐太宗李世民为什么能够开创唐朝盛世？

隋炀帝杨广为什么能使隋朝灭亡，子孙几乎灭绝？

北宋宋徽宗赵佶为什么能使北宋灭亡，子孙几乎全部做金朝的俘虏？

南宋宋高宗赵构为什么开创不了宋朝盛世？

崇祯帝为什么会使明朝灭亡？

康熙帝玄烨为什么能够开创康乾盛世？

导致这种结果的根源是什么？

如何才能趋吉避凶？

如何才能避免失败？

如何才能使自己发展顺利？

如何才能获得幸福的生活？

……

学好优秀传统文化，修好孝道，行好孝道，就可以明白上述这些人为什么犯罪，就可以避免失败，获得幸福生活。

可能有人会说了，什么优秀传统文化，什么孝道，那不是封建迷信，那不是糟粕吗？那不都是过时的东西吗？

我们把它说成封建迷信，说成糟粕，那是因为我们不懂。因为它讲的是道，讲的是规律。这些东西千古不变，不仅不会过时，而且会被当成法宝，辈辈相传。

孔子的思想在古代就被当作齐家、治国、平天下的经典思想，而在现代更是被各国人反复研究。他的思想被广泛应用于各个领域，对经济文化建设起到了良好的效果。在国外，特别是在日本、韩国，都非常信奉中国传统文化，而且现在在传统文化方面做得很好。韩国人甚至认为孔子是他们的祖先。日本是个尊师重教的国度，是最崇拜孔学的国家之一，其儒家思想的精髓很大一部分就是孔学，所以日本人拜孔子。

早在 1988 年年初，75 位诺贝尔奖得主曾在巴黎宣称：如果人类要在 21 世纪生存下去，就必须回到2500年前，去汲取孔子的智慧。英国著名思想家、历史学家、哲学家汤恩比教授就说：“孔子是华夏民族的圣人，儒家文化和大乘佛法是拯救人类的不二选择。”

人们不禁要问，为什么他们这么推崇孔子的思想和智慧，孔子的思想和智慧的核心是什么？孔子的思想和中国传统文化又是什么关系？中国传统文化又是什么呢？

简单地说就是中华民族的精神和灵魂，它最重要的核心就是中华文明的价值观。它是我们这个民族千年万世以来的源头。中华民族的精神和灵魂是我们这个民族最根本的依靠，是历朝历代治国安邦的立国之本，是千年以来，每个家庭和睦兴旺的法宝，是从古至今每个人安身立命的指导原则。

中国人的安身之法，齐家之宝，立国之本，民族之根，通通都依靠这条永不断绝的民族命脉，而且它也是全世界所有民族中唯一没有断绝过的民族命脉。

但是，一百多年来，西方的侵略、战乱、灾荒和各种运动斗争，特别是最近百年来的西方污染，使中华传统文化到了灭绝的边缘。我记得我小的时候，谁也不敢提传统文化，谁都不敢说传统文化好。那时，传统文化往往成了社会大众嘲笑的对象，拍电影、演戏等，都把它作为反面的东西来“教育”大家，大家对它的印象是丑陋的、封建的、落后的、迷信的、糟粕的东西。我们从小到大根本就没有条件学传统文化，也就根本不了解传统文化。

在当时人们的印象中，尤其是在年轻人的印象中，只有美国的、西方的东西，西方的生活，才是人们的追求和梦想。

中华传统文化的核心代表是儒家、佛家和道家，这三家合称“儒释道”。儒释道的教育使中华文明成为人类历史上公认的最灿烂的文明。

中华文明的根就是孝道，一切圣贤经典都离不开孝道，这里边蕴含着极深的真理。

在中华传统文化的核心代表中，儒家的根本是《弟子规》，道家的根本是《太上感应篇》，佛家的根本是《十善业道经》。《弟子规》是这三个根本中的最根本，是根本中的根本。

中华民族的精神命脉就是“孝、悌、忠、信、礼、义、廉、耻、仁、爱、和、平”这十二个字，传了五千年，滋养着一代又一代的中国人。

传统文化的核心是什么?

就是孝道文化，这是我们中华民族独一无二的文化瑰宝，而传道的核心就是传孝道，就是要学孝道，行孝道。

不论是儒释道，还是中华民族精神命脉，或者说传统文化，核心都是孝道。

学习传统文化，关键是学好孝道，力行孝道，落实到位，就能吉祥幸福，让我们过上幸福生活。

目录

第一章　孝道篇：孝道是一切道德的根本

第二章　忠道篇：忠孝是安身立命传家之本

第三章　悟道篇：领悟大道才懂把握命运

第四章　行道篇：力行孝道，缔造幸福

第五章 案例篇：孝道是中国人的血脉

第一章

孝道篇：孝道是一切道德的根本

做事先做人

要把人做好，就要在处理自己与父母、长辈、老师、兄弟姐妹、夫妻、子女、朋友、上级的关系中，遵守伦常道德，信守我们中华民族的精神命脉——孝、悌、忠、信、礼、义、廉、耻、仁、爱、和、平。

我们经常听到一些成功人士讲，做事先做人，带人带作风。做人非常重要。

曾经有一个企业家在家里思考企业的一些重大的事情，他五岁的儿子吵着要他陪着玩。这位企业家很烦，就将一本杂志的封底撕成碎片，并对他的儿子说："你先将这上面的世界地图拼完整，爸爸就陪你玩。"可是过了不到五分钟，儿子又来拖他的手说："爸爸我已经拼好了地图，你陪我玩吧！"这位企业家非常生气："小孩子要玩是可以理解的，但如果说谎话就不好了。怎么可能这么快就能拼好这张世界地图呢？"

儿子非常委屈地说："可是我真的已经拼好了这张地图呀！"

这位企业家一看，果然如此，真的拼好了。他非常好奇地问："你是怎么拼完整的？"

儿子说："这个世界地图的背面是一个人的头像。我反过来拼，只要把这个人拼好了，世界地图就拼完整了。"

所以，做事先做人。做人做好了，他的世界也就是好的。

人之所以为人，就是因为人有人品，人有人道。做事先做人，一件很容易办成的事，因做人不好就是办不成；一件很难办的事，因做人好就是办成了。凡事要讲德，要遵循人道，"看那个人的德行就够了"，谁还敢与其共处?

德高望才重，老师说："好德如好色！厚德才能载物！"如果每个人都把道摆在第一位，做事将省去很多麻烦，世界将和谐很多……"小胜靠智，大胜靠道"，凡成功者都以道御术，以德服人，以德服天下。得人心者德也！

那具体怎么做人?

我们要把人做好，就要处理好人与人之间的关系。那么，就要知道人与人之间有什么关系，彼此相处要遵守什么规矩、什么准则。

这个规矩、这个准则对于人类来说最重要的就是人道，在家庭里，就有很多道，如夫道、妻道、母亲道、父亲道、子女道、婆道、公道等，这些都是伦常道德，都是人道。而对于从政的人来说，还有官道，这个官道是在遵守相应的人道的基础上，去遵守相应的组织纪律、规矩和法律等。而对于从商的人来说，还有商道，就是在遵守相应的人道的基础上，去遵守相应的商业规矩和法律等。

我们很多人也知道要把人做好，却是按自己的标准去做人。有的人参加很多学习，甚至参加过很多源自西方的学习和培训，一学习传统文化，一学习《弟子规》，才发现自己的很多标准都不对，才知道自己过去犯了很多错。

我们在生活中要遵守的伦常道德是什么呢？

伦常道德，概括起来说就是五伦、五常、四维、八德。按照我们现在通俗的话来说，就是人道。

伦常道德，不是中国古人发明创造的，而是古人发现的，是人性中本身就有的根本规律。

从远古的商、夏、周开始，一直到清王朝，四千多年，中华民族历朝历代的法律中，核心的精神就是首先要维护伦常道德。

因为伦常道德是人的秩序。这个秩序直接关系到家庭、族群、社会乃至国家的安危。

伦常道德如果是没用的东西，或者是危害人类的东西，早就被淘汰掉了，怎么可能会传承几千年从来没有改变呢？

而且历朝历代都用法律的形式保障它，足以证明伦理道德正是国家命脉所系，是中华民族命脉所系。什么时候乱了，什么时候国家就会出现危险。

在《左传》这部著作中，有一句千古名言，叫“人弃常，则妖兴”。“常”就是恒常不变、永恒不变的真理。这句话的意思就是说人放弃了伦常道德（不遵守伦常道德），人就不是人了，就成了妖，妖魔鬼怪就会兴旺起来。换句话来说，这个人只是生理上、外表上是个人，他的思想、所作所为就不是正常人的思想言行了。因为他所做的事情，不符合人道了，也就是不符合伦常大道了。

我们看看中国的历史就会明白，人道丧失了，社会再繁荣，国家再富强，都很难长久地持续下去，各种灾难都会爆发出来。在我们中国的历史上，不管哪个朝代、哪个时代，只要人道丧失了，天下就会大乱。因此，老祖宗的文化违背不得，伦常大道违背不得。

“人弃常，则妖兴”说明人妖之间的区别是有没有伦常道德。按照人道做事，就是人；不按照人道去做事，就不是人，就是妖。我们在生活中就会听到有人骂人说“不是人”，就是这个意思。有些人长得人模人样，却不做人事，不孝父母，不孝公婆，这就不是人，就是妖。

伦常道德这么重要，具体内容是什么呢？

这个伦，就是人伦，也就是人的关系，是指人的天然关系、天然秩序。五伦就是指人一共有五种人伦关系，就是“父子有亲，长幼有序，夫妇有别，君臣有义，朋友有信”。人生在世，有这五种基本关系，这五种关系乱了，人道就乱了，天下就会大乱。

今天，很多人不知道传统文化为何物，这没有关系。但是，我们今天认真听一听，学一学，看一看，我们就会清楚优秀传统文化的好处，就会清楚这五伦关系的重要性。要想家庭关系和谐，工作顺利发展，人生幸福美满，就必须把人做好，就必须处理好这五伦，也就是必须处理好这五种关系。不处理好的话，人际关系就不顺，家庭关系就不顺，事业就不顺，生意就不顺。

由此，人们自然就清楚人的这五种关系根本不是中国人发明创造的，而是人类和谐社会本身就存在的，是人们必须遵守的真理和规律。

父母和子女、长辈和晚辈、丈夫和妻子、上级和下级、朋友和朋友，这是人生在世的每个人每天都必须面对和处理的五种关系。

古人讲，这五种关系处理得好，天下就大治；处理不好，天下就大乱。谁处理好了，谁就幸福；谁处理好了，谁就顺利，谁就有发展；谁处理得越好，谁就越幸福；谁处理得越好，谁就越顺利，谁就越有发展。而人伦道德，人和人的关系是根本无法用法律来根本解决的。所以，千百年来，伦常道德的教育是不可替代的，也是无法抛弃的。

五常就是“仁、义、礼、智、信”。它是人类社会最基本的行为准则。通俗地说，就是作为一个人，必须遵守的规矩。常就是恒常不变，永不改变的真理。

人们可以想象一下，如果一个人不要这五种做人的规矩了，不仁、不义、不礼、不智、不信，谁愿意和这样的人来往呢？谁愿意和这样的人成家过日子呢？

所以，五常的教育是一个人在社会上安身立命的最基础的教育。是一个人最起码的做人资格的教育。

你可以想象一下，一个家庭、一个学校、一个企业、一个单位、一个社区甚至一个社会，其中绝大部分的人都没有受过五常的教育，大家都不仁、不义、不礼、不智、不信，那该是多么混乱不堪和痛苦的景象，身在其中的人，体会一定是很深刻的。

四维，就是“礼、义、廉、耻”，就是四种维系社会长治久安的根本。《管子》云：“四维不张，国乃灭亡。”就是说“礼、义、廉、耻”没有了，这个民族和国家就非常危险了。

在人性中有八种与生俱来的根本的德行，就是八德。八德，就是“孝、悌、忠、信、仁、爱、和、平”。在这八德中，为什么要将“孝”排在第一位，这是我们学习传统文化必须思考清楚学习明白的。只有把孝道做好了，其他才可能做好。孝道没有做好，其他全部受影响。

过去，由于受错误思潮的影响，彻底丢掉了优秀传统文化的教育，那是教育上的严重错误。当然，我们也不能盲目排外，不学西方好的东西。我们要在学好优秀传统文化的基础上，去学好西方的东西。这就叫古为今用，洋为中用吧。这样才能真正有利于个人的发展，才能真正有利于国家的发展，才能真正有利于中国梦的实现。否则，自己的优势丢掉了，没有发挥出来，而外国的东西又学不好，就会像过去一样，被西方列强欺负。

因此，要普及中国优秀的传统文化，从小学到中学都要系统地、由浅入深地接受中国传统文化的教育，尤其是孝道的教育。小学、初中、高中都要学。不同的阶段，学习的内容不同，学习的深度不同，学习的侧重点不同。师范大学也要系统地学习中国传统文化，中国优秀传统文化最好成为师范大学的必修课，使老师真正成为像孔子一样的“传道、授业、解惑”的人，而不是只“授业”。

中华民族的精神和命脉就是孝悌、忠信、礼义、廉耻、仁爱、和平。这十二个字，传了五千年，从来没有更改一个字，滋养着一代又一代的中国人。

再具体一点说，在家里要孝顺父母公婆，要尊重长辈，不论对待大小，都要仁爱和平，要守时、守信、守承诺，要懂得礼义廉耻，明白是非；在单位里，要忠于国家、忠于单位、忠于职守，对单位、对领导要信守承诺，服从分配，积极主动地按时、按质、按量地完成工作。

男人八德：孝悌忠信，礼义廉耻；女人八德：孝顺和睦，慈良贞静。

男人八德和女人八德的不同是与男女在家庭里、在社会上的分工不同有关，更重要的是与男女天性不同有关。

我们知道了伦常道德，知道了我们中华民族的精神命脉，我们就要清楚怎么做人，要做好人从哪里开始?

从孝道开始，孝是人道的第一步，也是人生的第一步。

孝道是天下第一大道

孝道是人道的第一步，是一切道德的根本，是一切道德的基因，是天下第一大道。

人有一个终身不变的身份——子女。人生的一切角色，都是由子女演变而来，要想把这些角色做好，就一定要先做好子女。要做好子女首先要做好孝道，孝道就如衣服的第一个扣子，第一个扣子扣错误，其他扣子怎么扣都是错误的。

孝道是人道的第一步，也是天下第一大道。要把人做好，就要做好人道；要做好人道，就要从孝道开始，从孝敬父母开始，孝敬父母是人道的第一步。

五伦关系中，排在第一的就是“父子有亲”。人的所有角色都是子女演变而来的。人来到这个世界就是先做儿子，先做女儿。只有先做好子女，然后才懂得做好丈夫，才懂得做好妻子，才懂得做好父亲，才懂得做好母亲等。因此，先要做好儿子道、女儿道，才能做好夫道、妻道、父亲道、母亲道、媳妇道、婆婆道、公公道、官道、商道等。要做好子女，就必须做好孝道。没有做好孝道，就做不好子女，其他道也就做不好。而且在所有这些道中，孝道时间最长，一个人从出生一直到离开人世都离不开孝道。不管人的一生扮演过什么

角色，子女的身份永远不变。所以，所有这些道的根本都是孝道。这就是孔子说的“夫孝，德之本也”。

五伦关系中，“父子有亲”就如衣服的第一个扣子，这个扣子扣得正确与否由孝道来决定，这个扣子扣错了，也就是说这个人没有孝道，这个人不孝，其他扣子怎么扣都是错的。

一条河流，上游被污染，下游必被污染；源头被污染，整条河流必被污染。人道有如一条河流，孝道就有如这条河流的源头，孝道这个源头不好，其他的道，一定做不好，怎么做都是错的，这个人怎么做都是没有道义的，其他就是做得“再好”都是没有道义的。这就是孔子所说的“不爱其亲而爱他人者，谓之悖德；不敬其亲而敬他人者，谓之悖礼”。

这又有如细胞，基因的遗传片段 DNA 出了问题，细胞必出问题，人必然出问题。孝道就是基因的遗传片段，孝道出了问题，所有道德必出问题，人一定出问题。

所以，孝道没有做好，其他道肯定做不好，这样的人生怎么可能好呢？怎么可能有成就呢？怎么可能幸福呢？怎么可能没有灾祸呢？就算取得了成就，就算有幸福，也是暂时的，也必将倒塌，必将出灾祸。

饮水要思源，做人莫忘本。奉养、孝敬父母，才能美化心地，守护善性。尽孝立身传家，回归传统伦理道德，才能缔造幸福人生，才能缔造幸福家庭，才能创造人文之美的世界。

这也就是人们通常为什么说“百善孝为先，万善孝为基”的原因。

（1）经典之孝

读尽天下书，无非一“孝”字。

——曾国藩

曾国藩在家书中这样写道：“在‘孝悌’这两个字上，你尽一分力，就会得到一分的学问，你尽十分力，就会得到十分的学问。”有些人读书只有一个目的，那就是通过科举获得功名。他们似乎一点都不懂孝悌伦纪这些大道理，甚至在他们看来，这些与读书做学问根本就没有什么关系。殊不知，古书中记载的历代圣贤的文章，就是要阐明这个道理。

一个不孝的人，就是一个没有品德的人，说他很有品德也是假的。书读得再好，不仅是一个没有出息的人，而且是一个有害的人，他会利用所学的知识去犯罪。不孝是犯罪的起点，是犯罪的开始，是灾殃的开始。

所以，我们全民一定都要重视孝道。我们做父母的要重视孝道，力行孝道，做好榜样，而且要在学校里进行孝道教育，在社会上也要树立重视孝道的风气，这样小孩才能做好人，才能给国家做贡献。

千经万典，孝义为先。

不管有什么样的经典，也不管有多少经典，忠孝仁义都是首要的。

儒释道不仅有很多经典特别强调孝道，而且还有专门讲孝道的经典，如儒家的《孝经》，道家的《文昌孝经》，佛家的《地藏经》等。自古以来，凡是开创盛世的皇帝都是特别钻研有关孝道的经典的，都是特别重视孝道的，他们不仅自己尽心竭力力行孝道，而且大力提倡孝道，宣传孝道，弘扬孝道文化，如汉文帝刘恒、唐太宗李世民、康熙帝玄烨等。

汉文帝时期，临淄出了一个很有名的人，她就是勇于救父的淳于缇萦。淳于缇萦的父亲叫淳于意，本来是个读书人，但是非常喜欢医学，于是花很多时间钻研医学，还经常给人看病，也治好了很多病人，所以在当地出了名。后来他做了太仓令，由于他为人耿直，不愿意与他人同流合污，也不会拍上级的马屁，所以在官场上很不得意，没有多久就干脆辞官当起医生来。

一次，淳于意被一位商人请去为他的妻子看病，结果商人的妻子的病情不仅没有好转，反而在几天之后死了。那商人仗势欺人，向官府告了淳于意一状，说他看错了病，致人死亡。

当地的官员也没有认真审理，就判了淳于意肉刑（当时，肉刑有脸上刺字、割鼻子、砍左足或右足等），要把他押解到长安去受刑。

除了小女儿缇萦之外，淳于意还有四个女儿，就是没有儿子。在他将被押解到长安去受刑的时候，他望着女儿们叹气说：“可惜我没有儿子，全是女儿，遇到现在这样的冤枉，一个有用的人也没有，无处申冤啊！”

听到父亲的话，小缇萦又悲伤又气愤。她想：为什么女儿就没有用呢？因此，当衙役要把父亲带出家门时，她拦住衙役说：“父亲平时最疼我，他年龄大了，带着刑具行动不太方便，我要随身好好照顾他。另外，我父亲遭到不白之

冤，我还要去京城为父亲申冤，请你们行行好，让我和你们一起去吧。”

衙役们见小姑娘一片孝心，非常感动，就答应了她。当时正值盛夏，天气变化无常，时而大雨瓢泼，时而烈日当头。天晴时，小缇萦就跟在父亲旁边，不停地为父亲擦汗；遇上阴雨天，她就打开雨伞，以防父亲被雨水淋湿，感冒生病。

经过二十多天的长途跋涉，他们终于来到了京城。履行完相关的手续之后，淳于意马上被关进了牢房。小缇萦则不顾疲劳，四处奔走，为父亲申冤。

可是，人们一看申冤的竟是个还未成年的小姑娘，根本看不起，便不予理睬。小缇萦心里想，在这种情况下，要解决父亲的问题，只能直接上书皇上了。于是，她找来纸笔，请人帮忙将父亲蒙冤的事实交代清楚，恳请皇上明察。同时她还表示，如果父亲真的违法犯罪，她愿意代父受刑。

第二天，小缇萦怀里揣着早已写好的信，来到皇宫前。就在那时，只见不远处尘土飞扬，马蹄声声，一辆飞驰的马车直奔皇宫而来。小缇萦心想：上面坐的一定是一位大臣。她灵机一动，赶紧拦住马车，用双手举起书信，跪在马车前。

车上坐的是一位老年人，他看到了小小年纪的缇萦，俯下身来，关心地问：“小姑娘，为什么在这儿拦住我的去路，难道有人欺负你了吗？”小缇萦就把父亲被抓的事情一五一十地告诉了这位大臣，并恳请他把信带给皇上为父亲申冤。

听小缇萦说得那么诚挚恳切，这位大臣就答应了她的要求，将缇萦的申冤信亲自带到皇上那里。皇上读了这封信后，被深深地打动了，当他听说小缇萦千里送父的事迹之后，更是十分钦佩。于是，皇上亲自审理此案，为淳于意洗清了不白之冤。不仅如此，皇上有鉴于刑法的残酷和对百姓造成的痛苦，下令废除肉刑，开始了刑制的改革。

通过这个故事，我们要知道不仅要用心学习经典，学习孝道，更要力行孝道。也许在尽孝的过程中会遇到这样或那样的困难，但只要不抛弃、不放弃，只要坚持不懈，最后就能尽好孝道，改变命运。

（2）儒家之孝

夫孝，天之经也，地之义也，民之行也。

——《孝经》

孝道犹如天上日月星辰的运行，地上万物的自然生长，天经地义，乃是人类最为根本首要的品行。行孝才合乎天、地、人的真理。天地万物之中，以人类最为贵重，而人类的行为，没有比孝道更为重大的了。

孔子的这段阐述，非常清楚地表明孝道是天下第一大道。

杨成章，明朝道州人。父亲杨泰的官职是浙江长亭巡检，因妻子何氏不能生孩子，所以就纳丁氏女为妾，并生下了杨成章。杨成章 4 岁的时候，杨泰就去世了。丁氏的父亲就把杨成章交给了何氏，带走了女儿丁氏。丁氏走之前就把一枚银钱一分为二，自己和何氏一人留一半，等杨成章长大以后，好让何氏把那一半给他，以便今后相认。六年过去了，何氏临死之前，把半钱的来历告诉了杨成章。杨成章悲伤地接过那半枚银钱。长大成人后，杨成章结婚一个月后，就拿着半枚银钱到浙江去寻找生母丁氏。生母已经改嫁到了东阳郭家，并生有一子郭珉。杨成章不知道此事，到处寻找原来的丁氏，自然找不到了。同时，丁氏也在四处打听杨成章的下落。后来，她终于知道杨成章中了秀才，就让郭珉带着自己珍藏的半枚银钱去找哥哥。兄弟俩终于在江西相遇了，各自拿出半枚银钱合二为一。二人心头百感交集，拥抱相认。杨成章随弟弟去东阳看望生母，并欲接生母回自己的家好好孝敬，但是生母没有同意。后来多次迎接，也没有成功。杨成章并不气馁，他放弃了求学的机会，到东阳一心奉养母亲。母亲去世后，杨成章和弟弟郭珉先后到京城做了官。当时的皇帝得知这件事后，就特别下诏书封杨成章为国子学录，还赐给郭珉很多美酒。

建功立业确实很重要，有时社会也是以此来判别孝道的层次。杨成章也不是淡泊名利的人，他也是很想出去做官的。但是他清楚孝敬好父母更加重要，孝敬好父母才是天经地义的。一个连自己的父母都不孝敬的人又如何会对国家尽忠呢？所以，“孝”是一个人事业成功的根本。只有在家做好了孝道，才能更好地服务国家、服务社会、服务人民，才能成就一生。一个人的成功不仅仅源于个人的努力，孝道才是成功的根本。你的孝有多长，你的成就才能持续多久。

今天，我写这部书，就是要让我们认识到孝道的威力，我们无论从哪一方面来说，都要尽好孝道。也就是说，无论从自己的成功、自己的幸福、后代的教育、后代的幸福，还是从孝敬父母、父母的幸福、家庭的幸福来说，都要尽好孝道。当然，如果我们抱着纯粹的知恩、感恩、报恩的想法，无私、无我、忘我的想法去做，威力会更巨大。

中华民族的文化博大精深，我们中华民族自古以来就非常重视孝道。儒释道就是我们中华民族优秀传统文化的代表，儒释道都非常重视孝道，都有专门的经典来论孝道。儒家有《孝经》，佛门有《地藏经》，道家有《文昌孝经》。从某种意义上来说，中国传统文化就可称为"孝文化"。孝文化是中国文化的核心观念和首要文化精神，是中国文化的显著特色之一。

儒家的代表人物是孔子，孔子就非常重视传道，而孔子传道的重点就是孝道，就是传忠孝。"孝"是儒家伦理思想的核心。所以，孔子的学生很多都是有名的孝子，而且后来很多都出来做了大官。孔子对孝道、对忠孝有着深刻的认识，孔门之后的《孝经》也是儒家的代表作，是一部具有完整体系的重要的儒家经典。

全书以"孝"为中心，集中论述了儒家的"孝道"，指出"孝"为所有德行的根本，是人伦关系中最根本的准则，是一部专论孝道的经典。这部经典将社会上各种阶层的人士——上至国家元首，下至平民百姓，分为五个层次，天子、诸侯、卿大夫、士、庶人，每个层次都具有相应的孝道，具体说就是具有什么样的孝道，就处在哪个地位上。所以，当我们真正搞懂《孝经》的时候，我们就可以熟练掌握好孝道，以孝修身，以孝立志，以孝识人，以孝选人，以孝用人，以孝育人，以孝治企，以孝治国了。

历代给《孝经》作注释的学者很多，古今都算上有400多家，尤其引人注目的是这里面包括了将近20位皇帝。这些皇帝要么自己讲《孝经》，要么自己主持，请学术权威讲《孝经》，要么干脆自己参与解释《孝经》。如汉文帝刘恒、唐太宗李世民、唐玄宗李隆基、清朝康熙玄烨等皇帝都非常重视孝道，他们都开创了那个时代的太平盛世。从西汉初年开始，《孝经》就被列为官学，后来又被后世的儒家作为十三经中的一部经典，备受推崇，对后世的影响非常巨大。

由于历代帝王都非常重视《孝经》，所以有人说"帝王重视《孝经》，使

《孝经》变成了变相的《忠经》”，变成效忠皇帝的经文了。

近代的《孝经》注释，因作者的立场往往是反对孝道，反对中国传统家族制度的，故经常带有批判色彩。

皇帝重视孝道，固然有效忠皇帝的因素在里面，但是重视孝道，力行孝道对个人、对家庭、对集体、对社会、对国家、对世界都有好处。古今中外，凡是孝道好的皇帝最后一定都有好结果，不孝的皇帝最后一定都没有好结果。

今天我们解读《孝经》中的一些重要内容，就是要公正地对待经典，把被掩盖的那部分经义解释出来。

这个时代虽然不再有继承制的帝王，但是还有我们的国家，还有我们的中华民族，还有我们这个世界，还有数以亿计的老百姓，所以，我们仍然要弘扬中华民族优秀的传统文化，仍然需要“移孝作忠”。我们需要忠于国家，忠于民族，忠于集体，热爱国家，热爱民族，热爱集体；我们需要忠于最高领导人、忠于自己的上级，只是我们要在忠于国家、遵守党纪国法的基础上，去忠于自己的上级，去忠于最高领导人。

因此，我们一定要搞清主次，一定要搞清轻重，一定要把孝道摆在第一位，而不是把利益摆在第一位，防止我们做下让父母抬不起头来的事情，防止我们的品德出问题。否则，我们就要铸成大错，甚至犯下罪行。

行孝能够美化我们的心地，我们用我们的一生来行孝就是要我们一生都要注意美化心灵，时时让我们的一言一行都要符合规矩，符合法律，对得起我们的祖先、我们的父母。

可是，在生活中有一些人就不是如此，父母有钱的时候，表现得极为孝敬；父母无钱的时候，这些人就不孝顺父母了，这些人就是假孝。

有一位 80 岁的老母亲，有 5 个儿子，想想自己老了，儿子们都很孝顺，这么多财产早晚要分给儿子们，于是就乘自己身体还健康、头脑还清醒的时候，把财产分给了 5 个儿子。这位老母亲期待晚年能和小儿子一起共享天伦之乐，因此，多分了 200 多万元给他，不料却引起其他 4 个儿子的不满，以致他们都不愿奉养孝敬母亲。而小儿子则认为母亲应该由兄弟们轮流奉养，于是五兄弟之间互相推诿，最后竟让母亲沦落到在家门口苦苦哀求不得而入。

邻居看见这种情况，不忍这位老母亲的这种境遇，就向警察报警处理。警

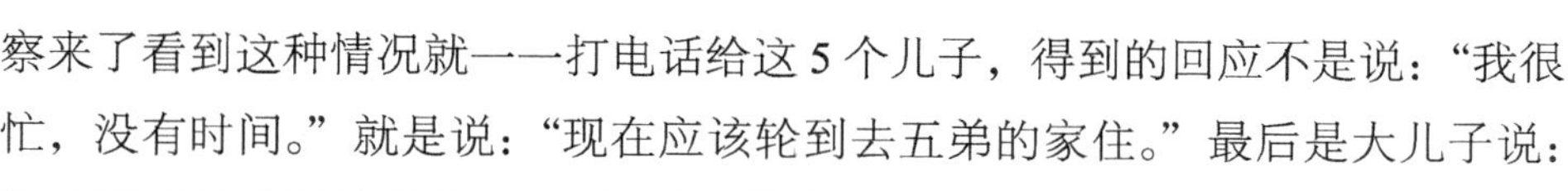

察来了看到这种情况就一一打电话给这5个儿子，得到的回应不是说："我很忙，没有时间。"就是说："现在应该轮到去五弟的家住。"最后是大儿子说："如果要回来我家这里住，就叫她自己搭车回来吧。"

上面的五兄弟的结局最后都不好，他们原来都是假孝，为利益而孝，假孝就是不孝。原来表现出来的"孝顺"是因为母亲有钱，而不是真正出于对母亲知恩、感恩、报恩。现在母亲都把钱分给了他们，没有钱了，他们就原形毕露了。

最后这五兄弟或者因为判断失误导致生意亏损，不仅把母亲分的钱亏进去，而且原来赚的钱也赔进去了，或者因为这个事故那个事故而把钱赔出去，或者因为重病花掉了钱还没有治好病。

子女孝敬父母是天经地义的事情。可是，这5个儿子如此对待母亲。就是把利益摆在第一位，而不是把孝道摆在第一位，他们违背了孝道这个第一大道，最后他们的结果都很悲惨，令人心酸又无奈。

如果处境对调，换成儿子打电话告诉母亲身在何处，想回家回不去，母亲一定会设法接儿子回家。看到现今社会，为人子女不孝顺父母，真是令人忧心。这样品德的人如果是做官，也必是贪官；从商一定是奸商，一定做不好。

很庆幸的是并不是人人如此。

有位王先生，非常孝顺，为了在家照顾中风的老父，辞去了待遇优厚的工作，守在父亲病榻前长达八年。他每小时为父亲翻身，轻拍按摩，即使半夜也是如此，让父亲的身体始终保持舒适干净，不生褥疮。

外人不免觉得他为父亲牺牲太大了，就问道："你怎么这么孝顺？为什么？"他回答："爸爸从大陆来到台湾，经历了大半辈子的辛苦，拉扯我们兄弟长大，非常不容易。所以，照顾父亲，孝顺父亲，是我们应该做的事情。"

王先生的这份孝心真的难能可贵，他就处理得很好，把孝道摆在第一位，把利益放在后面。

如果是选择交朋友，你是愿意选择像王先生这样的人，还是选择像五兄弟这样的人呢？

如果是选择接班人或者领导干部，你是愿意选择像王先生这样的人，还是愿意选择像五兄弟这样的人呢？

相信答案都是一样的，都是选择王先生这样的人。

因此，无论从哪方面来说，孝顺父母是天经地义的，孝顺父母是第一位的。不要以为孝顺父母给自己增加了负担，就不愿意做。你会因为减轻这一点点的负担，而彻底毁掉你自己的孝道，从而毁坏自己的成就和幸福。

不管父母身体好坏，不管父母有钱无钱，不管父母多么老迈，要知道有机会孝顺父母是老天给自己的福气，是上天给你的考验。所以，碰到这样的事情，你一定要经得起考验，一定要分得清主次、轻重，一定要用心孝敬父母！

父母身体好也是子女的福气，你在用心投入工作的时候，你一定不要忘记好好孝敬父母。

父母身体不好的时候，你更要珍惜，好好孝敬你的父母，照顾你的父母，现实的孝道层次考验就在眼前，你是孝敬还是不孝，你是真孝还是假孝，立马分辨。要知道，孝是提升你的孝道的机会，是你拥有更大的机会的前提。所以，你要有一颗无私的心，以一颗知恩、感恩、报恩的心去照顾好父母、孝敬好父母。

《孝经》说："夫孝，德之本也，教之所由生也。"孝道，是一切道德的根本，也是教化产生的根源。

一个不孝的人就是一个没有德行的人。人道有很多，有儿子道、女儿道、夫道、妻道、婆婆道、媳妇道、商道、官道等，这些都是不同的角色所要尽的道，但是，不管他（她）是什么角色，他（她）有一个角色终身不变，就是做他人的子女，而且在20岁之前就是以做子女为主，就是做好孝道。因此，孝道是所有这些道的根本，也就是一切道德的根本。

从《孝经》中的这句话，我们意识到一个人要品德好，就必须孝道好。孝道不过关，品德肯定不过关。尽好孝道是一个人最好的道德修养。

"教"字是由"孝"字和"文"字组成，一个人不孝，是很难听进别人的话的，是很难听从别人的教育的。

收鸡奉母

茅容，字季伟，东汉陈留（今河南杞县）人。40多岁了，靠种田来养活老母，供给母亲丰富的饮食，以满足母亲身体需要的营养。一天，他正在田间劳作，忽然下起了大雨。众人起跑到大树下避雨，席地而坐，或是蹲踞，很随意

地说笑。只有茅容正襟危坐，从容不迫，不说不笑。刚好郭林宗（郭泰，东汉末年大儒）路过这里，见到茅容仿佛是鹤立鸡群，与众人不同，感到非常奇怪，于是就来到他面前施礼，二人谈得非常融洽。雨过天晴，夕阳西下，鸟儿归林，众人牵着牛、扛着锄、唱着村野山歌回家去了。茅容就邀请郭林宗到他家吃饭与住宿，郭林宗认为茅容是一个好后生，善加培养，以后一定会有了不起的成就。如今二人一见非常投缘，也不忍心马上离开，就随茅容到其家中。

做饭的时候，茅容杀鸡煮饭做菜。郭林宗认为他是杀鸡待客。不料等饭做好后，茅容把鸡端给了母亲，另外拿山里的野菜和他共享。郭林宗意识到茅容把好东西首先留给母亲的孝心，深受感动，并大加赞赏："真是一位非常难得的贤人啊！我要和你做好朋友，以后常常往来。只要你愿意，就可以跟我学习圣贤之道。"后来，茅容在郭林宗的细心指导下，果然因道德学问而著名。

把最好的东西让给父母享用，是天经地义的事情，这是一个最简单不过的行为，可真正能做到的年轻人又有几个？茅容以他的实际行动为我们所有子女上了一堂孝道课。

正是因为茅容的孝，才打动了郭林宗，才使郭林宗很想收他为学生，这种人才容易教育培养。因为孝是一切道德的根本，是一切教化的开始。

所以，我们一定要真的好好行孝道，好好孝敬父母，做一个真正孝敬父母的子女。如何做好孝敬父母的子女呢？每当我们遇到各种诱惑的时候，遇到各种困难时，就要扪心自问，我这么做对得起父母，对得起列祖列宗吗？如果我们刚开始时不能把握这件事的好坏错对的时候，我们就看看这件事是在"善"的范围，还是在"恶"的范围。是"善"就做，是"恶"就不去做。切记切记，勿以善小而不为，勿以恶小而为之。很多大恶事，很多人开始都肯定不会做的，做大恶的人往往都是从小恶开始的，做多了，越陷越深，后来才敢做大恶事。

（3）佛门之孝

若佛子，以慈心故，行放生业。一切男子是我父，一切女子是我母，我生生无不从之受生。

——《梵网经》

很多人说，佛家讲求心无挂碍，斩断尘缘，那么出家人如何照顾家庭，尽孝尽忠呢？

佛祖其实是一个普通的人，他也有生身父母。释迦牟尼 17 岁的时候娶妻生子，传宗接代，后来才出家。父亲过世，他将父亲放入棺木中入殓，抬上“灵山”安葬。为了报答母亲怀胎十月之恩，释迦牟尼上升忉利山为母说法，为她宣讲《地藏经》；地藏王前身为因为诋毁三宝和杀生而堕入地狱的母亲“设供修福，志诚念佛，塑画佛像，布施如来”，在佛门中树立了至孝的光辉榜样，又发下“众生度尽，方证菩提，地狱不空，誓不成佛”的大愿。这里佛门的孝，不仅仅是奉养自己的父母，而是通乎三世，视一切众生皆为生身父母、未来诸佛。《梵网经菩萨戒本》云：“若佛子，以慈心故，行放生业。一切男子是我父，一切女子是我母，我生生无不从之受生。”地藏菩萨的这种精神，可以说是“大孝于天下”。

佛家非常希望天下众生都能孝顺父母及三世父母，又能达到自己的修行。佛家也非常看重父母对子女的恩德，并将之总结为“十恩”。

第一，怀胎守护恩颂曰：

累劫因缘重，今来托母胎，月逾生五脏，七七六精开。

体重如山岳，动止劫风灾，罗衣都不挂，装镜惹尘埃。

第二，临产受苦恩颂曰：

怀经十个月，难产将欲临，朝朝如重病，日日似昏沉。

难将惶怖述，愁泪满胸襟，含悲告亲族，惟惧死来侵。

第三，生子忘忧恩颂曰：

慈母生儿日，五脏总张开，身心俱闷绝，血流似屠羊。

生已闻儿健，欢喜倍加常，喜定悲还至，痛苦彻心肠。

第四，咽苦吐甘恩颂曰：

父母恩深重，顾怜没失时，吐甘无稍息，咽苦不颦眉。

爱重情难忍，恩深复倍悲，但令孩儿饱，慈母不辞饥。

第五，回干就湿恩颂曰：

母愿身投湿，将儿移就乾，两乳充饥渴，罗袖掩风寒。

恩连恒废枕，宠弄才能欢，但令孩儿稳，慈母不求安。

第六，哺乳养育恩颂曰：

慈母像大地，严父配于天，覆载恩同等，父娘恩亦然。

不憎无怒目，不嫌手足挛，诞腹亲生子，终日惜兼怜。

第七，洗涤不净恩颂曰：

本是芙蓉质，精神健且丰，眉分新柳碧，脸色夺莲红。

恩深摧玉貌，洗濯损盘龙，只为怜男女，慈母改颜容。

第八，远行忆念恩颂曰：

死别诚难忍，生离实亦伤，子出关山外，母忆在他乡。

日夜心相随，流泪数千行，如猿泣爱子，寸寸断肝肠。

第九，深加体恤恩颂曰：

父母恩情重，恩深报实难，子苦愿代受，儿劳母不安。

闻道远行去，怜儿夜卧寒，男女暂辛苦，长使母心酸。

第十，究竟怜悯恩颂曰：

父母恩深重，恩怜无歇时，起坐心相逐，近遥意与随。

母年一百岁，长忧八十儿，欲知恩爱断，命尽始分离。

佛家总结的“十恩”充分表达了父母对子女的爱，这也是我们孝敬父母和回报父母的理由。

（4）道家之孝

孝治一身，一身斯立；孝治一家，一家斯顺；孝治一国，一国斯仁；孝治天下，天下斯升；孝事天地，天地斯成。

——《文昌孝经》

通过尽孝来修身，一身的品行就可以立正；通过尽孝来治理家庭，家庭就会和谐顺利；通过尽孝来治理国家，国家就会充满仁爱；通过尽孝来治理天下，天下就会升平；通过尽孝来侍奉天地，天地就会太平。

《文昌孝经》是道家从自身推崇的自然宇宙观出发，指出人的自然生命承载体的可贵，父母生育子女受尽辛苦，养育子女耗尽心血，子女应该体恤孝敬父母，并以此道推己及人，由此则不但可以保全自身天性，还可以获得上天赐福科举成功，乃至证果得道。《文昌孝经》是一部极具道家特色的弘扬孝道的典籍。

《文昌孝经》还特别对母亲养育子女的辛劳进行歌颂：真诚一片结成慈，全无半点虚饰时，慈中栽养灵根大，生生不已自无涯。道家讲究自然，而孝正是自然万物中的一种情感，乌鸦反哺，羊羔跪乳，都体现了孝道是自然之道。

因此，我们要提升道德修养，就一定要做好子女，行好孝道，尽心竭力做好孝道是最好的道德修养。越是困难就越要做好孝道，这能磨炼你的品德。

下面来讲子女道、女儿道、朋友道。

第一，子女道。

①子女是一家的天贵星，以孝为根。

②为人子女，年幼时，很难在生计上帮助父母，最重要的是少让父母担忧。不让父母担忧，是最大的报恩。长至成年，要尽心尽力孝父母之身、之心、之志。

③作为子女，应以尽孝为己任。能承祖业，弘扬家风，立志超过前辈。

④给老人物质上的满足，那是一种义务，最多算小孝。“孝”是完善自己的本分，父母放心，不给父母添麻烦，不看父母的过，才是真正的孝；“顺”，即接受父母的言教，让父母安乐、放心。即使父母明显是错的，也不当面顶撞。父母有过，不但不埋怨父母，还把父母该做的事情完善起来，这叫作为父母补漏。子女才真正是一家的天贵星。若一味顺从，难免陷亲于不义，也不算真孝。

⑤我们的生命降临在这一家，等于是和这一家的生命有缘。好是你命中的福报，坏也是自己的缘分。有痛苦。有烦恼，是这一家在成就你，磨炼你，成全了自己的果报。同样要感恩、报恩。

⑥不管父母慈不慈，但问自己孝不孝。

⑦孝分理孝、事孝、心孝。理孝就是要尊重理解老人；事孝就是尽己所能为父母提供物质方面的需要；心孝是原谅父母的过，是大孝。

⑧老人在世能令其安心、快乐，为尽孝。老人临终能令其安详含笑而去，算是尽孝尽到头了。

⑨子女孝顺，父母自然就长寿。父母长寿子女不孝顺，那就会给父母的一生带来很大的麻烦，这样的子女成了败家星。

第二，女儿道。

①女儿是世界的源头，欲世界好，国家好，社会好，家庭好，必从姑娘身

 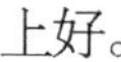

上好。

②欲当好姑娘，可得明白姑娘道。姑娘是一家之贵星，以志为根，性如棉，提满家。以志为根，就是立志不争不贪，立志孝双亲，敬哥嫂，爱护侄男侄女。

③性如棉者，如棉花之洁白，守身如玉；如棉花之柔软，性子不许暴躁；如棉花之温暖，待人不冷淡；如棉花之绵长，不要退志。

④姑娘在家是半宾半主，要心知众人的好处，能提起全家人的和乐精神，结一家的缘。

⑤姑娘是和谐婆媳关系的门轴。遇到婆媳不和时，要两面劝解。在母亲面前说嫂子的好处；在嫂子的面前安慰她的心，理解嫂子，提到平日里母亲的好处。

⑥在家能当好姑娘，出阁一定能当好媳妇，能助夫成道。恭敬丈夫，和睦妯娌，孝敬公婆，全家和乐，真正是喜星临门。后来有了儿女，自然会教子成名，能为良母。老了一定会当老太太，也能兜满家，为一家的福星。

⑦姑娘道明白了，会做了，则本正源清。做姑娘时，预先把做媳妇的道理练习明白，才能把握将来婚姻的幸福美满。

⑧父母对于女儿，是至亲骨肉，大多十分融洽。所以女儿的言语行为，十分自由，而不受拘束，加上女子的天性，弱于自制，在自己父母面前，不免恃爱撒娇。做父母的不忍拂逆其意，遇到事情总是顺从她，免不了养成矫情的习性，有所要求，一不从意，便负气使性，不达目的不止。若成家后，仍执矫情习性，必然导致家庭矛盾产生，自己也痛苦万分。

⑨姑娘在娘家，对于经济方面，不负责任，若崇拜享受，养成奢侈的习惯，到自己组建家庭，对于家庭经济，是负绝对或相对的责任。但由于自己奢侈浪费的习性不改，必定引起家庭矛盾，自己也受苦。所以在姑娘时期，要养成俭朴的生活习惯，培养勤俭的美德，是构建未来幸福美满家庭的基石。

⑩当姑娘时，就应该练习家政。如经济的支配、家务的操持、子女的教育指导等，都是将来成家后必须面对和承担的，也是自己本分内的责任。若自己一味娇惰回避，父母也放任偏袒，将来吃苦受罪的还是自己（姑娘）本身。

子女做好了，孝道做好了，朋友也就容易做好。没有做好子女，没有尽好孝道，朋友做得再好，那都是假的，都是没有道义的。

选择朋友要先看他（她）是不是一个好的子女。先做好孝道，然后做好朋友道，才算一个好朋友。

第三，朋友道。

①同道者为朋，同义者为友。

②君子交朋友在道义，小人交朋友在权利。

③能劝善规过，是为道义之交，君子之交；交友若注重在势利上，酒肉上，有利可求就相交，一旦失利，朋友算完，是小人之交。

④利是害义的，势利之交，断乎不能长久。

⑤常言道："近朱者赤，近墨者黑。"因此我们要亲近有仁义道德的益友，远离只知花天酒地的损友。

⑥与朋友相处，择其善者而从之，其不善者而改之，便能得朋友之益，而不受其害。如果一味滥交，不分善恶是非，随波逐流，就会受损友之累。

⑦有道的人，不受朋友之累，还能明善改过，不但能改正自己，还能用道义把朋友度化过来，尽了做朋友的道。

⑧责善乃朋友之道，但责善朋友要适可而止，否则友不欢己不乐。朋友数斯疏矣。

⑨欲先正人，先得正己，自己品行端正，令人信服，说话才会发生效力。

⑩闻过怒，闻誉乐，损友来，益友却；闻誉恐，闻过欣，直谅士，渐相亲。

⑪ 朋友相处，抱道而行，彼此要留有适当的空间。

⑫ 朋友相处，首在彼此相信，才能合志同方，营道同术。不独亲其亲，不独子其子。四海之内皆兄弟。

（5）人生如树，孝道如根

人生就如一棵树一样。父母是树的根，你是树干，子女、事业、健康、家庭、幸福等就是这棵树的果实。要想有美好的果实，就一定要往根部浇水施肥。

所以，幸福与成功的人生从孝开始。一个不孝的人谈不上成功，也谈不上幸福，只能是痛苦。不仅会伤害自己和另一半，而且会害了以后的几代人。因为这棵树的根已经非常干枯，甚至已经烂掉。

因此，要想根深叶茂，要想硕果累累，要想身体健康，家庭幸福，儿女成才，事业成功，晚年幸福，一定要往根上浇水，一定要孝敬父母，孝敬爷爷奶

奶和外公外婆与长辈。

具体来说，就是要用我们的勤劳和节俭，用我们的爱和敬，不断地去付出和奉献，去浇灌我们的大树的根，也就是去滋养我们的父母，这样的话，我们的健康、我们的智慧、我们的家庭、我们的子女和我们的事业才会非常丰盛，才会长得非常好。

不孝父母，就是不往根部浇水施肥，这样的树又怎么能长好呢？果实又怎么能让你满意呢？这棵树不枯死才怪呢？

父母的恩情比海深，比天高

我们行孝的目的一是知恩、感恩、报恩；二是使家庭关系幸福美满，兴旺后代；三是为社会、为国家尽忠，通过为国家、为社会尽忠来建功立业。

在我们每个生命的背后，都有生命在护佑，这个生命就是我们的父母。从我们出生开始，甚至到我们离开人世，不论身份贵贱、地位高低、金钱多寡、生命安危、处境好坏、人生顺逆、年纪大小、身体好坏，他们都在以生命护佑。为了我们，他们随时都可以献出自己的生命。

父母的恩情比海深比天高，我们用一生的行动也无法报答父母的深恩。

医学界讲，母亲生产的时候，那个痛比癌症的痛还要痛。他们做了一个比喻，在生产过程中，那个痛就好像每 15 分钟拿着一把利刀利刃，在你的手臂上划一刀，每 15 分钟再划一刀那样的痛。而且痛都是痛好几个小时，甚至是一两天都有可能。各位，你们有没有听母亲说过，母亲生你的时候很痛苦。没听说过吧？

还有一项最新的研究说，人体最多可以承受的疼痛为 45 个单位，一个女人在分娩时的疼痛却高达 57 个单位。这种痛相当于什么呢？相当于 20 根肋骨同时折断！如果把人类的各种疼痛分为 10 级的话，那么女人生孩子就是 9 级。这种说法不一定非常科学，但是，你可以想象到分娩到底有多痛。每个妈妈把新生命带到这个世界上来的时候都经历过这种过程。伟大的母爱，是对母爱最真切的描述。

有位要做母亲的女士说，看后我很害怕，因为我平时就很怕疼啊，但是为了宝贝，我愿意接受这一挑战。

当母亲在面对人生最痛的境界时，当她把孩子生下来，她下一个念头是什么？是我的孩子健不健康。所以，母亲对我们的关怀，能够在瞬间把人生最大的痛苦完全放下来。各位，光是这一念心，我们用一辈子都回报不了，因为那是至爱的心，是一种忘我无我的爱啊！不能用物质多少来衡量的啊！所以，母亲生我们的日子，就是母亲受难的日子。

所以现在很多地方为母亲过生日，这是提醒我们，不要忘了母亲为了我们来到这个世界上承受了多大的痛苦。

郑州电视台女主播患癌症，为生宝宝放弃化疗去世了

撇下刚过百天的宝宝，撇下钟爱的新闻事业，撇下无比眷恋的美好世界，温婉可人的主持人邱园园永远地走了。她 26 岁的生命定格在了 2014 年 12 月 10 日。身患恶性肿瘤的她为了宝宝放弃化疗，任由癌细胞在体内扩散，最终撒手人寰，演绎了一出感人至深的温情故事。

2014 年 3 月前后，邱园园怀孕了，在一次初期孕检中，邱园园不仅被意外地查出患上了恶性肿瘤，而且还是中晚期。

为了不影响肚里的宝宝的健康，也为了宝宝能够顺利降生到这个世界，她做出了一个非常大胆的决定，就是不按治疗癌症的常规方法治疗（放弃化疗），仅是勉强维持，任由癌细胞在自己体内扩散。

9 月初，渐渐病入膏肓的邱园园在家人的陪伴下选择了在北京的医院治疗。由于病情恶化，在病房里先后做了两次手术。

第一次手术就是剖宫产，她的儿子念念才 7 个月，是个早产儿，生下时才 3 斤多，令人提心吊胆，必须在医院精心呵护。

第二次手术就是切除恶性肿瘤。在经过了 20 多天的治疗后，病情变得不可控制，医生认为治愈的可能性不大，建议家人放弃治疗，于是邱园园和丈夫一起返回郑州的家中。在 12 月 10 日的这一天，邱园园流着眼泪，看着宝宝，才 26 岁啊，就撇下了刚过百天的无比亲爱的宝宝，撇下了无比钟爱的事业，撇下了无比眷恋的美好世界。

多么伟大的母爱！！！就是死，她也没有放下自己的孩子。为了孩子能够顺利地来到这个世界，为了孩子未来的健康，这位伟大的母亲把生的希望留给了儿子，把健康的希望留给了儿子，把死的危险留给了自己。

2008 年 5 月 12 日，四川汶川发生了非常强烈的地震，许许多多鲜活的生命被埋在了地下，国家迅即派出了部队、消防人员等去火速救援。救援人员在救助的过程中，发现一个妇女，她已经死了，但是双手还支撑着身体，救援人员在她的身子底下发现被小被子裹着的孩子，还在安静地睡着，于是，医生就迅速准备给娃娃做身体检查，就把被子打开，发现被子里面有一部手机，打开手机，发现屏幕上有一条妈妈留给孩子的短信："亲爱的宝贝，如果你能活着，一定要记住我爱你。"

这一刻，每个看到短信的人都流下了眼泪。一位伟大的母亲，在去世之前所能想到的，就是想让自己的孩子能活下去，并告诉他自己是多么爱他，正是这位母亲的举动让孩子活了下来。母亲在危险的时候，在生死之间，把生的希望留给儿女，把死的危险留给自己，这就是伟大的母爱。你想一想，如果不是这个撑起的举动，活着的就是母亲，死去的就是这个小孩。

有一个人的母亲去世了，他写了一篇回忆母亲的文章，题目就叫《母亲是钟》。母亲怎么是钟呢？

改革开放之前，国家穷，百姓也穷，他家也穷，没有钟表，所以他小时候上学，要到隔壁邻居的店铺里边看人家墙上的钟。看来看去，看得多了，这个店的老板就不耐烦了，就不高兴了，就说了几句难听的话，说要看自己买个钟表回家好好看。这个孩子回去就跟妈妈学这个话了。妈妈对他说，儿啊，虽然咱家穷，没有钟表，但人穷志不穷，人家不让看就算了，以后妈妈给你当钟表，告诉你什么时候上学。每天晚上妈妈都睡不踏实，要听鸡叫几遍了，看天上的星辰走到什么地方了，然后叫孩子起床上学。这种原始的方法，平时也八九不离十。但是，有年冬天，一天天气寒冷，天上阴云密布，黑黑的，妈妈既没有听到鸡叫，也没有看到星星，妈妈沉不住气了，就把孩子早早叫起来吃一点饭，背着书包上学校去了，结果他跑到学校门口，一看大门紧闭，传达室传来两声钟声，才刚凌晨两点，来得太早了。回去吧路途又不近，来回折腾，进去吧又进不了，穷人家的孩子衣服单薄啊，冻得发抖，怎么办呢？他就在学校门口的马路上跑来跑去，一直跑到学校开门才进去。所以放学回来以后，他就给妈妈讲了这个过程，他妈妈非常心疼他，就抱着他流下了眼泪。第二天，这个孩子放学回来以后，看到桌子上多了一只崭新的闹钟，而他的母亲则脸色苍白地躺在床上。他的小妹告诉他妈妈卖了血才买了这个小闹钟。

可怜天下父母心啊！自从孩子上学以后，这位母亲不知有多少个晚上没有睡上安稳觉，她没有因此去买钟。可是，当知道孩子因为一个晚上挨冻、没有睡够觉的时候，这位母亲就毅然下定决心一次性卖大量的血去买钟，这就是至深至诚无条件的爱啊！！！这就是伟大的母爱啊！！！

有这样一位母亲，她儿子因车祸变成了植物人。为了唤醒自己的儿子，她坚持每天给儿子讲一些小时候的故事：7 岁时光着屁股在小河里游泳，被虾刺伤了屁股；8 岁时赤着脚丫蹿到树上吃桑葚，让毛毛虫咬得浑身疙瘩……儿子都已经忘却了的事情，她总是记忆犹新，如数家珍。另外，她每天总是坚持利用一大部分时间来给儿子熬粥，挑选最好的米粒，拣那种最长最大、颗粒饱满、质地晶莹、略带些翠青色的米粒，一颗一颗精心挑选。熬一罐粥，通常要花费两个半小时。她小心翼翼地把粥倒进一只碗里，一边摆着脑袋，一边对着粥吹气，吹到自己呼吸困难，粥就凉了。她微笑着用汤匙喂给儿子，日复一日，年复一年。到后面年纪也大了，身体也不如从前了，白发也多了，反应也迟钝了，气力也大不如前了，往往是粥冷到一半时便已经上气不接下气，必须借助蒲扇来完成下一半的降温。可是她依然很小心地做好照料工作。

母亲一直坚持着，到第八年零七十四天时，她正给儿子重复地讲着他小时候的故事，儿子突然睁开眼睛，不太清晰地说了声："妈妈，我要喝粥。"她顿时泪如雨下——这是自从那次车祸，医生宣布他脑死亡之后，开口说的第一句话。医生曾经对她说过，像他这种情况，只有万分之一的恢复机会。

儿子那天喝到了母亲熬的粥。可想而知，那天的母亲是多么不平静。

故事到这里并没有结束。3 个月之后，儿子生活可以完全自理了，母亲也离开了人世。临走时，她握着儿子的手，笑容安详而从容。儿子清理遗物的时候，发现了母亲的一本病历，其实早在 7 年前，在儿子昏睡 1 年之后，母亲就被确诊为肝癌晚期。

是什么力量支撑一位肝癌晚期的女人与病魔抗争了 7 年？医生说这是一个

奇迹。

在生活中，很多人都知道，一个肝癌患者一旦知道肝癌到了晚期，很快就会离开人世，一般也就活几个月。可是这位母亲呢，不仅与晚期的癌症抗争了7年，而且同时还细心照料植物人的儿子7年。这是什么力量啊？这就是创造奇迹的伟大力量——那可怜而尊贵、平凡而伟大的母爱啊！！！只有儿子才知道，创造这些奇迹的正是那可怜而尊贵、平凡却伟大的母爱！

孝是人的天性。教化一个人，从人的天性开始，才容易接受，这就是“顺天而行”。同样，它也时时提醒我们不犯错误，保持端正的品德。

你看看，我们的母亲从怀我们的那一天起，到生我们，到我们上学，到我们工作，直到我们老了，不管我们是否有钱，不管我们是否健康，不管我们是否有困难，不管我们是否犯罪，我们的父母都是无条件、无私地珍爱我们，问寒问暖，无微不至，随时用他们的生命护佑着我们。

要知道，没有父母就没有我们。从被生下来到我们成年，到我们进入社会，到我们成家立业，我们为父母做了什么？

首先要清楚的一点就是知恩，不知恩，你是不会感恩、报恩的，更不会问自己为父母做了什么。

现在，我们一起用心用情来欣赏一首歌《天之大》。欣赏完这首歌，我们一起用心用情再来欣赏《跪羊图》和《感恩的心》。

欣赏完这首歌，我们再静下心来，好好思考一下我们应该怎样去知恩，只有先知恩，才能发自内心、自觉自愿地去感恩、报恩，才能发自内心、自觉自愿地去好好孝敬父母，去尊重和关爱父母，去珍惜和感恩父母。

你与那些不孝父母的人接触，你就会发现那些不孝父母的人几乎无一不是只看见、只记住父母的缺点、父母的错误，而父母的好、父母的优点在他们心中一个也没有。这样的人怎么可能去知恩，不知恩，他又怎么可能去感恩、报恩呢？怎么可能去孝敬父母呢？实际上，那些孝敬父母的人，并不是父母没有缺点和错误，有的父母甚至有很多、很严重的缺点和错误，但是，那些懂得孝敬父母的人只看父母的好，只看父母的恩情，不计较父母的缺点和错误，他们知恩，所以才发自内心地、自觉自愿地去感恩、报恩，自觉自愿地去孝敬，而不是因为所谓的道德绑架去孝敬父母，也不是父母要他们去孝敬。只有发自内心、自觉自愿地去孝敬父母，才能有幸福感。

（1）拜佛不如拜父母

很多人到寺庙里虔诚恭敬地叩头烧香拜佛，可是你爸爸妈妈呢？你尊重他们了吗？你对他们恭敬了吗？你关心他们了吗？

《增广贤文》里就有这么一句话："堂上二老是活佛，何用灵山朝世尊。"父母才是我们真正必须朝拜的人。很多人不孝敬父母，或者不怎么孝敬父母，却执着于烧香拜佛，那是没有用的，那才是真正的迷信。

我相信你知道孩子的生日，每年都会很用心地给小孩过生日，你知道孩子喜欢吃什么菜，喜欢吃什么水果，无时无刻关心着小孩。小孩生病的时候，你无时无刻不提心吊胆，无时无刻不在身边，看到小孩打吊针的那种痛，你会流泪，内心会流血，恨不得自己替代一切。

但是我们对父母的关心又有多少呢？你知道父母的生日吗？你认真给父母过过生日吗？你知道父母喜欢吃什么菜吗？你知道父母喜欢吃什么水果吗？你知道父母喜欢穿什么颜色的衣服吗？你用心陪父母聊过天吗？你好好陪父母逛过街吗？你好好陪父母吃过一顿饭吗？你经常为父母端水倒茶了吗？你每次吃饭吃菜都让父母先吃了吗？你每次吃东西、吃水果时都让父母先吃了吗？你每次与父母外出都好好招呼父母了吗？当我们的父母生病的时候，住院的时候，你好好用心照顾父母了吗？当父母不太注意卫生的时候，你嫌弃他们了吗？当父母有很多缺点的时候，你还能欣赏他们，包容他们吗？当父母生活不能自理的时候，你还能很用心地侍候他们吗？

不要以为拿一点钱给父母买一些吃穿的东西就是孝敬了，不要以为能养老就是孝敬了。《论语》说得好：犬马皆能有养，不敬，何以别乎？这句话告诉我们，一个人孝不孝敬，不仅要养父母之身，解决衣食住行，还要有态度，要恭敬。你对父母恭敬吗？你一直对父母恭敬吗？

我们青春年少时，总以为来日方长，却忘记了在我们成长的过程中父母也在渐渐地老去。也许有一天，我们正为赚钱而忙得天昏地暗的时候，却惊悉自己至爱的亲人已经永远失去了。

天下的儿女们，找点时间，用心陪陪父母吧！用你的心，用你的情，用你的爱，用你的点滴的行动去孝敬父母，让他们获得莫大的慰藉和满足。"树欲静而风不止，子欲养而亲不待。”这是世界上最痛彻心扉的愧疚和遗憾。

乌鸦老了之后，就飞不动了，无法自己找东西吃，只能在窝里待着。这个时候，只有靠小乌鸦去外面找东西叼回来，喂给老乌鸦吃。这就是乌鸦反哺的故事。

小羊羔一生下来，就是一直跪着吃羊乳的，一直到不吃羊乳为止。那种感恩之心，谁教的？没人教，天性如此啊。

动物也知道回报父母，没有人教它，因为这是天性啊。

动物尚且有感恩之心，做人就更要有感恩之心啊。

为教育子女孝敬父母，山东曲阜专门有《劝孝良言》，每句都非常感人，其中有一段，摘录下来与大家分享。

自古圣贤把道传，孝道成为百行源，奉劝世人多行孝，先将亲恩表一番。十月怀胎娘遭难，坐不稳来睡不安，儿在娘腹未分娩，肚内疼痛是可怜。一时临盆将儿产，娘命如到鬼门关，儿落地时娘落胆，好似钢刀刺心肝。赤身就来裹裙片，并未带来一文钱，身上无有一条线，问爹问娘要吃穿。娘坐一月罪受满，如同罪人坐牢监，把屎把尿勤洗换，脚不停来手不闲。白昼为儿受苦难，夜晚怕儿受风寒，枕头就是娘手腕，保儿难以把身翻。半夜未醒儿呼唤，打火点灯娘耐烦，或尿或屎把身染，屎污被褥尿湿毯。每夜五更难合眼，娘睡湿处儿睡干，倘若疾病把医看，情愿替儿把病担。对天祷告先许愿，烧香抽签求神仙，煎汤调理时挂念，受尽苦楚对谁言……

（2）天子庶人，莫不服孝

自天子至于庶人，孝无始终，而患不及者，未之有也。

——《孝经》

孔子说：“上自天子，下至老百姓，不管地位高低，身份贵贱，孝道是无始无终，永恒存在的，都是要行孝的，都要对父母致诚恭敬，爱敬存心。”

西汉汉文帝刘恒，是汉高祖刘邦的第四个儿子，他没有做皇帝的时候，汉高祖就已经封他在代州，所以又叫代王。他原来是庶出的，是庶子，不是嫡子，生母就是薄姬，后来才称薄太后。刘恒在高后八年因为仁孝继承帝位，他以仁孝之名，闻名于天下，他侍奉母亲从不懈怠。母亲卧病三年，他常常目不交睫，衣不解带，细心呵护。母亲所服的汤药，他一定要亲口尝过，觉得温度适合之后，才放心让母亲服用。

汉文帝刘恒在位二十四年，非常重视以德治国，以孝治国。此外，他还非常重视礼仪，注意发展农业，从而使西汉社会稳定，人丁兴旺，经济得到恢复和发展。他和汉景帝的统治时期被誉为“文景之治”，是汉朝最繁荣的时期，是中国第一个盛世。

所谓以德治国，本质上就是以孝治国。因为孝道是一切道德的根本。一个人孝道不好，在外面装出品德很好，那都是假的，是骗人的。虽然也可能取得一时的成就，但结局一定不好，甚至很悲惨。

《孝经》里说：“孝子之事亲也，居则致其敬，养则致其乐，病则致其忧，丧则致其哀，祭则致其严，五者备矣，然后能事亲。”

孝子侍奉父母亲，在家居日常生活中要尽量对父母恭敬，饮食生活的奉养，要保持和悦愉快的心情去做；父母亲生了病，要带着忧虑的心情去照料；父母亲去世了，要竭尽悲哀之情去料理后事；对先人的祭祀，要严肃去对待，理法不乱。这四方面做得完备周到了，才是真正显示出对父母的孝心。

一个人的孝道，一旦在青少年时期形成，往往一生都不会改变，而且也不愿意改变，这个世界上绝大多数人都是如此。因为，一方面是改变确实很困难；另一方面是因为他们并不知道孝道对他们的命运有如此之深的影响，能决定自己的命运。

即使要改变孝道，到了成年以后，也比较难改变。年纪越大，越难改变。所谓江山易改，本性难移。更何况这个世界还不知道孝道能决定命运呢。

因此，我们要从小开始就好好孝敬父母，从上述四个方面去注意修正自己，力行孝道。

但是，当我们年轻的时候，往往不懂得去孝敬父母，而当我们懂得去孝敬父母的时候他们往往已不再年轻。这个世界上有些东西可以弥补，有些东西却是永远无法弥补的。所以，我们要赶紧去孝敬父母，少去计较父母的缺点和错误。孝敬父母不能等，及时孝敬父母非常重要。

事亲者，居上不骄，为下不乱，在丑不争。居上而骄则亡，为下

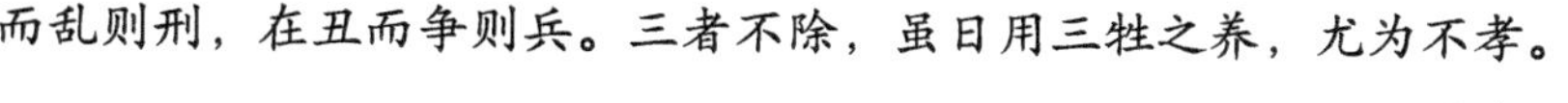
而乱则刑，在丑而争则兵。三者不除，虽日用三牲之养，尤为不孝。

——《孝经》

孝敬父母，还要有以下三忌：第一，就是身居高位的人，不要有骄傲自大蛮横之气；第二，身居下层的人，不要有违法违纪的行为；第三，在普通的百姓中，要与人和平相处，不要彼此争斗。身居高位的人骄傲自大，必然招致灭亡之灾；身居下层违法乱纪的人，必然遭受法律的惩罚；在普通的百姓中与人争斗，必然会落得凶险残杀的下场。这骄、乱、争三项逆理行为，每桩都有危及自身、殃及父母的可能。父母经常担心子女的安全，为儿女的，若不戒除以上三项逆行，就是每天用牛、羊、猪三牲来奉养父母，也不能让父母安心、放心，还是没有尽到孝的本质。

由此可见，孝敬父母，不在口腹之养，而在于让父母在精神上得到欣慰。因此，我们不论是从政，还是从商，都要遵守党纪国法，力行孝道，这样才能真正让父母在精神上感到安心，感到放心，感到欣慰。做到这样，即使遭人诬陷，我们也不会担心害怕。

贬恐惊亲

曹王李皋，唐朝衡州刺史，政绩很突出，深受百姓的爱戴。朝中有一位官员非常忌妒他的成就，设计陷害他触犯王法，于是他就被贬到潮州。杨炎在做宰相之前，就知道李皋无罪，是被人诬陷了，常常想帮助他，却苦无办法。等到他做了宰相，就重新任命李皋为衡州刺史。在曹王李皋被贬官之时，因担心母亲年纪大了，经受不起打击，于是对母亲隐瞒了贬官的实情。他白天在外面穿着囚服，回家马上换上官服。他把被贬官说成被提升，假装高兴地向母亲辞别。这次官复原职，他还没来得及告知家人，消息就已经传到了母亲那里。母亲祝贺他时，他跪在地上，才对母亲说出了被贬的真相。

儿女永远都是父母在这个世界上最为关心的人，父母的喜怒哀乐大半与儿女有关。因此，为人子女者应当懂得如何才能让父母安心。而不让父母为自己担心，就要正直地做人，少犯和不犯错误，绝对不要触犯党纪国法。没有哪一位父母不希望自己的孩子出人头地，但是前提却是他们能够平安、快乐。管好自己，不触犯党纪国法，让父母少操心、不操心就是给父母最好的礼物。

（3）孝行天下，能为难能

真心为善是真孝，万善都在孝里边。

——《百孝篇》

做善事要真心实意，不能带有目的、带有私心，这才是真心的孝敬父母。世界上有很多种善事，所有的善事都是孝敬父母。

我们在这个世界上有两种父母，一种是生我们、养我们的父母，孝敬这种父母，叫狭义的孝敬。还有一种父母，就是我们赖以生存的环境，如我们的祖国、中华民族以及这个世界，这是广义的孝敬。我们要真心实意地孝敬父母，就不仅要孝敬生我们、养我们的父母，还要孝敬我们周围赖以生存的父母，也就是我们赖以生存的环境，如我们住的小区，我们所在的村庄、街道，我们生活的城市，我们的国家，为我们所在的小区、村庄、城市、国家去做善事，为我们所在的部门、单位、企业去做善事，等等。所有这些都是孝。

对每个人而言，爱的最初的表现形式就是孝。一个人来到这个世界上，最亲近的人首先就是父母。父母的一生都在为我们无私地奉献，当我们报答父母的恩情的时候，就播下了爱的种子，这就是孝爱。随着年龄的增长，爱的范围在不断地延伸和扩大，比如上学了，爱老师，爱同学；走向社会了，爱朋友；当官了，爱百姓。你爱的范围越大，你的成就就越大。

很多成功人士之所以成功，原因就是他们心中有一颗孝的种子，使得他们的人格很完善，情感很丰富，爱的能量很大。所以，他们也能受到别人的喜欢和尊敬。而且，孝的层次越高，爱的能量也越大，取得的成就也越大。

《百孝篇》中有一句话，“孝从难处见真孝”。怎样才是难处呢？

一是父母有难处。如父母没有经济生活能力了，父母身体不好，长期卧病在床，父母不能自理，生活上需要他人照顾，父母有缺点毛病，有很多坏习惯，父母已经不讲卫生，说话喜欢啰嗦，父母想做而又没有能力做的事情，等等。

二是做子女的有难处。自己经济生活有难处，身体也不好，处境不好，父母不喜欢自己，自己时间很忙，工作上遇到挑战，遇到诱惑时抵抗不住，遇到挑战时不能前行，遇到压力时扛不住，等等。

三是父母和做子女的都有难处。

在以上情况下，我们是否还能够用心好好孝敬父母？如果能继续用心好好照顾父母，孝敬父母，就是孝从难处见真孝。

周郯子鹿乳奉亲

郯子是周朝人，他的祖上世世代代以耕种为业，他的父母一年到头苦苦劳作，也只是混个半饥半饱。多年的劳累使郯子父母的身体越来越差，由于年事已高，二老的眼睛视力也越来越差，几乎要失明了，这可急坏了小小年纪的郯子。

为了给父母治病，郯子每天半糠半菜地侍奉双亲充饥后，便进山采来各种草药，又是煎汤内服，又是熬水洗眼，但是效果总是不明显。一天，郯子听说鹿奶非常有营养，人喝了鹿奶身体会健壮起来，对眼睛也很有好处。郯子想，鹿奶这样好，这样神奇，何不弄些来让父母滋补身子呢？于是他赶往鹿群出没的树林中。这里的鹿确实不少，可它们身体敏捷，警觉性很高，一见有人靠近，就一阵风似的飞快逃去。

怎样才能弄来鹿奶呢？郯子绞尽脑汁，昼思夜想。一天，他见村东头猎户家的墙头上晒着一张鹿皮，忽地眼前一亮：把鹿皮借来，披在身上，扮成小鹿的模样，不就能悄悄接近鹿群了吗？

于是，郯子迫不及待地走近猎户家，把自己的想法告诉了猎户。好心的猎户一听，二话没说，就把鹿皮借给了他，还指点郯子如何模仿小鹿四肢跑跳的动作。经过多次演练，郯子竟然能一举一动都像一只活脱脱的小鹿了。

第二天，郯子用嘴叼着一只木碗，悄悄地蹲在树林里。待鹿群走近时，披着鹿皮的郯子像一只小鹿似的不紧不慢地凑到一只母鹿身边，因为郯子扮得很像，母鹿认为是小鹿在吃奶，因此，他轻而易举地挤了满满一木碗鹿奶。待群鹿走开后，他就捧着鹿奶直奔家中。

从那以后，郯子多次用扮成小鹿的方法，去挤母鹿的奶汁。而父母由于常常喝到鲜美的鹿奶，补充了足够的营养，身体一天天强壮起来，后来，原来几近失明的眼睛，也恢复了原有的视力。

儿子冒着被射杀的风险去取鹿乳，这真算得上孝敬有加了。

当今，我们的生活水平高了，我们完全没必要身披鹿皮去取鹿乳给父母吃，但为父母做些力所能及的事，是我们应尽的孝道，比如洗碗、洗菜、洗衣服、晒衣服、收衣服、扫地、拖地等。

孝心天至

刘沨，字处和，南宋南阳人，父亲刘绍为南宋中书郎。在刘沨小的时候，他的母亲就因病去世了，于是，他的父亲刘绍又续娶了路太后哥哥的女儿。继母是皇亲国戚，自然目中无人，骄横跋扈，对待下人很严苛，全家上上下下都非常惧怕她。虽然刘沨当时年纪很小，可继母看待他就像奴隶一样，加上刘沨又是丈夫的前妻所生，就更加看不顺眼了，经常找各种理由毒打他。

但是即便如此，刘沨也从不记恨。路氏又生了一个儿子，长相俊秀，灵气十足，刘沨特别喜欢这个小弟弟。后来路氏生病一年多，还不见好转。善良的刘沨每天都守候在继母旁边，照顾饮食起居。他也经常为继母的病情担忧，哭泣绝食。一旦继母病情有所好转，他就开心至极。他这样细心照顾，心诚所致，继母的病居然好了，于是继母对刘沨的态度也转变过来。他让自己的儿子和刘沨一块儿吃饭，一块儿睡觉，一块儿玩耍，一块儿学习，最后还把自己的家产分了一半给刘沨。

“孝敬”是一种发自内心的真诚呼唤，这种呼唤就算是铁石心肠也会被感化的，刘沨的继母又怎么会例外呢？刘沨用他的至诚的孝心感动周围的人们，一个人对打骂自己的继母都尚且能够如此尽孝，更何况是给予我们生命的亲生父母呢？

（4）孝父母以道，不取愚孝

亲之过大而不怨，是愈疏也。亲之过小而怨，是不可矶也。愈疏，不孝也。不可矶，亦不孝也。

——孟子

这句话的意思就是说：“子女对父母的大过失，触犯法律、违背道义的行为不怨、不谏，甚至盲目顺从，就是不孝。子女对父母的小过失，埋怨，斤斤计较，也是不孝。”

孝敬父母不等于彻底地顺从，不等于盲目地顺从。父母给了我们生命，我们应当对父母知恩、感恩、报恩，尽好扶养的义务，但是，我们也要有明辨是

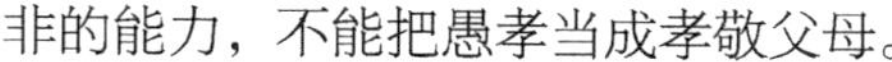

非的能力，不能把愚孝当成孝敬父母。

曾子愚孝的故事

曾子名叫曾参，是孔子最著名的弟子之一。他是一个非常孝顺的人，有一次他在自家的地里锄瓜，一不小心锄掉了一棵瓜苗的根。

曾子的父亲看到了，非常生气，随手拿起一根大棒就狠劲地打曾子，把曾子打倒在地。曾子晕了过去，半天才缓缓地苏醒过来。曾子醒过来之后的第一件事，就是赶紧跑到父亲面前去请罪，说："刚才我不小心做错了事，让父亲很生气，您用那么大的力气教育我，没什么事吧？"

孔子听说了这件事，告诉自己的弟子说："下次曾参再来我这里，别让他进我的门！"曾子不知道自己到底做错了什么，就央求师兄弟向孔子打听原因，孔子说："当年舜帝的父亲瞽叟很糊涂，脾气也非常暴躁，续娶了之后对舜又非常不好。要使唤舜的时候，舜总是在旁边侍候着，可是想要杀掉舜的时候，却怎么也找不到他。小小的责罚，舜可以承受，要是父亲大怒要拿大棒捶他，舜就远远地躲开。为什么呢？怕自己的父亲背上杀害亲生儿子的罪名啊！现在你呢？父亲正在气头上，下手不知道轻重，要是真为了这样一件小事把你打死了，你不是陷你父亲于不仁不义吗？"

像故事中曾子那样的孝，就是盲目地顺从，绝对不可取。表面看起来是孝顺，实际是愚孝，仍然是不孝。

我们顺从父母，孝爱父母，并不是无原则地顺从与爱，父母的话不动脑子就全盘接受，这并不是真正的孝。盲目顺从的孝，只重动机，不重效果；只重形式，不重内容；只顾自己，不顾他人。从根本上说，这不是真正的孝道。

真正的孝道不是唯命是从。无论是对父母还是对长辈，顺从的态度是好的，但自己一定要有辨别是非的能力。盲目顺从，以致纵容错误发生，这不是孝道。

盲目顺从父母的人，走向社会以后，也会盲目地顺从上级，不能分辨是非。如果跟上一个不好的上级，甚至会走上犯罪的道路。

所以，我们不但要好好尽孝，也要明智尽孝，父母有错误，一定要好言相劝。

《后汉书》里有一篇《乐羊子妻传》，其中的故事也很值得我们借鉴：

乐羊子外出求学，有很多年没有回来。因为没有体壮的劳力，家里的日子过得很艰难，好多天没有吃到荤菜了。一天，婆婆嘴馋，很想吃肉，就把邻家的鸡偷来宰杀了。乐羊子的妻子也是知书达理的人，对婆婆这种行为很不满意，但她没有直接批评婆婆。

当婆婆把鸡肉端上来的时候，乐羊子的妻子伤心地哭了。婆婆感到非常奇怪，问她为什么哭。她答道："我非常伤心，因为自己能力有限，没侍奉好婆婆，使得饭桌上有了别人家的肉。"婆婆听了，十分惭愧，再也举不起筷子吃那鸡肉了。

就这样，乐羊子的妻子以自责的方式既规劝了婆婆，又达到了她关心、爱护婆婆的目的，可谓用心良苦。

不同的父母，有不同的性格。有的父母通情达理，有了过失时，容易接受儿女的规劝；有的父母比较固执，明明错了，却硬是不肯承认，或是知道错了却不愿悔改；还有的父母本身就是不孝的人。碰上这些情况，又该怎么办呢？这个时候，我们不应和父母吵闹，而应委婉地提醒、规劝父母。

没有不是的父母，只有不是的子女。

——王凤仪

很多人看了这句话不理解，会说父母怎么会没有过错呢？

这句话到底是什么意思呢？

这句话的意思是说："在这个世界上，人无完人，金无足赤。父母不可能永远没有错误，他们也会有不良的习惯、不好的个性、不好的品质，也会有犯错误的时候，有的还可能经常犯错误，也会有缺点毛病，有的甚至有很多缺点毛病。不过不管父母怎么样，他们都是你的父母。但是，作为子女，我们不能直接与父母顶撞。"那我们应该怎么办呢？

《弟子规》中有一句话："亲有过，谏使更，怡吾色，柔吾声。谏不入，悦复谏，号泣随，挞无怨。"

有的说一次不行，父母听不进去，甚至会不高兴，没有关系，下次父母高兴的时候再来。这就是《弟子规》中的"亲有过，谏使更；怡吾色，柔吾声。谏不入，悦复谏；号泣随，挞无怨"。做子女的对父母还要包容，而且要心怀知恩、感恩、报恩之心，千万不能计较父母的过错。如果做子女的计较父母的过

错，就是子女的错。

我们想想一个会计较父母过错的人，他怎么可能孝敬父母；一个计较父母过错的人，外面的人还有谁，他不计较。所以，没有不是的父母，只有不是的子女。如果我们触犯这一条，往往就会成为一个斤斤计较的人，往往就会成为一个不孝的人。因为，一个会计较父母的过错、缺点的人，就不会知恩、感恩、报恩，这个人又怎么会有孝心呢？

但是，这句话是对成年子女来说的。而对幼年子女来说，又要颠倒过来，就是“没有不是的子女，只有不是的父母”。对于幼年的子女来说，他们是一张白纸，上面画些什么内容，则往往是由父母来决定的。

找好处开了天堂路，认不是关了地狱门。

——王凤仪

解决各种矛盾有两个关键：找好处开了天堂路，认不是关了地狱门。这两个关键几乎适合解决所有矛盾，包括和父母，和另一半、家庭、工作、社会等的矛盾。

可以这么说，在现实生活当中，有不少人对父母根本就没有感恩之心。为什么？

因为他在不断计较父母的过错。这样的话，他心中就不会有父母对他的好，他怎么可能会对父母有感恩之心呢？

我们都不是神也是人，父母也不是完人。当父母有过错的时候，有的是反复犯错的时候，甚至犯你难以接受的错误的时候，你也有可能不高兴的时候，也有难受的时候，这个时候，你就要不断念父母对自己的好处，念父母对自己的恩情。天天念，不断找，越多越好，三个月以上，你就不会去生气了，你就会觉得这点小事没什么，你就会有感恩之心，你就会感恩父母，你就会感受到做父母真的不容易，你就会发现父母真的很关心自己，只是父母有时方法欠妥而已。

碰到任何事情，你都要寻找自己的不是，向父母承认是自己的错误。这样就能化解很多不愉快，化解很多矛盾，你就调和了矛盾恶化，关闭了地狱之门。

（5）孝顺之人才真正懂得感恩

孝心是我们安身立命的根本。

孝敬父母，提升孝道，移孝作忠，忠于自己的国家，才是完整的孝道，这就是我们要传道的核心。我们通过为国家尽忠建功立业，才算孝道的完成。

对国家必须100%忠心，99%都不行。

孝从难处见真孝，忠从难处见真忠。

在现实的生活中，就有人很困惑：

为什么他们都不给我机会？

为什么没有人帮助我？

为什么没有人尊重我？

为什么受伤的总是我？

为什么失败的总是我？

……

我们在生活中为什么会碰到这么多的问题？

因为我们触犯了天下第一大道，没有好好孝敬父母啊。我们连父母都不愿意善待，这个最根本的待人准则都不愿意遵守，难道我们还会善待他人吗？如此人际关系自然就不好了，这样的话，做事情怎么可能顺利呢？做事情不顺利，那又怎么能立身安稳呢？

因此，我们一定要好好孝敬父母。常言道："孝顺孝顺，一孝就顺，不孝不顺。"

不孝顺的人，是不会幸福的。不孝顺的人，他的人生一定会碰到很多问题，一定有很多磨难。所以，当我们有很多磨难的时候，一定要检查反省自己，是不是有不孝之处！"诸事不顺因不孝"，想顺利，就尽孝，你真心尽孝了，顺就来了。

一名青年非常优秀，去一个大公司应聘，他通过了一级又一级的面试，到了最后环节——董事长面试。董事长从该青年的履历上发现，该青年不仅是重点大学毕业，而且成绩一贯优秀，从中学到研究生从来没有间断过，获得过很多奖项，积极参加过很多活动。

董事长问道："你家的条件怎样？"

青年："我们家很穷，父亲在我一岁的时候就去世了，是我的母亲给我付学费。"

董事长："你母亲做什么工作呢？"

青年："我母亲没有什么文化，也没有什么特殊技能，只能给人洗衣服。"

董事长要求这个青年把手伸给他，该青年就把白净的手伸给董事长。

董事长："你帮你母亲洗过衣服吗？"

青年："从来没有，我看到母亲这么辛苦，倒是想帮她洗，但我母亲从来不让我洗，总是要我多读书。再说，我母亲洗衣服比我快得多。"

董事长："我有个要求，你今天回家，给你母亲洗一次双手，明天上午你再来见我。"

该青年觉得自己被录取的可能性很大，回到家后高高兴兴地要给母亲洗手，母亲受宠若惊地把手伸给孩子。

该青年给母亲洗着手，渐渐地，眼泪掉下来了，因为他第一次发现，他母亲的双手都是老茧，有个伤口在碰到水时还疼得发抖。

青年知道，母亲就是每天用这双有伤口的手洗衣服为他付学费的，母亲的这双手就是他今天毕业的代价，内心非常难受。

该青年给母亲洗完手后，一声不响地把剩下要洗的衣服都洗了，第一次帮助母亲洗了衣服。

当天晚上，母亲和孩子聊了很久很久，尽管聊得很晚，但母亲却显出一生难有的高兴。

第二天早上，该青年去见董事长。

董事长望着该青年红肿的眼睛，问道："可以告诉我你昨天回家做什么了吗？"

该青年回答说："我给母亲洗完手之后，我帮母亲把剩下的衣服都洗了。"

董事长说："告诉我你的感受。"

"没有我母亲的辛勤工作，我不可能有今天。自己亲身体验后，才知道母亲的辛苦。"青年说。

董事长说："我就是要录取一个懂得珍惜，懂得感恩，能体会别人辛苦，而不是把金钱当作人生第一目标的人。你被录取了。一个人追求利益没有什么可非议的，但是不能唯利是图。”

这位青年后来果真非常懂得珍惜和感恩，工作努力，深得职工拥护，员工也都工作努力，相互团结，相互鼓励，从而使得整个公司的业绩大幅增长。

正是因为青年变得知恩、感恩、报恩了，有孝心了，才顺利被董事长录用。正是因为他对母亲有了孝心，才能移孝作忠，对企业忠心，才能善待员工，才能团结员工，才能调动员工的积极性，才能做出很好的业绩。

假如一个人从小娇生惯养，习惯了被人围着宠着，什么都是“我”第一，父母的辛苦都不知道，不懂得知恩、感恩、报恩，就不会有什么孝心。这样的人，可能会有好的学习成绩，可能专业能力很强，也可能会一时得意风光，但往往都不能做大事，不会感觉到幸福；即使暂时做成了，最终都要跌跟头。

因此，我们每个人，首先要对父母知恩、感恩、报恩，孝敬父母，在外才会有好的人际关系。我们对父母都不知恩、感恩、报恩，我们又怎么可能会有好的人际关系呢？做事又怎么可能顺利呢？

所以，我们一定要对父母知恩、感恩、报恩，这样才会真正孝敬父母。有孝敬父母之心，你在外才可能报效国家。能够孝敬好父母，才可能正确地善待别人。

孝敬父母的人，考虑问题的思维方式、思维习惯、思维顺序是这样的，时时处处充满知恩、感恩、报恩之心，时时处处关爱父母，时时处处让父母满意开心，用一生来感恩报答父母的养育之恩。他们确定理想，确定目标，都是为了报答父母的养育之恩。他们很乐意去为父母奉献付出，根本不会去计较什么回报。他们时时处处非常关心关爱父母，时时处处说话做事都非常注意，非常小心，以防让父母不高兴。即使遇到父母不满意、不高兴的时候，他们都是从自己身上找问题，找原因。这样他们就养成了一个知恩、感恩、报恩的习惯，无意之中就养成了利他的思想，养成了以人为本的思想。

这种人走入社会之后，以这种利他的思想、以人为本的思想对待别人，自然就会处处受欢迎，人们对他哪有不舒服、不欢迎的道理？

不孝的人，考虑问题怎么样？

这种人的思维方式、思维习惯、思维顺序是这样的，以我为中心，时时处处自私、自利、自我，看谁都不满意，就对自己满意。这种人就很容易养成一

个贪图利益的习惯，他们不乐意付出奉献，做事情斤斤计较，说话做事都是以自己满意为主，根本就不考虑父母的感受，也不考虑父母高兴不高兴。碰到问题，他们都是埋怨父母，从来就不找自己身上的问题，都是找父母身上的问题，都是找父母的原因，都是看到父母的错误和缺点，这种人又怎么可能知恩、感恩、报恩呢？又怎么可能孝敬父母呢？

你想想这种人在父母面前都是这样，在别人面前，他还不自私、自利、自我？在单位里又怎么可能会对领导真正尽忠呢？即使表现出忠心，也都是为了利益而来，一旦利益得不到，必然现出原形。

这种人肯定是以我为中心，自私、自利、自我。

这种人确定目标，都是以满足自己的欲望来定。别人和这种人相处，又怎么可能舒服？所以，这种人自然而然就没有朋友。

也不是说孝子就不会出问题，作为一个企业或者一个部门，在识人、选人、育人、用人时，一定要注意他的孝道层次，也就是看他是小孝、中孝、大孝，还是至孝。

孝的分类

孝是治家之本。孝分很多种，可分小孝、中孝、大孝、至孝，还可分真孝、假孝，也可分理孝、事孝、心孝。

（1）什么叫真孝

一心一意地尽孝，别的想法没有，不为名，不为利，不为权，就为对父母知恩、感恩、报恩，希望父母好，父母健康，父母幸福。恪尽孝道，克己复礼。自己无论受多大的苦，多么忙，多么困难，也要尽孝。

家庭富有的时候，你虽然给了老人一点儿东西，但比给儿女的东西差很多，那不算是真孝。你给老人的东西，一定不能比给儿女的东西差，甚至还要好，还是老人需要的东西，老人喜欢的东西，这才是真孝。

在我们周围经常有这样的现象，一个老人能养活七八个子女，七八个子女却不能养活一个老人。现在老人有两个孩子的，就轮流奉养老人，而家里有三个孩子的老人甚至就没有家了——大家都在推卸奉养责任。小的说："又不是生我一个，还有老大呢。"老大说："下面有那么多兄弟，咋就专找我呢？"他们就这么来回推磨，一家轮多少天，搞轮班制。老人怎么办呢？没办法，只好挨个儿过。这样轮下去，好像老人没人要了，这样老人能幸福吗？

汉文帝刘恒从小就极其孝敬母亲薄姬，所以，他最后的命运就和其他皇子不一样。虽然他开始不如其他皇子，但由于他极其孝敬，命运就得到了改变，越来越好。汉文帝刘恒的母亲病了三年，刘恒虽是大王，但是依然衣不解带，亲尝汤药，百忙之中还抽出时间来侍奉母亲，直到三年之后母亲病好。刘恒的孝，真是至诚、至真之孝。

（2）什么是假孝

为了世俗的评价，或者为了利益，或者为了权力，总之带有目的才去尽孝，这不是真心尽孝，这不是为了对父母知恩、感恩、报恩而去尽孝。假孝虽然不一定马上能看出来，但迟早会露出真面目。人虚伪，天不虚伪。

隋炀帝杨广为了争夺太子位，迎合父皇杨坚和独孤皇后。父母每次派人来，他都亲自和萧妃到门口迎接，并用丰盛的酒饭招待他们的随从，临走再送上礼物。这些人得了好处，都在隋文帝和独孤皇后面前称道杨广仁孝。有时，隋文帝和独孤皇后到杨广那儿去，他便把年轻貌美的姬妾藏起来，让年老丑陋的人穿上粗劣衣服服侍隋文帝和独孤皇后，隋文帝夫妇见杨广节俭而又不好声色，就更加宠爱他了。杨广还用同样的方式敬待朝中大臣，大臣们也都称赞他贤明。这样在朝廷内外，他获得了普遍的好感，声望越来越高了。于是，杨广开始施展阴谋诡计，颠覆哥哥杨勇的皇太子位置。他与朝廷重臣杨素联合，让杨素也在父母面前毁谤太子杨勇。杨素一方面在隋文帝杨坚夫妇面前称誉杨广，攻击杨勇，催促隋文帝废勇立广；另一方面在朝中大肆活动，广造舆论，煽动更多的人诽谤太子。

终于，杨勇被废为庶人，杨广如愿以偿，被立为太子，取得了皇位继承权。杨广坐上太子的宝座后，又命杨素捏造罪名，将自己的弟弟蜀王杨秀废为庶人。

杨广不仅靠阴谋夺取了太子位置，而且还继承了皇位，但是由于他的不孝不尊，最后的结局是：隋朝灭亡，子孙多人几乎全部被杀，而且也像秦始皇一

样，子孙都是被自家人及身边人杀掉的。

（3）什么是理孝

理孝，是理解老人的心，理解父母的恩爱。如何理解呢？

父母对子女的爱是无私的，无条件的，但是父母的教育有正面教育，有反面教育。正面教育就是鼓励子女，赞叹子女，让子女顺着正道走；反面教育就是父母严厉责骂，严重的时候也打。那么不管是正面的还是反面的，都是因为爱子女才做的。反面的教育，反过来能让子女成为刚强的人，不少伟人是从反面教育成长起来的。这是理解父母的心，父母用什么方法教育子女都是为子女好。

（4）什么是事孝

事孝，就是在父母年老的时候，或者身体状况不良的时候，给父母提供生活条件，照顾好父母。如果在父母需要的时候没有去照顾，将来到你需要的时候，也一样不会得到你的子女的照顾。这就叫一报还一报。因为生命是有传承的，有什么样的父母就有什么样的后代。“龙生龙，凤生凤，老鼠的儿子会打洞”，也叫“种瓜得瓜，种豆得豆”。如果你现在说：“为什么子女不孝顺呢？”那么，你就要回想自己原来是否孝顺父母。

（5）什么是心孝

心孝，应该明白到，父母也是生死凡夫，人人有优点，个个有缺点。父母的最大优点是给了我们生命，如果他们的所作所为有不对的地方，作为子女只有感恩优点，原谅缺点。如果子女去计较父母的过，这就叫不孝了。

尊师重教

我们中华民族自古就有尊重老师的传统，“敬老尊贤，孝亲尊师”是中华民族的美德，中国古老的祖先们以这个理念代代相传，教导下一代已经有几千年的历史了。

把尊师和孝亲连在一起，你就可以想象到古代是多么重视尊师了。“一日为师，终身为父”就是对老师尊重与感恩的名言。

我国素有“古之圣王，未有不尊师者也”之说，你看看中国古代的几个盛世就知道，那些帝王不仅教育子女孝亲尊师，自己也身体力行，并做得很好。中国古代的帝王，其儿女在学堂里念书，对孔老夫子的神位、画像，对老师也要行跪拜礼，这是尊师重道。帝王带头做，教人孝顺父母，奉事师长，孝亲尊师，因为只有上行下效才能养成社会上良好的风气。

荀子也曾讲：“国将兴，必贵师而重傅；贵师而重傅，则法度存。”教师是文化知识的传播者，没有教师，知识就无法传播下来，尊重教师就是尊重知识。不尊师源于不孝亲，不孝亲又源于不尊师。二者相互影响，相互作用。

影响小孩一生的三个关键是：第一是父母，第二是老师，第三是亲密的朋友。前两者又特别重要，因为第一没有选择，第二也没有太多选择，第三有很多选择。前两项做好了，第三项就容易做好，前两项没有做好，第三项就容易出问题。

孝亲尊师是人伦之本，社会安定之本，经济繁荣之本。孝敬父母，尊老爱幼，这是社会主义精神文明的基本内容之一。

再说尊敬师长。我们今天仍然要大力提倡“师道尊严”。“师道尊严”的本义是讲，为师（从教）之道是很尊严的，所谓“只闻来学，未闻往教”。也就是说，过去只有主动求学的，没有主动教学的。为什么要这样？因为只有主动求学才会认真去学习，才能够体现出对知识的尊重，遇到学习上的困难的时候，才能继续坚持，才能突破困难。过去讲“一分恭敬一分收获”就是这个道理。如果不是主动求学，就是有再好的老师，你也很难学到东西。再者，你不尊重老师，老师又怎么可能倾其所有呢？所以必须尊师才能重道，这个道是学问之道。这里我就要讲一个“程门立雪”的故事。

北宋的时候，有一个大学问家，他的名字叫作杨时。杨时是一个非常有礼貌、非常谦虚好学的人。不管遇到什么困难，他都会想方设法把自己想要知道的知识从别人那里学到。尤其是和学习有关的事情，哪怕是付出再大的代价他也要学到做到。

在杨时 40 岁那年，有一次他和他的好朋友游酢提前约好一起去拜访程颐（程颐是当时很有名的一位大学问家）。杨时和他的好朋友游酢走到程颐家的时

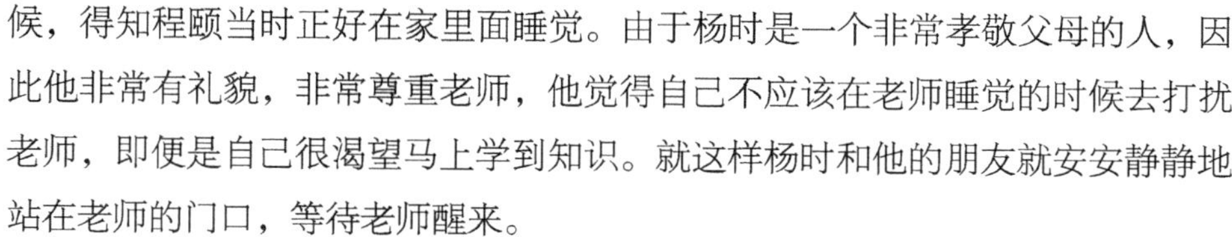

候，得知程颐当时正好在家里面睡觉。由于杨时是一个非常孝敬父母的人，因此他非常有礼貌，非常尊重老师，他觉得自己不应该在老师睡觉的时候去打扰老师，即便是自己很渴望马上学到知识。就这样杨时和他的朋友就安安静静地站在老师的门口，等待老师醒来。

过了一会儿，天空中渐渐地下起了鹅毛大雪，天气开始变得很冷。雪越下越大，天越来越冷，但是老师还在睡觉。他们依然很有礼貌，没有打扰老师，而是在大雪中等待。这时候，杨时的朋友游酢因为寒冷的冬雪天气已经坚持不住了，他有好几次想要把程老师叫醒，但是杨时没有让他这么做。

于是，他们两个人在大雪中坚持着，坚持站着等待着老师醒来，给他们讲解问题。当程颐老师睡醒的时候，发现门外站着两个“雪人”，就有了“程门立雪”的故事。

“程门立雪”的故事给我们的启示：求学一定要主动，一定要学会坚持，千万不可以半途而废；为人要学会尊重别人，只有尊重别人才会让别人尊重自己并且重视自己；遇到困难要知难而上，信念必须坚定。

尊师和孝亲是相互补充的。首先要孝亲。这样父母教育子女应该尊重老师，子女才会听。因为老师不可能自己说你们应该尊重我。尊重老师的学生，老师又教他应该孝敬父母，为什么要孝敬父母的道理。在这个基础上，进一步推广至尊敬社会大众。这样的心态，才是一个合格的学子之心。我们想想看，今天的学生与这种心态的差距有多大，就很清楚德育教育的根本目标应该是什么了。在家庭里不知道孝顺父母，在社会上一定不懂得尊重别人，这也是今天年轻人常犯的毛病。父母没教子女应该尊敬老师，老师如果再不教育学生应该孝顺父母，这个良性循环就永远也接不上了。

而真正的恭敬不是在形式上，是要依教奉行，把老师的教诲应用落实在日常生活、处事待人接物上，这才是真正的尊师重道。而老师能否把学生教好，也看家长对老师的态度。儿童天性会模仿大人。在子女的心目中，父母、老师都是他的榜样，做父母如果不尊重老师，学生怎么会看得起老师？怎么会听老师的话？好老师纵然想教，但看到重重困难、障碍，也会知难而退。所以教孩子孝敬，就必须真做出孝给孩子看；教敬，自己必须做到敬重师长。如果自己没做到，孩子不会相信你。所以父母跟老师都要以身作则，这是最重要的。

古代的很多家庭在小孩上学的时候，父母就会教小孩尊师重道，往往会将一个祠堂、大殿布置成一个礼堂，当中都会供一个很大的牌位——大成至圣先师孔子之神位。进入礼堂后，老师就会出来接待，父母就会带着小孩对孔老夫子行三跪九叩首之礼。行完礼之后，父母就会请老师上座，老师坐在孔子牌位旁边，父母就会带着小孩对老师行三跪九叩首礼。小孩看到父母对老师这样尊重，老师的话还能不听吗？父母做出榜样，从此之后就懂得尊师重道，对于从事教育工作的老师都尊敬，跟对父母完全一样，从小就养成习惯，一生都忘不了。

今天，我们不去提倡这种形式了，当然也不反对，因为现在的礼仪已经和过去不同了，但是，孝亲尊师的传统美德还是必须坚决发扬的，父母带着小孩尊重老师也是非常重要的，父母是小孩的榜样，也是小孩的第一任老师。

当然，肯定会有一部分父母会说有的老师怎样怎样，我也不否认，但是，我相信而且肯定这只是一小部分，我坚信以后的教师队伍会越来越好。就算是有极少部分老师有问题，这也不能成为我们否定尊师重教的理由。为了防范个别老师，防止学生尤其是女生上当受骗，吃亏，学校必须加强这方面的管理，家长也要注意提醒孩子尤其是女孩遵守学校的规定，注意自身安全，以防小孩上当受骗，吃亏。

孝道与社会主义核心价值观

本书修订版的书名就是《孝道决定人生》，既然孝道这么有威力，这么厉害，那么，怎样才能把自己的孝道做好呢？

我们对孝道的认识也要与时俱进。我们把社会主义核心价值观的所有内容做好了，我们也就把孝道做好了；我们把孝道做好了，我们也就能把社会主义核心价值观做好。

有的人可能会说这是不是太牵强了？

一点都不牵强。我们把孝道充分理解，把社会主义核心价值观充分理解，

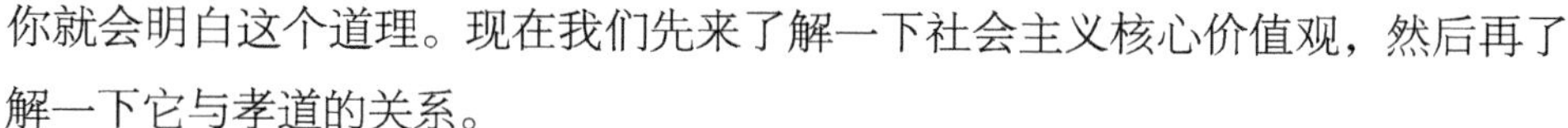

你就会明白这个道理。现在我们先来了解一下社会主义核心价值观，然后再了解一下它与孝道的关系。

（1）社会主义核心价值观的24字含义

社会主义核心价值观的24字是：富强、民主、文明、和谐、自由、平等、公正、法治、爱国、敬业、诚信、友善。

富强、民主、文明、和谐，是我国社会主义现代化国家的建设目标，也是从价值目标层次对社会主义核心价值观基本理念的凝练，在社会主义核心价值观中居于最高层次，对其他层次的价值观具有统领作用。富强，即国富民强，是社会主义现代化国家经济建设的必然状态，是中华民族梦寐以求的美好夙愿，也是国家繁荣昌盛、人民幸福安康的物质基础。民主是人类社会的美好诉求。我们追求的民主是人民的民主，其实质和核心是人民当家做主。它是社会主义现代化国家的重要特征。它是社会主义现代化国家建设的应有状态，是对面向现代化、面向世界、面向未来的、民族的、科学的、大众的社会主义文化的概括，是实现中华民族伟大复兴的重要支撑。和谐是中国传统文化的基本理念，集中体现了学有所教、劳有所得、病有所医、老有所养、住有所居的生动局面。它是社会主义现代化国家在社会建设领域的价值诉求，是经济社会和谐稳定、持续健康发展的重要保证。

自由、平等、公正、法治，是对美好社会的描述，也是从社会层面对社会主义核心价值观基本理念的凝练。它反映了中国特色社会主义的基本属性，是我们党矢志不渝、长期实践的核心价值观念。自由是指人的意志自由、存在和发展的自由，是人类社会的美好向往，也是马克思主义追求的社会价值目标。平等指的是在法律面前一律平等，其价值取向是不断实现实质平等。它要求尊重和保障人权，人人依法享有平等参与、平等发展的权利。公正，即社会公平和正义，它以人的解放、人的自由平等权利的获得为前提，是国家、社会的根本价值理念。法治是治国理政的基本方式，依法治国是社会主义民主政治的基本要求。它通过法制建设来维护和保障公民的根本权利，是实现自由平等、公正正义的制度保证。

爱国、敬业、诚信、友善，是公民基本道德规范，是从个人行为层面对社会主义核心价值观基本理念的凝练。它覆盖了社会主义道德生活的各个领域，是公民必须恪守的基本道德准则，也是评价公民道德行为选择的基本价值标准。爱国是基于每个人对自己祖国依赖关系的深刻情感，也是调节个人与祖国关系的行为准则。它同社会主义紧密结合起来，要求人们以振兴中华为己任，促进民族团结，维护祖国统一，自觉报效祖国。敬业是对公民职业行为准则的价值评价，要求公民忠于职守，克己奉公，服务人民，服务社会，充分体现了社会主义职业精神。诚信即诚实守信，是人类社会千百年传承下来的道德传统，也是社会主义道德建设的重点内容，它强调诚实劳动，信守承诺，诚恳待人，强调公民之间应该相互尊重，互相关心，互相帮助，友好和睦，努力形成社会主义新型的人际关系。

（2）如何做好孝道

社会主义核心价值观在家里就会有很多体现，在尽孝道的时候就会有很多体现，特别是兄弟姐妹多的家庭，还有就是家族成员多的家庭，就会看出社会主义核心价值观的很多内容的重要性。我们讲孝敬父母，就是要小孩从小就要孝敬父母，以后才可能移孝作忠，才可能忠心于国家，才可能热爱国家，也才可能把孝放到事业上，这就是敬业。善以孝为本，一个懂得孝敬父母的人才能对他人友善，而一个不孝的人是不能爱国，不能敬业，也不能友善他人的。

我们讲孝，经常讲到不能愚孝，愚孝属于不孝。什么是愚孝？在尽孝时做了违法的事情，就是愚孝。比如，有些做父母做了违法的事情或者严重违背道义的事情，你还协助他做，这种愚孝的事情，就是不孝，我们坚决不能做，不仅不能做，还要劝告，反复劝告，直到劝住为止。这就是社会主义核心价值观中的法治观念。这种法治观念和意识，在讲尽孝时就强调不能尽愚孝。之所以在尽孝尽忠的时候强调法治观念，就是要树立正确的法治观念和法治意识。不仅在尽孝尽忠的时候要遵守法律，我们在日常生活和日常工作中也都要遵守法律，这是让父母放心，是孝父母之心，也是尽孝的内容。也就是说，我们在追求和享有富强、民主、文明、和谐、自由、平等、公正、法治、人权、权力、利益等的时候，都要有法治观念和意识，遵守法律，这样它们才有保障，否则所有的都没有保障，而且会损害别人的富强、民主、文明、和谐、自由、平等、公正、法治、人权、权力、利益等。正确的法治观念是首先要自觉自律地对自己进行法治自觉，自觉自律地遵守法律。

我们做事情不仅要合法，还要合道，这是更高层次的要求，要想成为国家的精英，做事情就一定要合法合道。比如，一家庭有父母和五兄弟，你是五兄弟的一员，比如你是老三，你正好在家一天，父母让你做饭菜。老大 17 岁，老二 14 岁，老三 9 岁，老四 7 岁，老五 5 岁。吃饭的实际情况是：父亲吃三碗，母亲吃两碗，老大、老二吃三碗，老三、老四吃两碗，老五吃一碗。就有至少四种情况，第一种，如果按每人吃三碗准备，那就是做好二十一碗饭，这就容易造成浪费；第二种，如果按每人吃两碗准备，那就是十四碗饭，就会有人吃不饱；第三种，如果按照每人吃一碗准备，那就是七碗饭，就会有很多人严重吃不饱；第四种，如果按需准备，那就是十六碗饭，那么大家都满足了。一次、两次出现吃不饱的情况，父母也不会怎样，会教你，而长期出现吃不饱的情况，因为会影响小孩的健康成长，父母就会很不开心。如果你每次做、长期做都能正好满足大家的需求，父母就会很开心，这就是孝父母之心啊，大家也会很开心。前三种情况看起来也公平、平等啊，这就是“合法不合道”，第四种才是高水平的“公平、平等”，这才是真正的公平、平等，这才是真正的合法合道。

当然，如果你做的菜也好吃，父母当然更开心，大家也开心。这和前者是不同类型的问题，前者主要属于“道”的问题，后者主要属于“技能”的问题，属于“术”的问题。

这只是一个简单的例子，生活中和工作中会有很多各种各样的事情，有的简单，有的就复杂，甚至很复杂，关键是把握根本的东西，首先要合法，然后是合道。合法一般来说判别相对简单，合道就要求更高，需要更高的水平。

如何才能做到合道呢？这就不仅要学习掌握法律知识，而且还要学习并经历很多、掌握很多，才能做到合道。学好优秀传统文化，比如学好《弟子规》《太上感应篇》《孝经》等，而只是学好、研究是不够的，还要在生活中和工作中持续地身体力行才能更好地理解和把握。此外，还要了解掌握相关规矩、规定，以及礼仪、公德等，持续地学习、思考、观察、力行、总结。这样才能使我们不断提升自己，做事情时做得合法合道。看一个人，不仅要看平时做事是否合法合道，还要看在面对困难、压力、诱惑、挑战时是否还能够合法合道。

因此，不仅要把“权力”关进法治的笼子里，你的所有才会受到法治的保护，而也只有这样，社会才能有序，才能和谐。比如自由、人权、民主等，你可以追求、争取和享有，每个人都可以追求、争取和享有，但是，你必须遵守法律，否则，你就会损害他人的自由、人权、民主等，给社会带来混乱甚至动荡，你的自由、人权、民主等就不仅得不到法律的保护，还要受到法律的制裁。

因此，社会主义核心价值观就和孝道一样，必须从小开始去践行，当我们真正把孝道做好了，社会主义核心价值观也就能够充分得到展现了。当我们把社会主义核心价值观充分展现了，孝道也就做好了。所以，要践行社会主义核心价值观，就要从孝敬父母开始，从家里开始做，从小开始做，以后长大走向社会了，就会自然流露，才能很容易做到。

第二章

忠道篇：忠孝是安身立命传家之本

孝廉：古代选拔官吏的标准

我们中华民族自古以来就非常重视孝道，孝道文化已经传承了几千年的历史。

上古时候没有什么考试选拔官员的说法，要到朝廷做官，就是选孝廉，舜王就是通过孝顺闻名而被选上的。选举孝廉在我们中华民族已经传承了两千多年，甚至更长的历史。

《百孝篇》讲：自古忠臣多孝子，君选贤臣举孝廉。汉武帝时期，选取贤臣的标准就是孝顺。凡不孝顺者，坚决不录用。因此，古往今来，忠臣大多为孝子，孝子大多为忠臣。实际上帝王也是如此。

（1）汉文帝亲尝汤药

汉文帝刘恒是汉高祖刘邦的第四个儿子，他是薄姬所生，原本不是太子，只是众皇子中最不受重视的一个庶子而已，既不是嫡子也不是长子，和朝廷的文臣武将也不熟悉，就是因为至孝贤能，从而被群臣拥立为皇帝。

汉文帝即位后，有一年，她的母亲薄太后病了，他十分体贴地侍奉，从不懈怠。薄太后卧病三年，他每天都去探望，衣不解带地在旁边照顾，每次看到母后睡了，才趴在母后的床边睡一会儿。母亲所服的汤药，他都要亲口尝过之后才放心让母亲服用。

汉文帝孝顺母后的事，在朝野广为流传，人们都称赞他是一个仁孝之君。他的仁孝传遍四方，感化了所有的官员和百姓，从而使当时的社会幸福和谐。

汉文帝在位二十四年，一直很注重农业，以孝治家，以孝治国，非常注重百姓的孝顺教育。因此，他在位期间，社会稳定和谐，人丁兴旺，经济也得到恢复和极大的发展，在历史上，他与汉景帝的统治时期被誉为“文景之治”，是中国第一个盛世。后人为了纪念汉文帝的伟业、仁政以及他的孝道，将其列为二十四孝之第二孝。

自古道“久病床前无孝子”，那是因为家中无孝子，并不是所有的人在父母危难的时候不孝。汉文帝刘恒能够做到三年如一日，万事孝为先，是因为他懂得父母的付出远比山高，远比海深。

（2）唐太宗以孝治国

唐太宗推崇儒术，其中最重要的一条就是以孝治天下。他推行德化，鼓励忠贞，大力提倡孝悌。长孙王妃成了母仪天下的长孙皇后，仍一如既往地遵守妇道，极其孝敬太上皇李渊，恭顺太上皇的嫔妃，每日早晚必向年老赋闲的太上皇李渊请安，也教育皇子们要懂得长幼有序。

太宗时的名臣房玄龄生母早逝，他对继母仍然十分孝顺。据史书记载，当他的继母生病，请医诊视，他必定拜迎流泪。丁忧期间，房玄龄为继母哀伤过度，身体消瘦，像一把干柴。太宗为了奖励他的孝行，派人前往宽慰，并且赠送了许多礼物。

贞观年间，有个名叫史行昌的突厥人在玄武门当卫兵做看守。吃饭的时候，他总是把肉留下。有人问他为什么这样做，他回答说：“拿回家侍奉母亲。”太宗听后感叹说：“仁孝的天性都是一样的？”于是赐给史行昌御马一匹，并诏令供给他母亲肉食。

唐太宗把孝作为治身治国的根本，极力推崇，使社会风气变得更加淳朴。尽孝不仅是修身之道，更是治国之本。能以孝治天下，是唐太宗时期太平盛世的重要原因之一。

自古以来，那些开创盛世的帝王都非常重视孝道，非常注重官员的孝道。因为在家能把父母孝敬好，走向社会，出来做官以后，都会自然流露出这种本性，就很容易对帝王尽忠，对国家尽忠。

夫孝，始于事亲，中于事君，终于立身。

——孔子

所谓孝，最初是从侍奉父母开始，然后效力于国君，为国家尽忠，为民众服务。通过为国家为人民尽忠，最终建功立业，功成名就，这便是立身，这才是孝道。

在封建社会时代，讲究的是忠于皇帝，现在主要讲的是忠于国家、忠于民族。

孝心就是忠心，忠心就是孝心。孝心和忠心是同一个心，在家叫孝心，在外叫忠心，忠心是孝心的延伸，它们是人安身立命的根本。洁身自爱，孝敬好父母是人的最重要的美德，是最好的道德修养。

忠心是一种责任，是一种义务，是一种操守，是一种品格，是品格中的首要品格，是我们安身立命的根本。

（3）徐孝克侍宴取饵

徐孝克，南朝陈东海郯人，家境非常贫寒，但非常孝顺。父亲因病去世后，他想尽了办法才将父亲埋葬，和老母亲相依为命，奉养有加。战乱期间，人民生活艰难，他甚至连一碗稀饭都无法供给母亲。无奈中，他只好剃了头做和尚，讨来食物侍奉母亲。陈宣帝很欣赏他的为人，任命他为国子祭酒。每当皇帝请宴的时候，徐孝克从不食用任何东西。等到酒席散了，他就把美食带回家给母亲享用。宣帝发现以后，觉得非常奇怪，就去问管斌为什么徐孝克不吃饭。管斌也不知道事情的真相，直接去问徐孝克，才得知原来他把美味佳肴带回家是为了供养老母亲。管斌感动之余如实向宣帝禀告了，于是宣帝立即下令，以后皇帝再宴请群臣时，先让徐孝克把他母亲爱吃的酒菜挑出来带回家。

孝心可以为一个人带来意想不到的收获，更会受到千万人的景仰。

我们通过徐孝克的故事就可知道，徐孝克从小就洁身自爱，尽心竭力孝敬父母，到朝廷做官后，移孝作忠，忠于国家，得到了皇帝的信任和重用，通过对国家、对人民尽忠，建功立业，从而完成孝道。

兴邦立国从孝道抓起

天下至德，莫大乎忠。

——马融《忠经》

《忠经》把忠说成天地间的至理至德，如果我们对中华民族的孝道有深刻的

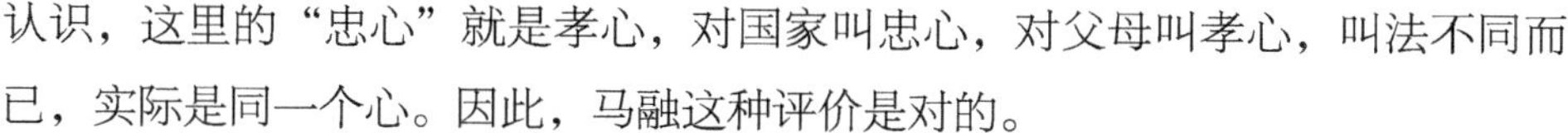

认识，这里的“忠心”就是孝心，对国家叫忠心，对父母叫孝心，叫法不同而已，实际是同一个心。因此，马融这种评价是对的。

我们首先要教育人们为父母尽孝，提升孝道，这是基础，是根本；其次要移孝作忠，引导人们为国家尽忠，为人民尽忠，乐于为国家、为人民做出奉献。

在现代社会，“忠”的本来意义及其致公爱国的含义，在当代社会中仍有重要的意义。因此，我们还是要很清楚忠的一般要求，用于指导我们的行为。

（1）尽心竭力

尽心竭力是忠的基本内容和要求，是待人接物的根本之道。

尽心竭力，要求为人做事要全心全意。尽心为人必须以“诚”为基础，要求真心实意，诚实不欺妄。此外，尽心为人也要求助人为善，成人之美。

（2）大公无私

大公无私是忠的根本要求。没有私心，就是忠。如果是出于利己之心而做某事，即便尽心竭力，也不能算作忠。

结合具体情况，大公无私又可以表现为公心、公正、公平等多种不同的要求。比如参与国家管理、企业管理及其他管理时，要坚守公心，敢于发表不同意见，坚持真理，而不人云亦云。即使这种坚持可能危害到个人利益，也绝不退缩。为国家、为企业选拔人才时，要以其品德、能力高低作为举荐标准，而不考虑个人恩怨和关系远近，真正做到“外举不避仇，内举不避亲”。再比如，执行公务时，要坚持公平、公正的原则，不徇私情。

（3）忠贞不贰

“二（贰）”与“一”相对。忠的要求就是一心一意，忠诚坚定，永不改变。如果有二心就会成为奸邪，三心二意、朝秦暮楚、见风使舵都远离了忠的精神，为人“忠”就是要在人际关系及所认定的事业、事情中做到坚定不移地奉献，始终如一。忠的崇高性正体现在这里。

历史上那些忠贞不贰的人，或忠于国家民族（如屈原、苏武、文天祥），或忠于君主（如诸葛亮、周瑜），或忠于爱情（如梁山伯、祝英台），或忠于信仰（如老子、庄子、墨子、孔子），而今天我们提倡忠于人民，忠于国家，忠于共产党，忠于民族，忠于共产主义信仰。

从 1840 年以来，千百万的革命者为中华民族的解放不惜流血牺牲，无论任何艰难险阻，都义无反顾，勇往直前，建立了彪炳史册、可歌可泣的宏伟业绩，为中国人民所永远铭记。他们这种忠贞不贰的精神值得我们永远学习。

（4）恪尽职守

忠，体现在事业上就是“敬”，指一种全身心投入的工作状态，要求人们诚实劳动，恪尽职守，只要身在职位就绝不懈怠，要用忠诚的态度去履行自己应尽的职责。

具体来说，就是要做到爱岗敬业，无私奉献。首先，要热爱自己所从事的工作，把它看作实现自己人生价值和社会价值的方式和途径。其次，要刻苦钻研与本职工作相关的业务知识，不断提升自己的业务能力，精益求精，以使自己能够更好地做好相关的工作。最后，要有无私奉献的精神。在现实生活中，大多数人都立足于平凡的岗位，默默地辛勤工作着。作为普通劳动者，虽然他们的头上没有耀眼的光环，但他们都是国家的建设者，为国家的繁荣富强贡献自己的力量，因此，他们一样光荣伟大。

忠于自己的国家、民族和人民

忠于国家、民族和人民，首先，要热爱自己的国家。热爱祖国的大好河山，热爱祖国悠久灿烂的文化。这种感情集中体现为爱国主义，体现为强烈的民族自尊心、民族自信心和民族自豪感。其次，充分发挥主人翁的精神，坚决捍卫祖国的尊严，维护国家的利益，勇于和破坏国家统一、损害民族团结、危害社会主义的行为做斗争。最后，要关心人民、爱护人民，全心全意为人民服务，为广大人民谋福利。

忠心为国是每个公民的责任和义务，我们要从小培养为了祖国的独立、完整、富强而奋斗的实际本领和无私奉献的精神。

100 多年来，我们的国家历经了许许多多的沧桑和耻辱：

第一次鸦片战争爆发于 1840 年，是清王朝和英国就英国向清走私鸦片引发的一场战争，战争的导火线是英国商人在中国广东海域走私鸦片二十多年不止，

林则徐于1839年在广东强行销烟，致使中英矛盾逐次升级，从而导致战争。

当时清朝有八旗兵约20万，绿营兵约60万，总兵力达80万人，是当时世界上最庞大的一支常备军。英国兵力要少得多，全国军队加起来正规军约14万，加上担负内卫任务的国民军6万，总兵力也不过20万，与清军比大约是1 ∶ 4。

中英两国相隔万里，英军自然不能全数派往中国，鸦片战争初期，英国远征军的总兵力，以陆海军合并计算，大约是7000人，与清军比大约是1 ∶ 110，英国远征军的兵力不断增加，至战争结束时已达20000人，与清军比大约是1 ∶ 40。

最后，战争以中国失败并赔款割地告终。由此签署的《南京条约》是近代中国的第一个不平等条约。

第二次鸦片战争，爆发于1860年，是英、法在俄、美支持下联合发动的侵华战争。英法联军以5000的兵力，击败在人数上占有绝对优势的3万清军，后面还有上百万的清军为后盾，结果英法联军使用枪炮，让使用刀剑的3万清军几乎全军覆没，一路烧杀抢掠，冲进北京，丧心病狂地把中外闻名的占地500多亩、600多个足球场大小的圆明园洗劫一空，而不能拿走的，则放了一把大火，烧了三天三夜，将汇集了我们中华民族五千年的智慧，无比辉煌灿烂的建筑艺术与文化的结晶毁于一旦。我们中华民族的自尊再次受到了英法联军的蹂躏、摧毁，这是我们中华民族的屈辱与疼痛。

第二次鸦片战争迫使清政府先后签订《天津条约》《北京条约》和中俄之间的《瑷珲条约》等不平等条约，列强侵略更加深入。中国因此而丧失了东北及西北共150多万平方公里的领土。我们中华民族又一次饱经凌辱。我们不能忘，我们不能麻木。清朝之所以由强大的康乾盛世，变得落后，就是因为自己骄傲自满，从而不愿意学习别人，闭关自锁，从而变得落后。

中日甲午战争是19世纪末日本侵略中国和朝鲜的战争，是晚清年间发生在中国和日本之间的为争夺朝鲜半岛控制权而爆发的一场战争。由于发生在清光绪二十年（公元1894年），干支为甲午，中国史称“甲午战争”。甲午战争历时9个月，分为陆战和海战两个战场，日军攻下朝鲜的平壤，在黄海海战中大败北洋水师，之后又攻下中国的旅顺、威海，并于1894年11月22日在旅顺进行大规模屠杀，血洗全城。清朝政府迫于日本军国主义的军事压力，签订了丧权辱国的不平等条约——《马关条约》，割让了台湾及澎湖列岛，赔款2.315亿两白银。正是利用这笔费用，日本迅速扩张军事实力。

清政府因此背负沉重外债，国力日趋衰退，沦为半殖民地半封建国家。而日本因获得巨额战争赔款，国力军力迅速强盛，并逐渐走上军国主义对外扩张之路。它给中华民族带来空前严重的民族危机。这次战争的失败，使我们中华民族被列强彻底轻视，中国成为东方的肥羊。“东亚病夫，华人如狗”的耻辱至今都让我们难忘。

1900年，八国联军以3万的兵力进攻清军11万的军队，结果清军以失败告终。八国联军开始先攻破天津等地，后来又占领北京，派兵四处攻城略地，扩大征伐。八国联军侵华，给中国人民带来了深重的灾难。联军所到之处，杀人放火，奸淫抢劫，使无数村镇沦为废墟。天津被烧毁三分之一，北京一片残墙断壁。连八国联军总司令瓦德西也承认：“中国此次所受毁损及抢劫之损失，其详数将永远不能查出，但为数必极重大无疑。”八国联军在北京公开大肆抢劫，清宫无数文物珍宝被洗掳一空，大批群众惨遭杀戮。

最后，清朝与帝国主义签订了丧权辱国的《辛丑条约》。条约规定：中国赔银4.5亿两，北京使馆区及北京至山海关铁路沿线交由外国驻军，禁止中国人民组织反帝组织等。《辛丑条约》保住了清政府权位，加强了帝国主义对中国人民的统治，清政府由此成为帝国主义的傀儡。

从1840年到1917年，在这70多年当中，割地、赔款，中华民族受尽了耻辱。这期间，清朝被逼迫签订了700多个不平等的条约。香港、澳门、台湾就是在这个时候被占领的。

918，中国的国耻！1931年9月18日，日本帝国主义用他们的铁蹄枪炮打开了中国东北的大门，不到几个月的时间，东北三省就被他们侵略、占领。据统计，仅仅就9月18日一天的时间，中国就损失了18亿元，按今天的价值计算，一天时间，我们至少损失了1000亿元人民币！

南京大屠杀是我们每个中国人都不能忘却的历史，在六个星期之内，中国同胞被他们枪杀、活埋了30多万人。

抗日战争期间，中国沦陷了26省1500余县市，面积600余万平方公里，

中国军民伤亡共3500多万人，人民受战争损害者至少在2亿人以上。因逃避战火，流离颠沛，冻饿疾病而死伤者不可胜计。

中华民族上百年的国耻国殇，给了我们国人无尽的羞辱，也激起了我们发奋图强的动力，同时也为我们积攒了一本极其宝贵的血泪教材，落后意味着挨打，分裂意味着死亡。

这些血泪的教训让我们深深认识到：中国共产党拥有今天的领导地位，是历史的选择，是人民的选择，也是世界的选择。

中国共产党从1921年建党，经过多年的艰苦卓绝、流血牺牲、前赴后继的光辉历程，证明了一条真理——没有共产党就没有新中国。

中国共产党一路栉风沐雨，披荆斩棘，团结带领全国各族人民，战胜了一个又一个艰难险阻，创造了一个又一个彪炳史册的人间奇迹，取得了一个又一个战役的胜利。惨烈的战役有很多，由于篇幅有限，在这里只能列举几个典型的战役。

长征宣言

我们只能用一句话来概括：长征，生命写就的史诗；长征，艰苦卓绝的典范；长征，坚定无畏的象征；长征，信仰力量的体现；长征，民族精神的洗礼；长征，纪律严明的展现。“长征是宣言书，长征是宣传队，长征是播种机。”

长征这一人类历史上的伟大壮举，留给我们最宝贵的精神财富，就是中国共产党人和红军将士用生命和热血铸就的伟大长征精神。

红军长征是从江西瑞金出发，到陕西苏区，由于地势险恶，前有堵截，后有追兵，因此，从战略战术出发，很多时候是走一段路再退回去一段，有时还会进行好几个反复，来来回回总共计算出是两万五千里。红军长征出发时30万人，到达陕北后还不到3万人。

红军长征经过了很多地方，爬雪山，过草地，战胜了千难万险，付出了巨大的牺牲，经历了许多惨绝人寰的战斗，最终走了过来。其中的艰难根本难以用语言来描述。红军不仅要与国民党军队战斗，还要与大自然做着激烈的斗争，在途经一些少数民族地区时，更有国民党反动派从中作梗。

由于当时通信和交通极其落后，一些少数民族地区思想封闭，消息滞后，并不了解红军到底是怎样的一个团体，因此国民党反动派命令当地的军阀和地主进行反动宣传。他们将即将到来的红军描绘成无恶不作的恶魔，致使很多人听到红军来了都是闻风丧胆，要么躲进了深山老林，要么是直接阻挠红军通过。其中一些少数民族对汉人积怨特别深，甚至直接抢劫和杀戮红军士兵。面对这些少数民族地区的不信任，红军也是积极地宣传政策，并且大力提倡民族平等和反对民族压迫。所到之处的红军因为纪律严明，没有任何人可以搞特权，十分尊重当地的宗教信仰和风俗习惯。而且红军为了让少数民族同胞摆脱剥削与压迫，所到之地还帮助他们建立自己的武装政权，极大程度地帮助他们开展经济与政治斗争。红军靠着自己的实际行动赢得了他们的信任。红军不仅能够说到，更能够做到，这是他们与国民党反动派最大的区别。

湘江之战后粮食逐渐地紧缺，越往北粮食越难筹措，如果说到了草地之前是因为粮食紧缺，那么到了草地之后完全是没有粮食了。在这种情况下，红军的困难程度已经不是用言语能够形容的了。红军进入草地之前准备了青稞炒面，但是在草地中根本找不到干净的水源，吃在嘴里难以下咽。有些因为时间紧张来不及把青稞磨成面，带的就是青稞麦，饿了在嘴里一粒粒咬着吃。最要命的是这么吃不但吃不饱，而且难以消化，时间长了身体也受不了，但是不吃还不行，因为实在没吃的。准备五六天的食物两三天就吃完了，断粮之后就只能吃野菜、树根、树皮，以致到后来许多人中毒了。草根和树皮吃完了之后怎么办？没办法大家就只能把皮带、皮鞋、皮毛坎肩，以及马鞍子，只要是带毛或者带皮的东西，要么是煮着来吃，要么切成细丝烤着吃。即便是这样依旧大部分人饿着肚子，这些看起来难以下咽的东西，在当时却无比珍贵。

有些战士饿到无法忍受，从自己的粪便中挑出尚未消化的青稞粒，然后放在水中洗洗再吃掉。红军高级将领不忍看见战士们受苦，将跟随自己多年的坐骑也全部杀了，其艰难实在是超乎人的想象。

红色兴国

兴国，江西赣州的一座小县城。20 世纪 20 年代末红军挥师赣南，江西赣州兴国成为中央革命根据地的一部分。在革命精神的感染下，兴国人民意识到，只有共产党才能救苦救难，于是掀起了加入红军的浪潮。“当上红军最光荣”，当时只有 23 万人口的兴国县，却有 8 万余热血儿女，穿上了红军的戎装，雄赳赳、气昂昂地与国民党展开了殊死战斗。

红三军团第六师就是兴国将士的优秀代表，作为红军十二个主力师之一，全师官兵几乎都来自兴国县。这支传奇的队伍纵横南北，具有强悍的战斗力，为土地革命立下了奇功，被称为兴国模范师。

中央红军在兴国近六年的时间，建立了中央造币厂、中央兵工厂、红军总医院等。第三次、第四次、第五次反围剿这里也是主战场，军民合力与敌人激战 11 场，投入兵员 20 万人次，歼灭了白军 4 万人。直到 1934 年 10 月，红军第五次反围剿失败，被迫进行战略转移，二万五千里长征拉开序幕。在离别的时刻，兴国人民倾囊相助，捐献了大量的粮食等物资。当时，每家每户的青壮年几乎都已经参军了，还硬是凑出了 5000 新兵，为红军扩充兵力。红军撤走之后，国民党军队迅速占据兴国，和豪绅地主、地痞无赖一起报复，进行了惨无人道的“清剿”。杀害兴国进步人士 2142 人，逮捕 6934 人，致使 3410 人不得不逃离家乡。

在长征路上，12038 名兴国籍的红军将士，为摆脱敌人的围追堵截，献出了宝贵的生命。相当于每公里的征程，便有一名兴国烈士用英魂护航。这段可歌可泣的历史，兴国无论童叟都熟知。在整个革命战争时期，兴国县牺牲了 5 万多烈士，姓名可考的有 23179 人。放眼全国，没有任何地方可以与之比拟，是全国烈士最多的一个县，足见兴国县为革命事业牺牲之大。因此，我们要永远牢记这个具有特别象征意义的兴旺国家、兴旺民族的兴国。

经过血与火的洗礼，兴国还走出了 54 名开国将军，包括上将肖华、陈奇涵，中将朱明、康志强、谢有法、温玉成、邱会作和 47 名少将。仅次于湖北红安（61 名）和安徽金寨（59 名），排名全国第三。

血战湘江

血战湘江是中央红军突围以来最惨烈、最关键的一仗。我军与优势之敌苦战，终于撕开了敌重兵设防的封锁线，粉碎了蒋介石围歼红军于湘江以东的企图。

1934 年 11 月中旬，从中央苏区向西进行战略转移的中央红军连续突破了国民党军的三道封锁线，继续西行，向湘桂边境前进。蒋介石则拼凑第四道封锁线，继续对中央红军进行围追堵截，企图将中央红军消灭于湘江以东。面对数倍于己的敌人，中央红军极其艰难地突破国民党军布下的第四道封锁线，粉碎了国民党围歼中央红军于湘江以东的企图。

惨烈的战斗里，红军战士以巨大的牺牲，谱写了伟大而悲壮的战争史诗。红 5 军团和在长征前夕成立的少共国际师损失过半，8 军团损失更为惨重，34 师在掩护中央红军主力突破了敌人第四道封锁线、渡过了湘江后，却被敌人截断，被敌人重重包围。全体指战员浴血奋战，直到弹尽粮绝，绝大部分同志壮烈牺牲。师长陈树湘身负重伤，不幸被俘，用手从腹部伤口处绞断了肠子，壮烈牺牲，年仅 29 岁。

渡过湘江后，中央红军和军委两纵队，已由出发时的 8.6 万人锐减到 3 万人。

血战平型关

平型关大捷是八路军出师华北抗日战场后首战大捷，同时也是全国抗战爆发以来中国军队的第一个大胜利。从整个抗日战争的历史看，它不是大仗，但震动全国，意义深远。

八路军出师华北挺进山西之际，日军第 5 师团伪军的配合下，正沿平绥路进攻长城沿线，企图南下进攻太原，夺取山西腹地，并从右翼配合华北方面军在平汉路的作战。中国第 2 战区制定了沿长城各隘阻击日军的作战计划，在平型关方面，决心集合重兵歼灭来犯之敌，并请求八路军配合侧击日军。为了配合友军作战，保卫山西，振奋八路军军威，八路军 115 师成功进行了平型关伏击战，取得首战大捷。

1937 年 9 月上旬，根据作战计划，八路军 115 师开赴平型关附近。平型关位于山西省东北部，是晋东北的一个咽喉要道，两侧峰峦迭起，陡峭险峻，左侧有东跑池、老爷庙等制高点，右侧是白崖台等山岭。在关前，是一条由西南向东北延伸的狭窄沟道，是伏击歼敌的理想地。2 日，日军第 5 师团第 21 旅团一部，由灵丘向平型关进犯，并占领东跑池地区；23 日，115 师决心抓住日军骄横、疏于戒备的弱点，利用平型关东北的有利地形，以伏击手段歼敌，并召开连以上干部会议，进行深入的战斗动员；24 日深夜，115 师利用暗夜和暴雨，秘密进入白崖台等预置好的战斗阵地；25 日拂晓，日军第 5 师团第 21 旅后续部队乘汽车 100 余辆，附辎重大车 200 余辆，沿灵丘—平型关公路由东向西开进。7 时许，该部队全部进入 115 师预伏阵地。115 师抓住战机，立即命令全线

开火，并乘敌陷于混乱之际，适时发起冲击。115 师一部歼敌先头，阻其沿公路南窜之路；一部分割包围日军后尾部队，断其退路；一部分冲过公路迅速抢占老爷庙及其以北高地；一部分阻断先期占领东泡池的日军回援；一部分阻断日军第 5 师团派出的增援部队。经过激烈战斗，全歼被围日军，大获全胜。

此战，取得重大战果。八路军 115 师共击毙日军 1000 余人，击毁汽车 100 余辆，马车 200 余辆，缴获步枪 1000 余支，机枪 20 余挺，火炮 1 门，以及大批军用物资，取得了全国抗战开始以来中国军队的第一个大胜利。

平型关大捷虽然获得了堪称伟大的胜利，但是我方在占据有利地形的情况下也伤亡 600 余人，这些几乎都是富有丰富作战经验的老红军，所以称它为一场血战。这主要是我方的武器装备极其落后导致的。

血战锦州

锦州之战是辽沈战役最重要、最关键的战役，是关门打狗的战役，是决定辽沈战役胜败的战役，因此是一场决不能输的硬仗！

锦州之战，是一场历史性的会战，关乎东北存亡，关乎全国革命形势的发展。为了赢取这场战役，四野的五大主力 2 纵、3 纵、7 纵、8 纵、9 纵（也就是后来的 39 军、40 军、44 军、26 军、27 军）全部参战，另外还有 6 纵（后来的 24 军）的 17 师和炮兵纵队也参加了战斗。

1948 年 9 月 12 日，辽沈战役拉开战幕。林彪、罗荣桓指挥东北野战军千里南下，连续攻击，经过 20 多天作战坚决分割截断了北宁铁路沿线的国民党军据点，取得了初步胜利。对于下一步作战，林彪决心以 2 个纵队兵力坚守塔山阵地，阻击敌军东进兵团海运支援锦州，同时以 4 个纵队兵力阻击由沈阳出援的敌军西进兵团，配合东野主力攻打锦州。

塔山阻击战，对于国共双方而言，实为东北决战的关键之战。我军击退了国民党军“东进兵团”数十次猛烈进攻，坚守住了阵地，为攻克锦州赢得了时间。当时，东北野战军司令员林彪曾这样命令部队：“我不要伤亡数字，我只要塔山。”由此可以想象塔山之战的惨烈程度。这场阻击战主要是 4 纵、11 纵参加（也就是后来的 13 军、29 军）。

战斗从一开始就打得异常激烈。敌人一个师有 4 个团，炮全是加农炮以上的重炮。天天有五六架飞机来轰炸阵地。很快，塔山各个阵地上一片火海，我们一个排的电话兵派出去接线，还没打到第 4 天就全牺牲了。

这是一场异常惨烈的战斗。部队里打了多年仗的将士们都没有见过那么苦、那么惨烈的场面，许多战士被打得腰骨折，双目失明，耳聋口哑，浑身是伤，依然坚持在阵地上战斗。敌我双方的尸体遍地都是，阵地上被炸得没有任何支撑，只好依托尸体继续战斗。指导员的战前动员就一句话："同志们，大家要吃饱，这是我们一生中最后一顿饭了。"这是全世界最具有号召力的战斗动员。

1948 年 10 月 15 日，战斗进行到第 6 天，敌人知道锦州被攻克后就马上退兵了。阵地上，4 纵 12 师 35 团仅剩最后一个连的兵力了。而正是由于他们不惜代价的严防死守，我军才顺利攻克锦州。

战后，仅剩下 100 余人的 35 团被授予"白台山英雄团"，只剩下 21 人的 34 团被授予"塔山英雄团"，这是塔山阻击战中涌现出来的两个最为著名的英雄战斗集体。

攻锦团于 10 月 8 日全面打响了外围战斗。经过连续两天攻击，拿下了锦州城周围的一系列要点，兵锋已直逼锦州城下。下一步，需要扫清锦州城北侧的重要据点配水池阵地。

配水池是早年日据时期修筑的给水建筑，通体采用了钢筋水泥结构，军民两用，平时盛水，战时放掉水就成了坚固的堡垒。国民党军在配水池周围修建了大量暗堡、火力点、外壕等工事，部署了一个精锐加强营兵力，配置轻重机枪、迫击炮、战防炮等火器，严密组织了火力配置，清扫了外围射界，构成能够正射、侧射、交叉、反射相结合的密集火网，并狂妄地宣称配水池阵地是所谓的"第二凡尔登"。

受命攻打配水池的部队是东野第 3 纵队 7 师 20 团（也就是后来的 40 军 118 师 353 团）担任突击尖刀，最能打的 20 团 1 营为突击营，配属 12 挺重机枪为火力队，经过加强后的 1 营有 800 人左右，个个是能战的精兵。

10 月 12 日上午，在团营组织的火力掩护下，1 营向配水池阵地发起猛攻。敌军集中各种火器组成刮风下雨般密集的弹群，封锁了向配水池冲击的各个路线。由于配水池堡垒特别坚固，解放军炮火远距离打上去对其损坏不大，只好采取抵近射击或爆破手段清障。然而这样就只能冒着敌人的枪林弹雨组织一次次冲锋，致使突击营伤亡巨大。这一仗打得是血天血地！

经过一天的激战，1营同守敌反复争夺数十次，双方阵亡者的尸体把外壕沟都填平了，场面壮烈异常，拼死夺下了配水池外围的阵地，但全营伤亡已超过百分之九十，难有继续突击之力，只能同敌人形成对峙。这时团长命令第2梯队3营投入战斗，并令1营剩下的人撤下来。然而1营营长赵兴元打红了眼，坚决不撤，带领战士继续同敌人拼命。团长也急了，重新组织了火力压制敌人，尔后亲率3营发起冲锋。此时防守配水池阵地的敌军一个加强营也已伤亡大半，存储的弹药消耗殆尽，而锦州城和配水池的联系通道被我军炮火截断，配水池已成孤立据点。最后的战斗打得仍很惨烈，我军将野炮近距离推到配水池堡垒前，瞄准直射，逐一消灭了里边的火力点。战士们呐喊着冲上去，同残存的敌军拼起了刺刀。一直打到天色将黑，20团终于攻占了配水池阵地，全歼守敌。战斗虽然打胜了，但付出的代价太大了。突击营参战的800人仅有营长赵兴元等6人走下了阵地，3营伤亡亦有四分之一，亲自率队冲锋的团长也中弹牺牲。

最后，锦州战役取得了胜利，全歼敌军10万人，但是我军也付出了巨大代价，伤亡3.1万人。

血战碾庄

碾庄战役是淮海战役的首仗，是整个解放战争中解放军伤亡最多的一次。解放军以伤亡6万官兵的代价，全歼了黄百韬兵团的10万人，决定了淮海战役的最终结局。

1948年11月4日，国民党决定缩短战线，放弃次要城市，集中兵力于徐州、蚌埠津浦路两侧地区，作攻势防御，准备进行大决战；11月7日，黄百韬第7兵团5个军11个师共约10万人奉命开始向西撤退；8日驻徐州贾汪地区的何基沣的59军、77军大部共2.3万名官兵在运河前线战场起义。同一天距碾庄以西10公里的曹八集李弥的第13兵团，不等黄百韬兵团来到就匆忙撤往徐州，徐东大门洞开。华东野战军截断陇海线，在经过曹八集战斗后，11日彻底包围了刚撤退到碾庄的黄百韬兵团，并对其展开攻击。

碾庄方圆仅十多里的地域，却有黄百韬兵团的10万军队驻防，华野难以对其采用穿插分割，逐一消灭的战术，只能逐村逐屋争夺。华东野战军只要占领了一处村庄，国民党军队就会立即组织炮火进行反击。往往仅占领一座房屋，解放军就要付出很大的代价，造成了华野很大的伤亡。

11 月 18 日早，解放军投入了六辆坦克。经过激战，先后攻占前、后黄滩，战斗异常惨烈。黄百韬军团 150 师残部约 2500 人向解放军投诚。中午，44 军、100 军被全歼，44 军军长王泽浚被俘，100 军军长周志道重伤被部下抬出战场时被俘，至此碾庄外围被华野占领。

时间回到黄百韬兵团被围之时。最初徐州方面并没有进行增援。徐州剿共总司令刘峙对前来质问的杜聿明说：“情报显示，徐州附近到处都是共军主力，如果派部队去碾庄圩，徐州受到攻击怎么办？”后来迫于上级压力，派出邱清泉的第 2 兵团和李弥的第 13 兵团联合向徐州以东攻击前进，向碾庄圩靠拢，解救黄百韬的第 7 兵团。

11 月 16 日，华东野战军副司令粟裕得知徐州国民党派来的增援部队，为了保证能在一周之内彻底消灭黄百韬兵团，再歼灭前来增援的邱清泉或李弥兵团，粟裕使用了拿手的围点打援战术，调动在大许家、潘塘镇阻击邱、李二部的部队后撤，诱使邱、李两敌大胆东进。将由 7 个纵队组成的侧击兵团，布置于徐州东南。

邱清泉在得到解放军后撤的消息时立即电报刘峙：潘塘至大许家一线之敌，经我兵团猛烈反击，激战一天两夜，正大获全胜，共军溃不成军，俘敌缴械无数……然而一直到黄百韬兵团被全歼，邱清泉、李弥兵团的增援部队都没有到达碾庄。11 月 22 日，黄百韬被击毙，其部被全歼，碾庄战役宣布结束。最讽刺的是李弥原先没有在碾庄接应黄百韬，在黄百韬被困后，又不惜代价来救援，最后导致他的 13 兵团也被全歼，自己化装之后才侥幸逃出。

血战长津湖

长津湖战役是一场冰与雪的战争，无数中华儿女不畏严寒勇往直前，用自己的一腔热血沸腾了零下 40 摄氏度的严寒，他们宁愿冻掉手指头也不吭一声，宁可冻死也绝不倒下，打败敌人的不是那些小口径的火炮和木柄的手榴弹，而是战士们那炙热如火的精神。

1950 年 11 月 27 日至 12 月 24 日，长津湖之战发生在抗美援朝第二次战役中，地点就是朝鲜的长津湖地区。当时朝鲜的首都平壤已经被攻占，整个朝鲜可以说正处在生死存亡的关键时期，中国人民志愿军第九兵团的 20 军、26 军、27 军，近 15 万人前往长津湖地区，与装备堪称世界一流的美军海军陆战队第 1

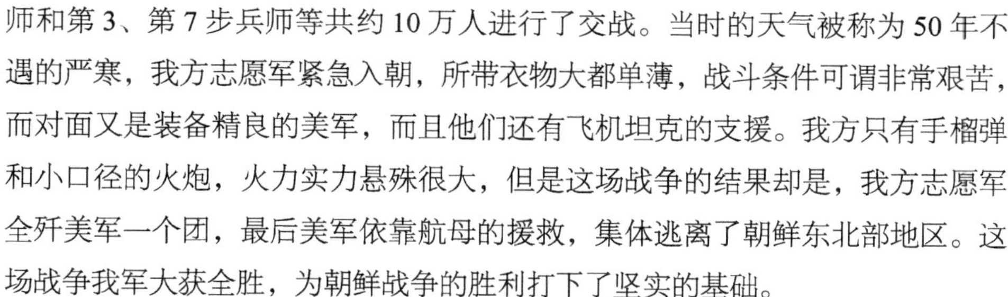
师和第3、第7步兵师等共约10万人进行了交战。当时的天气被称为50年不遇的严寒，我方志愿军紧急入朝，所带衣物大都单薄，战斗条件可谓非常艰苦，而对面又是装备精良的美军，而且他们还有飞机坦克的支援。我方只有手榴弹和小口径的火炮，火力实力悬殊很大，但是这场战争的结果却是，我方志愿军全歼美军一个团，最后美军依靠航母的援救，集体逃离了朝鲜东北部地区。这场战争我军大获全胜，为朝鲜战争的胜利打下了坚实的基础。

因为战斗力悬殊较大，我方志愿军明白此局势不可强攻只能智取，于是采取了侧翼进攻战术，大量的战士隐蔽在冰天雪地当中，决定给美军致命一击。因为衣物单薄无法御寒，御寒衣服严重缺乏，在零下40度的环境中，志愿军通常每个班只有一两张棉被，在夜间战士们只能挤在棉被上互相搂抱取暖，冻伤甚至冻死的战士达到全军的五分之一。据不完全统计，冻伤的战士多达28954人，冻死4000余人。很多战士不是战死，而是冻死在冰冷的雪地里，甚至有三个连队，成建制地全员冻死在阵地上，被称为“冰雕连”。在这样极端的天气下行军打仗，很多战士即使没有战死，也被冻伤截肢，终身残废。有些战士的耳朵被冻坏冻硬了，碰一下就整个掉了下来，完全没有知觉。

但这并没有影响志愿军战士的士气，即使在美军劲旅陆战一师地面密集的炮火和各种火器编织密不透风的封锁下，在铺天盖地的飞机的航空炸弹、凝固汽油弹和机关炮所构成的死亡的大网下，志愿军战士仍然像潮水一样一波一波地进攻，毫无畏惧地向敌军攻击，更是成建制地消灭了美军劲旅“北极熊团”。

为了阻挡美军的撤退，我军进行了层层围堵，层层阻击，致使美军3天时间只能后撤22公里。在阻击过程中，经常出现和美军拼刺刀、肉搏的情形，甚至还用上了锹、镐。更是出现了很多像杨根思那样与敌人同归于尽的英雄。最后美军往南部撤离，在七艘航母的救助下，撤离了朝鲜东北部地区。战后统计数据显示，美军阵亡20000余人，朝鲜有10000多人阵亡，我军阵亡人数为19000人，非战斗死亡人数为4000余人。美国人的数字显示，美军在长津湖战斗中伤亡人数为6800余人，非战斗伤亡1.3万人，英军伤亡500人左右。

血战上甘岭

上甘岭战役发生在1952年10月14日至11月25日，长达43天，对于作战双方而言都是地狱般的43天。我们叫上甘岭战役，而美国则叫摊牌战役。美国的意思就是，我和你中国人摊牌了，我就不信你中国人不怕死，我有的是飞机，有的是炸弹，有的是炮弹，我就把你的阵地给炸平了，彻底打败志愿军。而秦基伟则表态，我抬着棺材也得上，打成一个连我当连长，打成一个班我当班长。世界军事家评论：上甘岭战役是世界上最残酷的一次战役。第一次世界大战、第二次世界大战都没有这么残酷。这次战役，打出了军威，打出了国威。

在仅有3.7平方公里的上甘岭阵地上，志愿军共有15军5个团，12军4个团，总共4.3万余人，以及11个炮兵营，共有133门山、野、榴炮（口径大多在105毫米以下）和24门火箭炮参战。另有292门迫击炮。但这在“联合国军”眼里只是轻武器。联合国军方面，共有美7师3个团，韩2师4个团等，总共约6万人，以及炮兵16个营又3个连、8个坦克连，共有105毫米口径以上火炮300余门、坦克170余辆、飞机约100架（共出动3000余架次）参战。热兵器时代，在仅3.7平方公里的狭小阵地上，双方共动用约9万大军，不顾一切地在惨烈厮杀，唯有上甘岭战役一例。尽管双方投入的兵力相当，但是支援的火力却不在一个级别上，明显美方的火力要大得多。我方伤亡1.15万人，敌方伤亡1.5万人。

联合国军共倾泻炮弹190余万发，航空炸弹5000余枚，而志愿军也发射炮弹40余万发。双方共计发射炮弹近240万发，如果算上迫击炮等小口径火炮发射的炮弹，两个高地平均每平方米就要落下1发炮弹。阵地被我军收复后，阵地的山头被削低了2米，高地的土石被炸松1 ~ 2米。随手抓把土，就可以数出二三十块弹片，一面红旗上有381个弹孔，1米不到的树干上，嵌入了100多个弹片。

即使在这样的炮火覆盖下，依然未能摧毁志愿军战士的战斗意志。在43天的战斗中，志愿军共击退了敌方900多次冲锋，阵地丢失了29次，又收复了29次，最终我方守住了阵地，取得胜利，迫使“联合国军”停止进攻。

在上甘岭战役中，经常出现整个连队打残打没的情形，这个连队失去了战斗力，别的连队就顶上，甚至打没了再恢复。第15军45师134团8连10月18日夜进入上甘岭并参加次日的反攻，在缺水断粮的情况下坚守坑道14昼夜，又参加了10月30日的大反攻。8连在战役中3次打光3次重建，战后被授予“上甘岭特功8连”。该连战旗上面有381个弹孔。第12军106团8连防守537.7高地6天时，阵地上唯一的坑道被炸塌，坚守在坑道的8连连长文法礼等20多人当场牺牲。该连162人投入战斗，一天一夜就伤亡151人，战后被评为上甘岭战役集体二等功臣连。实际上，双方投入战场的所有连队都被打残。整个上甘岭期间，像黄继光这样与敌人同归于尽的战斗英雄就多达38位。除了给战友扫清障碍，不惜用血肉之躯去堵住枪眼的黄继光，还有双腿被炸断还坚持用机枪扫射，最后拉响手雷宁死不做俘虏的孙占元；负伤之后，拿着手雷滚入敌群中的欧阳代炎；左腿被炸掉，挪着残躯把爆破筒插进敌人的地堡，并用胸膛牢牢堵住的龙世昌……战斗期间，基本上每天都有这样的英雄。

而从美军的视角，惨烈程度也可见一斑。美军在8年伊拉克战争期间发了7块代表美国军事最高荣誉的荣誉勋章 Medal of Honor——平均一年不到1块，而在上甘岭战役中两天就发出3块。战后，美军收集尸体整整运了30辆卡车，而这当然不是全部，因为大部分尸体还在我军阵地上。

在上甘岭战役中，志愿军战士在敌军的炮火攻击下，很难将弹药、食物等物资运上阵地，哪怕是带上一壶水，也可能要牺牲几个战士的生命。战士们在坑道里渴到甚至连尿都没有了，而在这种情况下依然要顽强抵抗敌军一拨又一拨的冲锋。在炮弹的轮番轰炸下，很多顽强活下来的战士日后也出现了听力问题。

……

虽然这里受篇幅限制只讲述了几个典型的惨烈战役，实际上，在看得见、看不见的战线上，大大小小的战役、战斗算起来是无数的，每场战役、战斗都会有很多先辈、先烈流血、牺牲。所有的战役、战斗的胜利都是无数的先烈、先辈用生命和鲜血换来的。无数的英雄儿女胸怀理想，坚定信念，投身革命，不怕牺牲，前赴后继，英勇战斗。

刑场上的婚礼

陈铁军，原名陈燮君，1904年出生在佛山一个归侨富商家庭。1920年，陈铁军进入季华两等女子学校（现佛山市铁军小学）就读，逐渐接受了新文化、新思想的启蒙教育。

1924年，陈铁军考入广东大学（现中山大学）文学院预科就读，积极投身到反帝反封建的国民革命运动当中。1925年上海“五卅惨案”爆发后，陈铁军参与了广州六二三反帝爱国大游行。面对国民党右派的种种谬论和帝国主义的凶残面目，她更加坚定了共产主义信念，把自己的名字由陈燮君改为陈铁军，表示与旧我的决裂以及将革命进行到底的决心。

1926年，陈铁军加入中国共产党，先后担任广东妇女解放协会执行委员会委员兼秘书长、省港罢工劳动妇女学校教务主任。她脱去学生装，换上大襟衫、阔脚裤，深入基层开展革命工作，并到“平民夜校”为工友们上课。

1927年4月15日，国民党反动派在广州发动四一五反革命政变，陈铁军不顾个人安危，化装成贵妇潜入广州柔济医院，及时将反革命政变消息通知正在住院的中共广东区委妇委书记邓颖超，使其安全撤离。

四一五反革命政变后，陈铁军被学校开除，来到香港。同年8月，陈铁军接受组织安排，与周文雍假扮夫妻，一起返回广州恢复党的工作，并为广州起义做准备。

周文雍，1905年出生于广东开平，1925年加入中国共产党。曾任中共广东区委工委委员、广州工人纠察队总队长、中共广州市委组织部部长兼市委工委书记等职。

周文雍和陈铁军在广州租了一间屋子，建立党的秘密机关，开展革命工作。1927年11月1日，周文雍率领数千工人包围汪精卫公馆，要求释放被捕工人。在请愿示威游行中，周文雍被捕入狱。广东省委随即成立营救小组，陈铁军直接参与筹划和营救行动，并顺利将周文雍从监狱中营救出来。在共同的革命工作和营救行动中，两人的感情日益加深。

1927年12月11日凌晨，广州起义爆发，并于当日上午宣告“广州苏维埃政府”成立，周文雍被选为广州苏维埃政府人民劳动委员兼教育部部长。但因反动势力迅速反扑，敌我力量悬殊，广州起义最终失败，周文雍与陈铁军撤离到香港。

1928年年初，周文雍当选中共广东省委常务委员兼广州市委常务委员，并再次按照组织安排，与陈铁军扮成夫妻回到广州，重建党的机关。因叛徒出卖，周文雍与陈铁军同时被敌人逮捕。

在狱中，敌人使用了“吊飞机”“老虎凳”等酷刑，但周文雍和陈铁军始终坚贞不屈，没有透露党组织的任何秘密。在牢房里，周文雍在墙壁上写下壮烈诗篇：“头可断，肢可折，革命精神不可灭。壮士头颅为党落，好汉身躯为群裂。”

被押赴刑场前，周文雍提出一个要求：与陈铁军拍一张合照。照片中，两人立于牢门前，神情自若，视死如归。

1928 年 2 月 6 日下午，两人被押往广州东郊的红花岗刑场。一路上，两人沿途高呼“打倒国民党反动派”“中国共产党万岁”。

行刑前，他们决定将深埋在心底的爱情公布于众，并庄严宣布结婚。刑场上，两人并肩屹立，英勇就义。刑场成为礼堂，反动派的枪声成为他们结婚的礼炮。

为了纪念这对夫妇，尤其是为了纪念巾帼英雄陈铁军，佛山市建立了铁军公园，还建立了铁军小学。每年的清明期间，社会各界人士纷纷前来祭奠陈铁军烈士。每年的 9 月 30 日是烈士纪念日，都会在公园举行公祭活动，深切缅怀革命烈士不朽功绩，激励全市上下继承先烈遗志，赓续红色血脉，弘扬伟大建党精神，不忘初心，牢记使命，接续奋斗，奋力谱写佛山高质量发展新篇章。

抗日名将杨靖宇

杨靖宇（1905—1940）是著名的抗日英雄，原名马尚德，中国共产党优秀党员，是鄂豫皖苏区及其红军的创始人之一，也是东北抗日联军的主要创建者和领导人之一。1932 年，杨靖宇受命到东北组织抗日联军，任总指挥、政委等职。为牵制日本关东军入关，配合、支援全国抗战，杨靖宇率抗联第一路军主动出击，采取机动灵活的战术，最终有力地抵制了日军的进攻。

由于叛徒告密，出卖了抗日联军。日本鬼子和伪军，将抗日联军包围了起来。形势严峻，杨靖宇决定将主力转移，命令其突围出去，他自己带一支小部队留下来牵制敌人。大家都不同意，杨靖宇坚决地说：“我是司令，我说了算！”他耐心地解释说：“我是敌人的眼中钉，吸引力最大。”杨靖宇留下来后带领战士们多次打退敌人进攻，到天黑时，主力部队安全转移出去了。留下的战士只剩下五六十人了，还有一部分伤员。杨靖宇命令将伤员转移，准备最后的战斗。负责带领伤员转移的干部说："总司令，让我留下吧，好保护你！"杨靖宇严肃地说："不行！现在，前有伏兵，后有追兵，在这严峻的时候，领导的责任是带好队伍，保护战士，不把伤员转移出去，我于心不安！"伤员转移走了，经过与敌人的多次交火，杨靖宇身边只剩下两个小战士。连续战斗了三天三夜，又没有吃的，肚子饿得前心贴后背。杨靖宇把两个小战士安顿好，让他们休息一会儿，他要到屯子里找点吃的。他勒了勒皮带，饿得头晕眼花，几次要栽倒在地。杨靖宇把棉衣里的棉花撕下来就着雪吃，一口一口艰难地咽着……

杨靖宇将军生前和死后都受到日军的极大敬畏。他陷入绝境后，日军派叛徒向他劝降，他说："我们中国人都投降了，还有中国吗？"这句话至今在天地间回响，它让人触到了信仰的力量。

杨靖宇将军牺牲后，日军解剖了他的尸体，胃里只有草根和棉絮，没有一点粮食，在场的日本人无不受到震撼。日军头目岸谷隆一郎流了眼泪，长时间默默无语。史料载，这个屠杀中国人民的刽子手，"一天之内，苍老了许多"。此后，岸谷隆一郎穷毕生精力研究中国抗日将士的心理。研究越深入，他内心受到的折磨越大。最后，他毒死了自己的妻子儿女后自杀。他在遗嘱中写道："天皇陛下发动这次侵华战争或许是不合适的。中国拥有杨靖宇这样的铁血军人，一定不会亡。"

抗日女将赵一曼

赵一曼，原名李坤泰，又名李一超，人称李姐。四川省宜宾县白花镇人，曾就读于莫斯科中山大学，毕业于黄埔军校六期。1931 年九一八事变后，被派到东北地区领导革命斗争；1934 年担任中国共产党珠河中心县委委员兼铁道北区委书记，组织抗日自卫队，与日军展开游击战争；1935 年担任东北人民革命军第 3 军第 1 师第 2 团政委。

1935 年 11 月，与日伪军作战时赵一曼不幸因腿部受伤被捕。日军为了从赵一曼口中获取到有价值的情报，对其腿伤进行了简单治疗后，连夜对其进行了审讯。审讯期间，对赵一曼动用了各种各样令人发指的酷刑。当时赵一曼腿上有一个很深的伤口，他们就用马鞭用力地戳赵一曼腿上的伤口。

在赵一曼不肯屈服以后，日军又对赵一曼动用了老虎凳、烫烙铁、灌辣椒

水、电刑等酷刑。其中老虎凳是将赵一曼绑在一个呈90度的凳子上，赵一曼的身体被迫弯成90度的绷紧的状态。然后在赵一曼的双腿的下面加砖头，随着砖头越来越高，身体的角度会越来越小，这种酷刑不是单纯的让人疼痛，而是让人极其难受。赵一曼被折磨得昏过去了好几次。在赵一曼昏过去以后，日军用冷水把赵一曼泼醒，继续折磨。每次从昏迷中醒来，赵一曼都会用她被折磨得已经非常微弱的声音说："我的目的，我的主意，我的信念，就是反满抗日。"日军发现怎么样折磨赵一曼都没有用，于是决定把赵一曼杀害。1936年的8月2日，日军把赵一曼绑在了一辆大车上，在黑龙江省的珠河县进行游街示众。临刑前面对敌人的屠刀，赵一曼仍然高呼："打倒日本帝国主义，同胞们反满抗日！"随后赵一曼慷慨就义，年仅31岁。

在生命的最后一刻，赵一曼给儿子写了一封催人泪下的遗书，她说："母亲对于你没有尽到教育的责任，实在是遗憾的事情。母亲因为坚决地做了反满抗日的斗争，今天已经到了牺牲的时刻。希望你，宁儿啊，赶快成人，来安慰你地下的母亲！我最亲爱的孩子啊！母亲不用千言万语来教育你，就用实行来教育你。在你长大成人之后，希望你不要忘记你的母亲是为国而牺牲的。"

董存瑞的故事

1948年5月25日凌晨，天还没亮，解放军发起了第一次进攻，11纵队承担了这次进攻任务，不一会儿，胜利的红旗就插上了苔山的顶峰。董存瑞正是在11纵队32师96团，并担任该团6连6班班长，后来改为48军143师429团。

下午3点30分，第二次进攻开始。6连向隆化中学发起冲锋。突然，敌人的机枪像暴雨般横扫过来，把战士们压在一条土坡下面，抬不起头来。原来，狡猾的敌人，在桥上修了一个伪装得十分巧妙的暗堡，喷出六条火舌拦住了我军冲锋的道路。这时，董存瑞和战友们纷纷向连长请战，要求把这座桥型暗堡炸掉。白副连长派出李振德等3名爆破手去爆破，李振德冲出不远，炸药包就被敌人的枪弹打中，李振德牺牲，其余两名爆破手负了重伤。这时，团部来了紧急命令，要6连火速从中学东北角插进去，配合已突进中学院内的兄弟部队，迅速解决战斗。白副连长命令董存瑞去炸碉堡。

董存瑞挟起炸药包，在郅顺义的火力掩护下，一会儿匍匐前进，一会儿又借着郅顺义扔出的手榴弹的烟雾，站起来一阵猛跑。桥型暗堡里，国民党军的机枪越打越紧，子弹带着尖利的啸声，从他的耳边掠过。在快要冲进开阔地时，郅顺义指着前面的一个小土堆，对董存瑞说："你就在这儿掩护！"一阵手榴弹把敌人碉堡前的鹿砦、铁丝网炸坏了。国民党军的机枪又慌忙朝他打过来，突然，董存瑞扑倒了，郅顺义站起刚要向前冲去，只见他猛然爬起来，一阵快跑跳进旱河沟里，进入了国民党军的火力死角。

而这时，他的腿受了伤，鲜血直流。他抱着炸药包迅速猛冲到桥下。这桥离地面有一人多高，两旁是砖石砌的，没沟、没棱，哪儿也没有安放炸药包的地方。如果把炸药包放在河床上，又炸不到暗堡，河床上又找不到任何东西代替火药支架。怎么办？郅顺义清清楚楚看着这一切，急得直攥拳头。突然，身后响起了嘹亮的冲锋号声，进攻的时间到了。

董存瑞抬头看了看桥顶，又看了看身后一个个倒下的战友，愣了一下，突然，身子向左一靠，站在桥中央，左手托起了炸药包，使其紧紧地贴着桥底，右手拉燃了导火线。郅顺义看到后，纵身一跳，朝桥下的战友奔去，董存瑞看见了，厉声喝道："卧倒！卧倒！快趴下！！"随着天崩地裂的一声巨响，敌人的暗堡被炸毁，董存瑞用自己的生命为部队开辟了前进的道路。牺牲时，他年仅 19 岁。

6 月 8 日，第 11 纵队决定追认董存瑞为纵队战斗英雄、模范共产党员，命名他生前所在班为"董存瑞班"，规定纵队所属机关和部队在点名和集会时，静默 3 分钟以示悼念。后来，当地又将隆化中学改名为"存瑞中学"。1950 年，董存瑞被追认为全国战斗英雄。为了永久的纪念他，隆化和怀来县人民政府分别修筑了董存瑞烈士陵园和纪念馆。

江竹筠：巾帼英雄

江竹筠，革命烈士，她就是大家熟知的小说《红岩》中，江姐的人物原型，是在渣滓洞监狱受尽酷刑、坚贞不屈的巾帼英雄。她的事迹被广为传颂，影响和激励了几代人。

1920 年，江竹筠出生在四川省自贡市大山铺江家湾的一个农民家庭，8 岁随母亲逃荒至重庆，进袜厂做童工，后来考入重庆南岸中学和中国公学附中。

1939 年加入中国共产党；1941 年夏天，21 岁的江竹筠被川东特委调任重庆新市区区委委员，负责组织学生运动，发展新党员。

1943年5月，党组织安排她与中共重庆市委领导人之一的彭咏梧假扮夫妻，组成一个“家庭”，作为重庆市委的秘密机关和地下党员学习的辅导中心；1945年，她与彭咏梧结婚，协助彭咏梧工作，负责处理党内事务和内外联络工作。

从那时起，同志们都亲切地称她江姐。1947年，党在国民党统治区组织和领导了第二条战线的斗争。江竹筠受中共重庆市委的指派，负责组织大中学校的学生与国民党反动派进行英勇斗争。她还在丈夫的直接领导下，担任了中共重庆市委地下刊物《挺进报》的联络和组织发行工作。

1948年春节前夕，丈夫彭咏梧在组织武装暴动时，不幸牺牲，头颅被敌人割下，挂在城门上示众。江姐强忍悲痛，毅然接替了丈夫的工作。

1948年6月14日，由于叛徒的出卖，江姐不幸被捕，被关押在重庆渣滓洞监狱。国民党反动派和军统特务用尽各种酷刑——老虎凳、辣椒水、吊索、带刺的钢鞭、撬杠、电刑，甚至残酷地将竹签钉进她的十指，想要从这个年轻的女共产党员身上打开缺口，获取领导川东暴动的党组织和重庆地下党组织的情况。

面对敌人惨无人道的酷刑摧残和死亡威胁，江姐始终坚贞不屈。她说道：“你们可以打断我的手，杀我的头，要组织是没有的，严刑拷打，那是太小的考验，竹签子，毕竟是竹子做的，共产党员的意志，是钢铁。”

1949年10月1日，中华人民共和国成立了，江竹筠和战友们虽不知国旗的图案，却也以憧憬的心情，在狱中绣制着一面代表解放的旗帜；1949年11月14日，在重庆即将解放前夕，江竹筠被国民党军统特务杀害于渣滓洞监狱，年仅29岁。

后来创作的歌剧《江姐》留下了这样的经典唱段：“线儿长，针儿密，含着热泪绣红旗，绣呀绣红旗……”

2009年，她被评为“100位为新中国成立做出突出贡献英雄模范人物之一”。

特级战斗英雄杨根思

1950年，杨根思担任志愿军第20军第58师第172团3连连长，带领全连169人跨过鸭绿江，成了第一批开赴朝鲜战场的志愿军。当时，由于敌人飞机对志愿军运输线的轰炸，导致志愿军的口粮严重不足。当时，3连的战士们每天只能靠几个冻得硬邦邦的土豆充饥。志愿军战士在吃的时候，先将冻得硬邦邦的土豆放在怀中焐热融化后，吃一点，然后再焐热，再吃。在第二次战役的小高岭战斗前，营部奖给了3连一筐土豆，作为连长的杨根思将土豆全部都分给了战士们，而他自己一个也没有留。

1950年11月29日，杨根思带领3连冒着零下40摄氏度的严寒投入第二次战役，阻击南逃的美军陆战一师以及英军部队。在杨根思领受了控制1071高地东南屏障小高岭的任务时，营指挥员的命令是不许敌人爬上1071高地寸步，坚决把敌人消灭在小高岭阵地之前。杨根思没有丝毫犹豫，他亲率3排把守小高岭。他把兵力和火力布置好以后，对全排战友说："同志们，在反抗美国侵略者的正义战争中立功吧！"

当时，美军打通了南逃的通道，疯狂地进攻杨根思所带领3排坚守的小高领阵地。3排战士在杨根思的指挥下，英勇顽强地战斗，打退了敌人在大量飞机、炮兵支援下的8次连续猛烈的进攻。当然，为此3排的战士们也付出了惨重的伤亡，急需部队增援。当增援部队还在途中的时候，敌人向小高领阵地发动了第9次进攻，杨根思命令通信员把重伤员背下阵地，又命令机枪手把打光子弹的重机枪撤下阵地，自己孤身一人留下继续坚持战斗。

当杨根思打出最后一颗子弹后，他埋伏在高地上，当40多个美国兵爬上阵地时，他抱起一个5公斤的炸药包，拉燃导火线，纵身冲向敌群，与40多个敌人同归于尽，成功地完成了切断敌军退路的任务。时年28岁。

杨根思用生命保住了小高岭阵地，为夺取第二次战役的胜利立下卓越的功劳。1952年5月9日，中国人民志愿军领导机关为杨根思追记特等功，并追授"特级英雄"称号，杨根思就此成了中国人民志愿军第一位特等功臣和特级战斗英雄。

黄继光：舍身堵机枪

黄继光，四川省中江县人，1931年生，1951年3月参加中国人民志愿军。作战勇敢，立三等功1次。

15军45师135团2营于1952年10月19日夜奉命夺取上甘岭西侧597.9高地，黄继光正是在2营6连。部队接连攻占3个阵地后受阻，连续组织3次爆破均未奏效。时近拂晓，再不拿下高地将贻误整个战机。关键时刻，时任6连通信员的黄继光挺身而出，请求担负爆破任务，率两名战士攻坚。

黄继光等人在距敌火力点不到50米的地方被敌人发现，照明弹、探照灯使

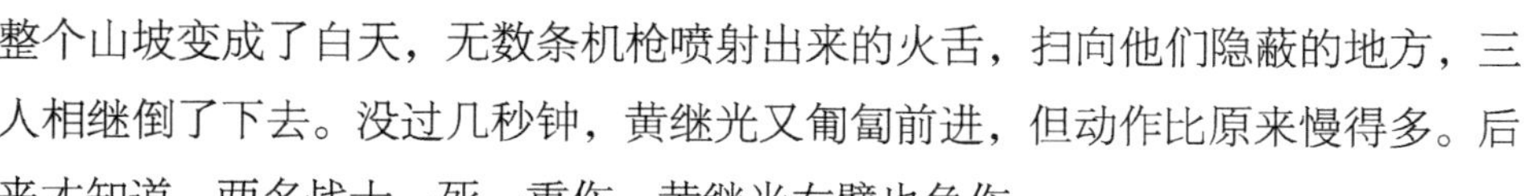

整个山坡变成了白天，无数条机枪喷射出来的火舌，扫向他们隐蔽的地方，三人相继倒了下去。没过几秒钟，黄继光又匍匐前进，但动作比原来慢得多。后来才知道，两名战士一死一重伤，黄继光左臂也负伤。

距敌火力点只有不到 10 米了！黄继光用右臂撑住身体，扔出手雷，可惜敌机枪只略一停顿。我方全力吸引敌人火力时，黄继光顽强机警地爬到了碉堡下。那里是敌人射不到的死角。他蹲了下去，回头朝战友看了一眼，接着一挥手，大声喊了一句话。话音全被枪声淹没了，没有人听清他喊了什么。这时，只见黄继光猛地站起来，身子向上突地一挺，奋力向碉堡扑了上去，用胸膛堵住了冒着火舌的枪口！

敌人的机枪哑了。战友们喊着“为黄继光报仇”，冲了上去，一举将高地夺了回来。战斗结束后，只见黄继光的胸膛被火药烧黑了，布满了像蜂窝一样的弹洞。在他爬向敌人碉堡的来路，拖着一条 10 多米长的血迹。

战后，黄继光被所在部队追认为中国共产党党员，被中国人民志愿军领导机关追记特等功，并追授“特级英雄”称号；朝鲜最高人民委员会议常任委员会授予他“朝鲜民主主义人民共和国英雄”称号及金星奖章、一级国旗勋章。1962 年 10 月，四川省中江县人民政府建立了黄继光纪念馆，朱德、董必武、刘伯承、郭沫若为之题词；2019 年 9 月 25 日，被授予“最美奋斗者”荣誉称号。

邱少云：用生命诠释忠诚在烈火中永生

邱少云，重庆铜梁人，1926 年生，1949 年参加中国人民解放军，1951 年 3 月随部队 15 军 29 师入朝参战。临行前邱少云给亲人写了一封信，这也成了他一生中唯一的一封家书。邱少云在家书中写道：“到朝鲜后一定要拼命打仗，不怕死。我决心杀敌立功，戴着光荣花回来看你们。”

1952 年 10 月 12 日，上甘岭战役即将打响，拿下 391 高地成为取得战役胜利的关键。然而，我军阵地到 391 高地之间，有着 3000 米宽的开阔地，这是敌人的炮火封锁区。为了缩短冲击距离，15 军 29 师 87 团 3 营全体指战员全身插满蒿草，在敌人的眼皮底下执行潜伏任务，而 9 连的邱少云正是在该营。他们克服了寒冷、饥饿，顺利埋伏了一整夜。但是第二天中午 11 点多，意外发生了，两个下山打水的敌人无意间走进了邱少云和战友们的埋伏圈。

这样就容易被发现。正好我们后边的炮兵指挥，发了两发炮弹。两个敌人迅速被消灭，但这次炮火支援，也引起了敌军的怀疑。他们派出了侦察机，向前沿阵地发射了十多发烟雾弹和凝固汽油弹。其中的两发汽油弹刚好落在了邱少云潜伏的地方。转眼间，邱少云身上的蒿草被火星引燃了。

邱少云的战友郭安民说："看到邱少云身上的火在燃烧，只看到两个手往泥土里插，他的位置没有动一下，身体没有动，手一直往泥土里面插进去。"

按照作战部署，邱少云负责剪开铁丝网，所以埋伏的位置比较靠前，此时他只要稍动一下，就有可能被敌人发现。部队的整个行动就会失败，战友们的生命也将面临威胁。

在邱少云埋伏的地方旁边就是一个小水沟，邱少云只要翻身滚进水沟就可以保全自己的性命。一边是自己的生命，一边是战友们的生机，邱少云最终选择了后者。

邱少云用年轻的生命和血肉之躯，铸就了"纪律重于生命、用生命诠释忠诚"的丰碑。在生死的紧要关头，邱少云烈士能够忍受着常人无法忍受的痛苦，为了整体的胜利，献出了自己的生命。宁可被大火活活地烧死，也能纹丝不动，这是什么样的钢铁意志，这就是我军为什么能够百战百胜的军魂，正是因为这样的魂，才能在极度恶劣的环境下，坚持作战，才能以劣势的装备，去抗击武装到牙齿的敌人。这是永远不该丢掉的精神财富。

邱少云牺牲时年仅 26 岁。在拿下 391 高地后，邱少云的事迹迅速传遍了部队。1953 年 2 月，邱少云被追记特等功臣，被授予"一级战斗英雄"称号。朝鲜最高人民委员会议常任委员会授予他"朝鲜民主主义人民共和国英雄"称号及金星奖章、一级国旗勋章，并将他的名字永远镌刻在 391 高地的石壁上："为整体胜利而自我牺牲的伟大战士邱少云同志永垂不朽！"他的名字也成了英雄的代名词，被解放军原总政治部确认为全军闻名的 8 位挂像英模之一。2009 年，他又被评为"100 位新中国成立以来感动中国人物"。

经典电影《英雄儿女》中的经典歌曲《英雄赞歌》，歌唱的就是无数先烈舍身忘死、不怕牺牲，英勇杀敌，用鲜血和生命换来了今天的新中国和幸福生活。

所以，我们一定要用心用情来唱这首歌，唱出感恩之心，也就是唱出报效国家的决心。

但是，如果一个人对父母都没有孝心，那么这个人肯定不懂知恩、感恩、报恩，当然肯定不懂得珍惜了，对于这种人，就算我们给他讲再多英雄故事，他往往也会不以为然，甚至还会讥笑、嘲笑我们。

因此，我们要让小孩从小就懂得孝敬父母，懂得知恩、感恩、报恩，懂得珍惜，在适当得时间进行爱国教育和忠孝教育。

当我们深深懂得孝敬父母的时候，再深刻地认识到新中国的来之不易、美好江山来之不易、幸福生活来之不易，然后再来唱《英雄战歌》，你的感觉、感情是不一样的。

这首歌过去的唱法就是唱出军人的气势和气概，而老百姓唱这首歌就可以从知恩、感恩、报恩的角度去唱，从“为什么战旗美如画”到“英雄的生命开鲜花”要唱出感情来。

中西栋梁皆本于忠孝

为官心存君国。

——《朱子治家格言》

做“官”就要忠于国家，就要对国家，对社会，对百姓负责。

在政府部门任职是做“官”，在国营企业，在私营企业，在合资企业，在独资企业，在学校，在研究所，在医院等单位任要职，也是做“官”。在80年代之前，这些单位的领导是没有什么本质区别的，都是做“官”。那么现在有区别吗？没有本质区别。这只是国家发展的需要，是国家需要这些单位以不同的体制，不同的形式存在，以便更好地管理，更好地发展。因此，不仅每个政府官员必须忠于国家，每个有职务的人也要忠于国家，每个中国人也要忠于国家。

（1）行孝者成大业

焦裕禄治理“三害”

1962年冬，焦裕禄受党的委派来到了兰考担任县委书记。当时，中国国民经济处于暂时的困难时期，兰考也是非常落后，非常困难的。兰考的风沙、内涝、盐碱等自然灾害非常严重，农业产量很低，群众生活很苦。

1963 年 1 月一个风雪交加的夜晚，焦裕禄召集了在家的县委委员开会。他没有宣布具体议事日程，就带领着大家到火车站去了。大家看到很多灾民背井离乡，逃荒要饭，心里感到非常羞愧和痛心……县委一班人因此受到了一次最实际、最生动的思想教育，增强了率领广大干群团结奋斗，努力改变兰考面貌的决心。

1963 年 2 月，县委决定在全县范围内开展治沙、治水、治碱的斗争，成立除“三害”办公室。他下决心要把兰考县的“三害”调查清楚。几个月的辛苦奔波，换来了一整套又具体又详细的资料，从而县委制定出了切实可行的改造兰考自然环境的规划。

除“三害”斗争开始以后，焦裕禄同志发现抗灾斗争发展不平衡，基层干部和群众的思想认识也不尽一致。于是，焦裕禄同志首先统一大家的思想认识，然后进一步发动群众，并且采取领导和群众相结合的办法，抓典型，树样板，准备打一场除“三害”的人民战争。

在除“三害”的斗争中，为了获取经验，焦裕禄同志亲自率领干部、群众先进行了小面积翻淤压沙、翻淤压碱、封闭沙丘的试验。然后以点带面，全面铺开。焦裕禄同志既是指挥员又是战斗员，同干部、群众一起出力流汗。他给自己规定，把参加劳动作为日常生活的重要内容。下乡时就地劳动，在机关值班时，临近劳动。不论在治理“三害”的土地上，还是在平时田间的管理中，他走到哪里就干到哪里。因此，群众都把焦裕禄看成“跟咱一样的庄户人”。

榜样的力量是无穷的。焦裕禄同志亲自到最困难的队去蹲点调查，访贫问苦，解决问题和困难。他在城关公社胡集大队和林业技术人员一道，研究泡桐的生产特点，并亲自带头植桐，带领全县人民营造了浩瀚的桐林。这为美化兰考大地，尽快改变灾区面貌奠定了一个良好的基础。然后，他又深入全县农村调查，发现和培养了双杨树、赵垛楼、秦寨、韩村、坝子五个先进典型。

焦裕禄同志始终保持艰苦朴素的作风，他长期有病，家里人口又多，生活比较困难，可是他坚决拒绝给他救济。焦裕禄还经常教育子女做脏活，到最困

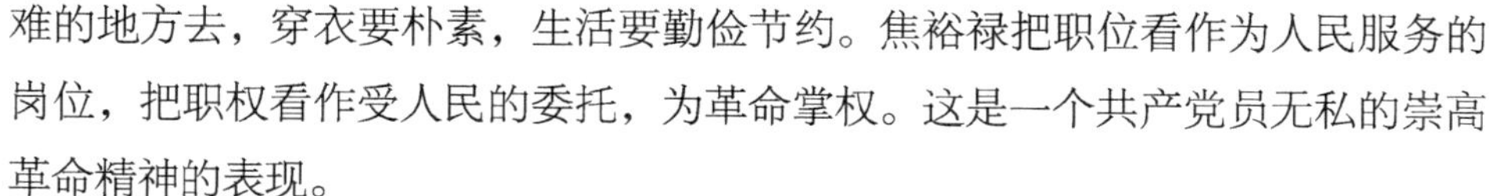

难的地方去，穿衣要朴素，生活要勤俭节约。焦裕禄把职位看作为人民服务的岗位，把职权看作受人民的委托，为革命掌权。这是一个共产党员无私的崇高革命精神的表现。

在县委的领导下，焦裕禄同志率领全县广大干部、群众向“三害”发起了猛烈的总攻。通过一年的艰苦奋战，兰考的除“三害”工作取得了非常明显的成效。

1964 年 5 月 14 日，焦裕禄同志由于长期带病工作，他的心脏停止了跳动。一位普通的领导干部，一个优秀的共产党员，县委书记的榜样，人民群众的贴心人——焦裕禄同志走完了他那完全、彻底为人民服务的光辉灿烂的一生，与世长辞了。终年只有 42 岁！

焦裕禄同志在生命的弥留之际，还念念不忘人民群众，念念不忘党的工作，表现了一个干部对国家、对党、对人民的无限忠诚。作为一个领导干部，心中必须时刻装着国家和人民群众；作为一个领导干部，必须全心全意、全情全力地为党、为国家、为人民服务。

如果一个人不想着报效国家，就是不道德的，应当受到谴责。今天报效国家不仅是道德的要求，也是我们每个公民的权利和义务。这也是其他任何一个国家的公民的权利和义务。

今天这个时代，忠心已经不仅仅是中国传统文化中最高的道德评价，已经不仅仅是中国人最高的道德追求，也是西方社会最高的道德追求，还是世界各国最高的道德追求。因此，忠心是全球通行的最高的道德追求。

所以，作为有着优秀传统文化的中华民族，不论我们身在大陆，身在香港，身在澳门，身在台湾，甚至旅居在世界各地，我们都应当忠于祖国，忠于中华民族，都应当时刻想着报效国家，报效中华民族。

钱学森抵得上 5 个师的兵力

1948 年，祖国解放事业在望，钱学森看到了国家的希望，开始准备归国，以报效国家。为此他首先要求退出美国国防部空军科学咨询团，但他的这个要求直到 1949 年才得以实现。他兼任的美国海军炮火研究所顾问的职务，也是到 1949 年秋才从麻省理工学院回到加州理工学院就任喷气推进技术的“戈达德教授”职务时辞去的。钱学森对妻子蒋英说：“祖国已经解放，我们该回去了。你现在怀孕，行动不便，等孩子生下来，我这个学期的书刚好教完，那时我们就回到祖国去。”但到第二年，美国国内的政治形势发生了变化，麦卡锡主义横行，全国掀起了一股反共浪潮。1950 年 6 月，两名美国联邦调查局的人来到钱学森的办公室，说钱学森早年的朋友、加州理工学院助理研究员威因鲍姆的聚会（实际上是一个共产党的小组会议）名单里，有一个叫约翰·德克尔的名字，而由于查不到此人的下落，于是，他们指控钱学森化名约翰·德克尔，是共产党员，属非法入境。

钱学森严正驳斥了这些指控，说他从没有听说过德克尔这个名字，他更不愿为联邦调查局做证，指控威因鲍姆是共产党员。钱学森的强硬态度令美国当局大为恼火，于是在 1950 年 7 月，他们取消了钱学森参加机密研究的资格，而且移民局还要驱逐他出境。

钱学森于是决定马上以探亲为名回国，并订了飞往香港的加拿大太平洋航空公司的机票。

但是，美国国防部认为钱学森太有价值了，海军部副部长金贝尔立即给司法部打电话说：“无论如何都不要让钱学森回国。他太有价值了，在任何情况下他都抵得上 3 至 5 个师的兵力，我宁可毙了他，也不要放他回共产党的中国。”

钱学森遭莫名指控，毅然决定回国报效。但莫须有的罪名紧随而来：海关扣压了钱学森的所有行李，诬蔑他企图携带“机密资料”出境，触犯了“出口控制法”，勒令他“不准离境”。钱学森就这样被捕入狱，被关在洛杉矶以南一个叫特米诺岛的联邦调查局的监狱里。经加州理工学院朋友们的抗议和多方努力，15 天后钱学森才被保释出狱。出狱后他仍然没有人身自由，在美国羁绊达 5 年之久。联邦调查局和移民局继续对他进行监视和跟踪。联邦调查局和移民局为了查清钱学森是不是共产党员，还多次举行所谓的“听证会”。检察官在一连串例行提问后，突然问钱学森忠于什么国家的政府。钱学森略做思考，回答说：“我是中国人，当然忠于中国人民。所以我忠心于对中国人民有好处的政府，也就敌视对中国人民有害的任何政府。”检察官穷追不舍：“你现在要求回中国大陆，那么你会用你的知识去帮助共产党政权吗？”钱学森毫不示弱，说：“知识是我个人的财产，我有权要给谁就给谁，这是我的自由。”检察官又说：“那么你就不让政府来决定你所应当忠心的对象吗？”钱学森义正词

严："不，检察官先生，这是我的权利，是我的人权，我忠于谁是要由我自己来决定的。难道你的意愿都是美国政府为你决定的吗？"检察官听后，一脸狼狈不堪。

钱学森在美国就已经取得了非常大的成就，并享有非常好的生活条件。他能放弃已有的成就、待遇和优质的生活条件，毅然回国过着更艰苦的生活，为国家、民族付出奉献，就是因为他有一颗赤诚的忠心。

忠心是一个人最基本的操守，尤其是在种种诱惑面前，尤其是在困难面前，忠心更能凸显一个人的道德水准和综合素质。在诱惑面前不能坚守自己的道德底线，往往会走上背叛的道路，走上腐败的道路。背叛和腐败是可怕的，一是让父母永远抬不起头来；二是毁了后代，让后代永远不能抬头；三是造成自己的信誉危机，甚至造成自己一生的努力彻底白费；四是给自己的国家和事业带来不可估量的损失。

没有忠心观念的人就如同安放在团队中的一枚定时炸弹，因此，没有任何一个国家、一家企业会在这个问题上有所妥协。

在封建社会里，忠心是衡量一个人的道德品质高低的最重要标志；在现代社会里，忠心同样是衡量一个人的道德品质高低的最重要的标志；在西方社会里，忠心还是衡量一个人的道德品质高低的最重要的标志。忠心是全世界通行的衡量一个人的道德品质高低的最重要的标志。

在此，我要说一个西方的例子。说实话，实在不愿意说，只是对那些盲目崇洋媚外的人来说，这个例子很重要。因为有一些人会说："什么时候了，还讲这些，什么传统文化，什么孝道，什么孝心，什么忠心，那都是封建的东西，是糟粕，都已经过时了，要学习西方的东西。"

（2）西点军校

美国最成功的军校是哪所军校？

是西点军校。我相信大家不会质疑。西点军校在美国军校中出了最多的将军，被公认为"将军的生产线，将军的摇篮"，为美国培养了 3 位总统，5 位五星上将，3700 多名将军。据 1993 年统计，美国陆军中有超过 40% 的将军是西点毕业生，而且从南北战争起，西点毕业生就在美军中占据了关键的指挥岗位。可以说，西点人已经成为美军的脊梁，西点精神已经成为美军的灵魂。

那么，美国最成功的商学院是哪所商学院呢？

是鼎鼎大名的“沃顿”“哈佛”“斯坦福”或者“耶鲁”？

这个答案让很多“不明白的人”匪夷所思，还是西点军校。

据《美国商业年鉴》统计，第二次世界大战以后，仅世界500强企业中，就有1000多位董事长、2000多位副董事长、5000多位总经理来自西点军校。

此外，在美国联邦政府、州政府及地方政府各阶层的行政职位上，还有许多大学领导职位上，都有西点人矫健的身影。

美国总统西奥多·罗斯福在评论西点时曾说：“在这整整一个世纪中，我们国家其他任何学校都没有像它这样，在我们民族最伟大的光荣史册上写下如此众多的名字。”

因此，它不仅是将军的摇篮，而且是“领导人才的基地，商业精英的摇篮”。

与“哈佛”等全球知名商校相比，西点军校没有开设财务管理、市场营销等工商管理必修课，但为什么它能在商界盖过“哈佛”等世界知名商校，成为全美培养世界500强高管最多的学校呢？

这当然主要得益于“西点”与众不同的教育理念和人才训练法则。

西点的校训是：责任、荣誉、国家。可以这样说，西点的校训——责任、荣誉、国家影响了美国200年的历史进程。

“国家”一词旨在唤起一种为美国国家和民族利益服务的献身精神。这是西点军校培养学员的终极目标，也是对学员的最高要求，是西点军校办校基本方针的最本质体现。国家是西点人心中最崇高的理想。200多年来，西点军人忠于国家，对外英勇顽强，不惜血洒疆场，前赴后继的西点人为维护美国的国家利益忠实地履行职责，并做出了巨大的贡献。

西点人永远忠于自己的国家。祖国是西点军人心中的圣碑。每个西点人都很明确“国家的利益高于一切”，永远牢记美国总统肯尼迪在就职典礼上说过的一句话：“不要问你的国家为你做些什么，而应该问你能为国家做些什么。”

每个走进西点军校的新学员，都要参加宣誓仪式。誓词是：“为了保卫我们的国家和生活方式，随时准备献出生命。”

每年7月14日，是美国国旗日，西点学员要对国旗宣誓：“忠实于美利坚

合众国国旗，忠实于它所代表的合众国——苍天之下不可分割的国家。”

在西点，每个人，尤其是学员，面对国旗必须表现出充分的敬意，不断加深国旗意识；在西点，对国旗的敬重是有明确规定的，任何人都不得违背；在西点，为强化国旗观念，许多重要场合都悬挂国旗，要求学员经常表现出对国旗的敬意，经常想到祖国；在西点，看到国旗就会想到奉献和牺牲。国旗是国家的象征，国旗是国家的标志，对待国旗的态度就是对待国家的态度。

西点军校的宣言书上写着：“将毕生的无私服务献给国家和社会”“选择了西点就选择了为祖国而战”“选择西点就是一切为了国家利益”“选择西点就是视国家为自己的归宿”“选择西点就是选择了为国家牺牲”“选择了西点就是选择了为国家、为民族承担责任”“必须承担责任并为之奉献生命”，等等。

在进西点之初，并非所有的人都是爱国的人，但是在毕业的时候，他们每个人的心中都充满了报国之情。否则就会被淘汰，西点的淘汰率一般是30%左右。

在这些理念、校训和训练法则当中，隐含了一个秘诀，这就是：对国家绝对忠心是美国西点军校向学员们特别强调的首要品质。其他的一切理念和训练法则都是为了更好地为国家尽忠。

关于校训对西点毕业生的影响，海湾战争时任美军司令的施瓦茨科普夫在他的自传《身先士卒》中说道：“西点告诉我，我应该为国尽忠，不去计较个人得失，即使尽忠不能为我个人带来任何利益，我也无怨无悔。”

西点人的国家意识相伴终生。西点人即使离开军旅，不论从事任何职业，多数人都能保持在军校形成的国家观念，自觉从国家保卫者的角色转到国家建设者、国家财富创造者的角色上来，而不是一味地自我发展，用军旅生涯锻造的素质建造自我的乐园。

历史证明，西点军人的忠心、服务祖国的精神在任何领域都是成功的重要条件。世界银行主席、西点毕业学员乔治·奥姆斯特德，对此有深刻见解，他联系罗马的盛衰讲道：“在两千多年前，一些卓越的首领人物和一种伟大思想克服了交通、通信、教育等极端匮乏又无前例可循的困难，成功地建立起无比优越的罗马政权，征服并占领了当时所知道的世界……这些卓越领袖人物的后裔代代相传，但继承人中具有创业者那种光辉气质的人越来越少了——越来越多的人只想为自己谋私利，而不是为人民和国家服务。这样，从开始起不到300年的时间里，罗马便明显地走上了下坡路，走向了灭亡……”

封建社会时的许许多多朝代，不正是这样走向灭亡的吗？

不仅在军队，就是在企业，在政府机构，都需要这样忠于国家的人，缺少的也是这种人。这是任何财富都无法与忠心的灵魂相媲美的。

西点军校是军人的学校，是培养将军、培养领导人才的学校，更何况有言在先，进西点之前就给学员和家长讲清楚军校的规定。所以，西点可以采用教育引导和各种强制方式训练，磨炼学员，不断提高学员的忠心度。学长就可以训练、磨炼学弟的忠心度，学弟达不到要求，可以对学弟实行处罚。学员实在达不到要求的，淘汰出西点，西点的淘汰率在军校中是很高的。所有这一切就是为了提高忠心度，当忠心度提高之后，这个学员的未来成就才能真正提高。

这就是西点的成功率很高的关键所在，实际上这就是我们中国文化的孝道。只是因为是军校，所以可以直接从忠于国家入手，而不直接从孝敬父母入手，而且可以采用强制方式来提升忠心度，也就是提升孝道。至于对父母的孝心，西点也教育引导，只是无法强制，不可能管到家里去，何况学员单身在校。对我们普通百姓来说，在学校也好，在单位也好，就很难采用这种强制方式去要求提升忠心，一般都是采取教育引导的方式，从人的天性入手，从孝敬父母开始，来提升我们的孝道，然后移孝作忠，忠心于国家。

通过西点这个例子，我们就更加清楚孝道能够决定人生了，我们就更加佩服孔子在两千多年前就能提出孝心、忠心等思想观念和教育理念。

当一个人的忠心被培养起来之后，他就能为国家尽忠，而进入军队，他就能为国家而战，为民族而战，为国家献身，为民族献身。走向社会，进入企业，就会自然的为企业尽忠，就乐于去奉献付出，就会有很大的优势，就会有很大的培养前途。这就是西点人不仅在部队中表现出色，就是在民间也有杰出表现的关键所在。尽管当初这些人在西点很多内容都没有学习过。

只有真正忠心于国家的人，才能经得起诱惑和挑战；只有真正忠心于企业或者单位的人，才能经得起困难和诱惑的考验，才能在单位的发展中实现自我价值。

那为什么忠心的人就能成功呢？

关于这一点，我们的老祖宗在两千多年前就回答了这个问题，具体请看第三章悟道篇。

忠孝一体，忠臣必出孝子

孝心就是忠心，忠心就是孝心。孝心和忠心是同一个心，在家叫孝心，在外叫忠心，面对的对象不同叫法不同而已。面对父母叫孝心，面对国家叫忠心。忠心是孝心的转移，它们是人安身立命的根本。

孝敬好父母，提升孝道，移孝作忠，忠于自己的国家，通过对国家的尽忠来实现对父母的孝心，才是完整的孝道，这就是我们传道的核心。

（1）忠于自己的国家

对国家必须 100% 忠心，99% 都不行。

什么是对国家的绝对忠心?

忠就是没有二心，就是至公无私，而对国家忠心，就是 100% 地忠心于国家，100% 地爱国。

有的人说我对国家是 99% 的忠心，那都不行。因为这 1% 就是敌人拿下你的关键，当你遇到你那 1% 的诱惑和挑战的时候，你就会彻底地不忠，而不是 99% 的忠。那么 80% 的忠心、50% 的忠心就更不用说了。我们看看那些被拉下水的领导干部，有的开始还是很难被拉下水的，最后都是因为被敌人找到那一小点的 1% 的突破口，而不断被爆破，最终被拉下了水。

在现实生活中，只要是人，都会有自己的私事，当你的私事与国家利益有冲突的时候，你要绝对服从国家。这完全取决于一个人的遵纪守法和道德修养的能力。这就是我们必须一手抓法治，一手抓德治，既重视发挥法律的规范作用，又重视发挥道德的教化作用，实现法治和德治相得益彰的关键所在。这就是我们的领导人强调的“合法合道”。

在今天的社会，绝对忠心具体体现在：不论在哪里，都要 100% 地爱国，100% 的忠心，都要遵守国家的法律，遵守职业道德，勇于担当，积极主动完成本职工作。

我们的国家是一个人口众多、民族众多的国家，忠心对我们这样一个国家就更加重要。尤其是在今天就显得更加重要。一旦每个中国人都有了忠心，那股力量将会强大无比，那股力量将会创造无数的奇迹。

所以，拿破仑说："中国是一只沉睡的雄狮，一旦醒来，整个世界都会为之颤抖。"这说明他了解中国一些，但还是不彻底了解中国。

中国已经醒来，世界将为中国的奇迹惊叹、惊喜、喝彩，但不用颤抖，因为中国是有深厚的优秀的文化底蕴的国家，非常适合走"王道"，而且走"王道"，时间才长远。中国将与世界一起共赢，世界将会选择中国，整个世界将会见证。如果走"霸道"，一者不符合我们中国优秀的文化，再者时间长久不了，古今中外，无不如此。

"一带一路"是一个伟大的工程，是一个中国与世界共赢的伟大"王道"工程，是一个不仅造福中国，也是一个造福欧亚，造福千秋万代的工程。它的伟大之处就在于给中国、给欧亚、给世界带来的积极且深远的影响，这是古老的"长城"远远不能比的。这个工程需要我们主动地发展与沿线国家的经济合作伙伴关系，共同打造政治互信、经济融合、文化包容的利益共同体、命运共同体和责任共同体。当然，这个工程今后在规划、建设、营运、管理等方面都将面临挑战。

要把这个伟大工程做好，我们至少需要具备五个条件——政治实力、经济实力、文化实力、科技实力、军队实力。

我们30多年的改革开放与发展，已经初步建立起了政治实力，今后的发展，还要进一步提升我们的政治实力。

我们自身有广大的市场和经济实力，我们也有越来越强的科技实力并且以后会更强大，更重要的是我们有足够强大的军事实力并且还会更强大。虽然我们在发展中也会遇到很多问题和挑战，但是我们要完全相信我们的党和国家有能力解决这些问题和挑战。我国的经济结构将越来越合理，高科技在GDP中的比例将越来越高。"一带一路"本身就是一个经济融合、面对挑战、解决问题的伟大工程。

我们自身就有深厚的优秀文化，孝道文化是我们民族独一无二的文化。我

们现在要做的就是大力“传道”，不仅在中国“传道”，还要在世界传道。让世界真正了解中国的优秀文化，真正了解中国，这样才能做到文化包容等。这也是政治互信的基础，现在就是要去做、去传道、去传忠孝。只有优秀文化得到进一步的深入普及，体制和法制的优势才能进一步发挥出来。没有优秀文化的国家，体制和法制再好不仅得不到发挥，而且会使体制和法制的缺陷完全暴露。何况这个世界就根本没有十全十美的体制和法制，这就是要充分发挥优秀文化的作用的根本所在。

此外，还要有最强大的军事实力做后盾。有最强大的军事实力不是去侵略他国，也不是凭它去欺负别国，而是为国家的发展保驾护航，为与世界共赢保驾护航，为“王道”保驾护航。注意这里讲的是“王道”而不是“霸道”。否则，不仅不能实现，而且即使富国也会被瓜分掉，会被凌辱。中国的历史，世界的历史，就足以证明。因此，我们要在经济实力能承受的情况下以最快的速度发展军力。

最后，我们还必须拥有最强大的科技实力。科技实力必须和我们国家的经济实力相符合，没有相应的强大的科技实力做后盾，经济实力是没有基础的。因此，我们必须进一步加强科技实力，进一步加快科学技术的发展速度。

说到底，还是人才的问题。我们就应该深刻领悟“传道、授业、解惑”的深刻含义了。

就是要通过“传道”全面提升我们的道德修养，为今后迎接更艰巨的挑战做好充分的准备，从而战胜挑战，使我们真正过上幸福的生活。没钱谈不上幸福，有钱也未必幸福，有（孝）道又有钱才幸福。只有这样，我们中国才能真正走上伟大复兴的道路，实现中国梦，与世界共赢，并走上长盛不衰之路。

只有那些没有深厚的优秀文化底蕴的国家会颤抖，因为这些国家自私、自利、自我，因为他们担心他们再也不能随意争夺利益，因为他们走的是霸道。也正因为如此，有些国家看到中国开始醒来害怕得要命，在暗中不择手段地煽动那些糊涂人，就是想要分裂我们的国家，就是想干扰我们的国家，就是害怕我们亿万中国人万众一心的力量。他们最后的结果是搬起石头砸自己的脚，实际上他们还是没有真正了解中国，他们是以己之心度君子之腹。

过去，我们国家出现的盲目崇拜西方的现象，那都是醒来之后的朦胧。过去的100多年，让我们从睡梦中醒来；过去的几十年，那是醒来之后的朦胧，这也是醒来必须经历的过程；现在才是真正的醒来，因为我们开始走质量发展之路，走伟大复兴之路；那些朦胧将逐步彻底去除，也让我们更加认清一些国家的嘴脸。不是说西方没有优点，我们还是要学习西方先进的东西。但是我们要在充分发挥我们的自身的优势的基础上，结合我们自身的情况学习西方的优点和先进的东西。

由此可见，两千多年前的孔子、老子、释迦牟尼有多么伟大，他们那时就已经意识到孝道的力量和重要性。

孔子对这方面还有非常精辟的论述："君子之事亲孝，故忠可移于君；事兄悌，故顺可移于长；居家理，故治可移于官。"

这句话的意思就是说："君子侍奉父母亲能尽孝，那么也能把对父母的孝心移作对国家的忠心；对兄长能尽敬，那么也能把这种尽敬之心移作对前辈或上司的敬顺；在家里能处理好家务，那么也会把理家的道理移于做官治理国家。"

在这句话里，要注意理解一点，君过去是国君、皇帝，因为那是封建社会时代，现在则是国家和民族。

曾经苦难过的中国，曾经屈辱过的中国，曾经动荡过的中国，如今正在埋头苦干，坚定地走在奋进的道路上！我们是中国人，我们一定要对国家绝对忠心，为了我们的美好未来，我们一起传播正能量，弘扬中国的优秀文化，一起为中国呐喊，一起为中国加油，更重要的是以实际行动一起为实现中国梦拼搏。

我们今天能够坐在这里安稳地生活做事，是因为有230万军人和260万的警察在护佑我们，他们随时为了国家，为了我们中华民族，为了我们献出自己的生命。我们一定要心怀感恩！

有不少人没有感觉，那是因为他们生活在和平年代，没有亲身经历那撕心裂肺的痛苦，永生难忘的耻辱，惨绝人寰的悲剧，铭心刻骨的教训。所以，我们要常常进行爱国教育，提醒每位中国人千万别忘了我们曾经走过坎坷的路，曾经经历过耻辱的事。

一个行路人因为太疲惫，躺在路边睡着了。不久，一条毒蛇从草丛里钻了出来，爬向了那个沉睡的行路人。眼看熟睡的行路人就要死在蛇吻之下，就在这时，一个过路之人经过这里，他打死了这条毒蛇之后，没有惊醒行路人的好

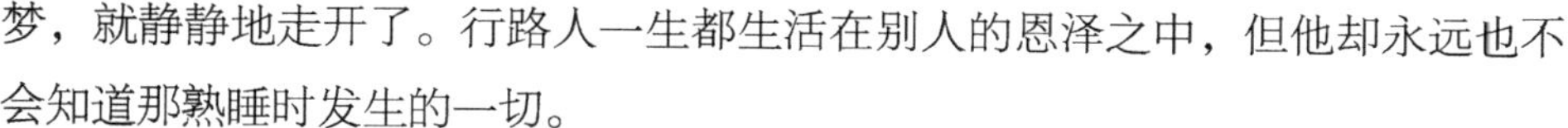

梦，就静静地走开了。行路人一生都生活在别人的恩泽之中，但他却永远也不会知道那熟睡时发生的一切。

某一天晚上，同事回到家后偶然发现阳台里的灯还亮着，他以为是妻子忘记关灯了，为了节约用电，就进去想要把灯关掉，但被妻子拦住了。他非常好奇，他的妻子就指着窗外的一辆三轮车，车上坐着捡垃圾的一对夫妇，他们正沐浴在自家阳台投射的温润的灯光中，边说边笑边开心地吃着东西。看着灯光中那对开心的夫妇，楼里的同事与妻子相视一笑，高兴地退出了阳台。窗外的那对夫妇可能永远也不会知道，在这生疏的城市中，有一盏灯是特意为他们点亮的。

我们在生活中有太多这种无名的恩人，甚至大恩人。

感谢无数的先辈为国家、为民族、为我们献出了自己年轻的宝贵的生命！感谢230万军人随时献身保卫国家！感谢260万警察随时听命调遣维护社会秩序！感谢无数的科学家攻坚克难！感谢国家的培养护佑！感谢父母的养育之恩！感谢老师的辛勤教育！感谢同学的关心帮助！感谢农夫的辛勤劳作！感谢工人的辛勤生产！感谢大众的信任支持！……他们当中很多都是无名的恩人，甚至大恩人。

所以，我们随时要将这种感恩之心，转化为报恩的行动，为国家绝对尽忠。让我们自己也真正成为别人的无名的恩人，甚至大恩人。

忠心，不是一时的，还要和孝心一样贯穿于我们的一生，否则，算不上真正的忠心。

老板的礼物

有个老木匠水平很高，一直干得很好，老板对他很满意。由于年纪大了，他准备退休。老板对他百般挽留，奈何老木匠去意已决。最后，老板问他是否可以帮忙再建一座房子，老木匠没法推托只得答应了。

但老木匠的心就想退休，已不在工作上了，用料也不像以前那么严格，做出的活也全无往日的水准，明显在敷衍塞责。

老板一切都看在眼里，但是并没有说什么，只是在房子建好后，把钥匙交给了老木匠。

“您的房子，”老板说，“为了感谢您这么多年来负责的表现，这是我送给你的礼物。”

老木匠接过钥匙，顿时呆若木鸡，心里特别难受。他一生不知道盖了多少好房子，到最后却为自己建了这样一座粗制滥造的房子。

老木匠当初认为：这是给老板打工帮忙盖的房子，而且是自己盖的最后一座房子，何必那么认真？于是草草完事。不料这是老板送给他的礼物。老木匠悔之晚矣。在现实生活中，不就有一部分干部在即将退休的一段时间内晚节不保吗？

（2）忠于自己的企业

对国家绝对尽忠，不仅对军人是最重要的，对于广大的企业家、企业精英、公务员、职员来说一样是最重要的。

在企业的职员，一定要在忠于国家的基础上，忠于你的企业。100% 爱企业，100% 忠心于企业。因为不管是国企、私企、合资企业、外资企业，都是国家利益和发展的一部分，只是国家需要这些企业以不同形式存在而已，是国家发展的需要。

这就像我们人体一样，我们爱自己的话，当然就要爱自己的身体，通过具体爱自己的每个器官来实现爱自己的身体。不管这个器官是在内部还是在外部，也不管这个器官是重要还是次要，我们都需要爱护。国家就有如一个人，这些企业就像人体的器官。

对于我们绝大多数人来说，都是通过为企业尽忠来实现为国家尽忠的。只是我们要搞清楚主次，要在忠于国家的基础上忠于企业，要在遵守国家法律的基础上去遵守企业的规章，在这个基础上，遵守职业道德，也就是合法合道，乐于付出奉献，勇于担当，积极主动地做好本职工作。这就是对企业尽忠，这就是通过为企业尽忠来实现对国家尽忠，并不是非要作为政府工作人员或者军人才能为国家尽忠。

为什么要强调遵守国家法律，就是告诉我们尽孝不能尽愚孝，尽忠不能尽愚忠。有些领导人为了自己的利益贪污受贿，这就是违法，这就是对国家不忠，可是下面还有人协助领导人完成这件事，虽然表面看起来是对企业尽忠，对领导尽忠，但这是尽愚忠，这是不忠于国家利益，不忠于单位利益。尽愚忠，既让领导人陷于不义，也让自己陷于不仁，损害国家，损害企业，也会害了自己，

实际上还是不忠。也就是说，没有原则的尽忠，也就是违反党纪国法的尽忠就是愚忠，也属于不忠。尽愚忠的人实际上多数还是没有过利益这一关，因为尽愚忠可以获得眼前的好处，如获得钱财或者升迁等，如果不尽愚忠，你可能面临的是打击，如被以各种理由开除、撤职、降职、排挤等，实际上这都是暂时的，最终的结果都是：尽愚忠的会被撤职查办，真正尽忠的可能在这时得不到机会并且受到排挤，但是最后都会得到重用。这就是“善有善报，恶有恶报，不是不报，而是时候未到”。这就是为什么强调我们要“明道信道”的其中一个重要原因。

对企业来说，尽愚忠会让企业蒙受损失，甚至重大损失，这种现象严重，会令企业长期走下坡路，让企业长期亏损，最后甚至破产；对国家来说，尽愚忠会让国家蒙受损失，甚至重大损失；对组织来说，尽愚忠会让组织瓦解。

在一项对世界著名企业家的调查中，当问到“您认为员工应具备的品质是什么”时，他们几乎无一例外地选择了“忠心”。比尔·盖茨这样说道：“怎样才算是一名优秀的员工呢？作为一名独立的员工，必须与公司制订的长期计划保持步调一致，忠心于自己的公司。”忠心的人十分宝贵，这样的人无论走到哪里都会有向他们敞开的大门。相反，一个人即使能力再强，如果缺乏忠心，也往往会被拒之门外。

日本企业招聘员工的时候，第一看重的不是能力，而是个人的品格。因为能力是可以通过培养获得的，而要改变一个人的品格却十分困难。“江山易改，本性难移”，说的就是这个道理。

忠心的日本职员常以“我家”来称呼自己所工作过的企业，在称呼对方的工作单位的时候也从不说“你们公司”，而是称呼“府上”。很多日本人都把公司看成自己社会生活的一切或整个生命价值和意义的根源，感情色彩极为浓厚。

丰田员工

在日本的丰田公司发生过这样的故事：一个丰田公司的员工在他第一次正式约见女儿的男友时，就十分郑重地对未来女婿提出：“我没有什么特别的要求，只是希望以后你的家人和你们自己买车时必须买丰田车！”这位丰田员工对企业的忠心由此可见一斑。

只有忠心的员工才能时时处处为公司着想，时时处处想到公司的利益，乐于为公司付出奉献，积极主动完成本职工作。只有忠心的人才能获得一种集体的力量，才会有和公司一同发展的事业心。

忠于国家需要孝心，忠于企业同样需要孝心。很多老板都想找到有忠心的员工，有忠心的助手，但是不知道怎么去找。这就要先看他有没有孝心，看他是否尽心竭力地孝敬父母。如果他非常有孝心，那么他也会很有忠心。所以老板们要找到真正忠心的员工，一定要非常用心地观察他孝敬父母的情况。自古忠臣出自孝子之门，就是这个道理。

一个没有忠心（孝心）的人也不是一无是处，可能有他人所没有的美德，有忠心的人也可能有其他的陋习。后一种情况尚可补救，而前者则往往无可救药，注定要失败。

真正的忠心，也就是孝心，是一种美德，能给每个人带来自我满足、自我认可，是一天24小时都伴随我们的精神力量。

不妨考察那些在公司中能够快速得到提升的员工，他们看起来无忧无虑，得心应手，没有什么苦恼，乐于奉献，因为他们考虑的只有如何做得更好，而不会心有旁骛，想着找一个薪水更高的公司。因此，他们基本上不会因情绪的摇摆而困惑。

忠心的人总是坚守着人生的航船，不肯轻易改变航向。即使有大的风浪，他们也会镇静地掌稳船舵，继续航行。而没有忠心的人，他们往往会三心二意，总是这山望着那山高。他们摇摆不定，一会儿往东，一会儿转向西。

忠心是安身立命的根本，这样的人走到哪里都会引起别人的重视。无论从事什么样的工作，都会条条大路通罗马。

忠心的人因为具有这一美德而必然得到丰厚的回报，同样，不忠心的人也必须尝到陋习给自己带来的恶果，承受自己的痛苦。

忠心的傻员工

有个公司来了个新员工，有点土，但非常听话，非常勤快，非常愿意付出。其他员工都把琐碎的工作推给他做，新员工都不介意，会默默地帮他们完成工作。主管看到他这么勤快，又叫他帮忙跟着做很多事情，可他一点都不介意，照样认真对待，从不谈条件，总是出色地完成工作。

终于有一天，总公司要开分公司，主管要去新公司任职管理，主管居然向

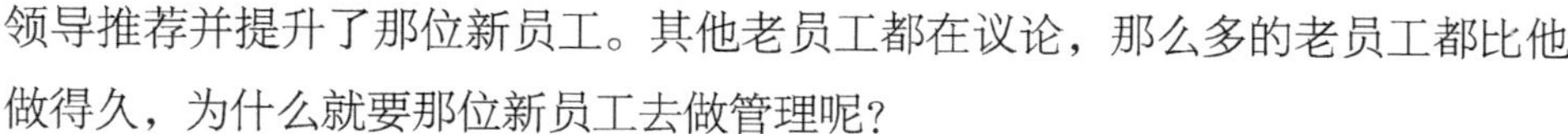

领导推荐并提升了那位新员工。其他老员工都在议论，那么多的老员工都比他做得久，为什么就要那位新员工去做管理呢？

主管给了他们答案：因为他对公司忠心，所以他乐于奉献，勇于担当，不怕吃亏，为公司做了很多事情。

最后老员工们没话可说了。

这个故事告诉我们，对企业忠心非常重要，只有这样，你才会承担责任，你才会乐于付出、奉献，不会斤斤计较。你做任何事情都去计较，你一辈子也只能是一个一般员工。

那么，很多人不禁会问，这个傻员工为什么这么忠于企业，这么乐于付出、奉献呢？而那些老员工干了多年了为什么还这么斤斤计较，自私自利呢？

这就要从根本上来看了。这个傻员工在家里就是一个很有孝心的儿子，说话做事非常体谅父母，会非常主动地“付出、奉献”，所以，他到了单位之后，会很自然地流露出这种孝心，也就是忠心，也就会很自然地流露出勇于担当、乐于付出、奉献的精神。

而那些老员工实际上在家里就没有尽好孝道，说话做事就不体谅父母，也不积极主动，对父母都是斤斤计较，自然到了单位以后也就会斤斤计较，不积极主动，不乐于付出、奉献。他们在单位的表现实际上就是在他的父母面前的表现，是自然的流露。

当然，还有一种人对父母就不孝或者很一般，但是对领导、对老板却表现得很好，这种人往往能欺骗到不少人，往往也能谋到一官半职。这种假的忠心，一般都是当面和背后都是两个样，在家和在单位也是两个样，这种人往往自己心里也很不平衡，他自己也容易感到压力，身体也容易因此出问题，也容易出重大问题，老板对这种人倒是要特别小心。

只有真正忠心企业的员工，才会把公司的利益放在首要位置，无论遇到什么困难，无论付出、奉献多少，都会最大限度地维护公司的利益。其实，也只有这样才会赢得老板的赏识，才能争取更多的晋升机会与更为广阔的发展空间。

维护公司利益包括的范围十分宽泛，比如顾全大局，坚决与破坏公司利益或公司形象的行为做斗争，正确处理个人与公司利益的关系，乐于付出、奉献，等等。一个忠心的员工不但是公司物质利益的维护者，而且应该是一个公司形象的宣传者与保护者。因此，那些泄露公司机密、吃回扣、损公肥私、索贿受贿等事情绝对不能干，而孝道有问题的人，或者孝道不好的人往往都容易干出这种事情来。所以，对于这种人，国家加强法制建设，企业加强管理特别重要。

因此，一个真正忠心于企业的人，一定遵守国家法律，遵守规章制度，恪守职业道德，还要时刻以公司利益为先，处处为公司节约成本，勇于担当，积极主动地完成本职工作，乐于奉献。

员工为何要忠于企业？

一是为了实现中华民族伟大复兴的需要。“天下兴亡，匹夫有责”，我们每位炎黄子孙都要为祖国贡献力量，奉献价值，必须通过合理有效的途径来实现满腔抱负。企业作为国家的经济细胞，是绝大部分人实现理想的首选渠道。有人说为经国纬邦，拯救世界于水火而奋斗，虽然陈义过高，却非遥不可及。其实在企业里，每个人只要敬业爱岗，努力工作，团结同事，使企业和谐，就是在为祖国建设添砖加瓦，贡献力量。

二是为了企业在激烈的市场竞争中不断发展壮大的迫切需要。企业要发展壮大，必须靠忠于企业的员工诚实的劳动。忠于企业才能全心为企，精心护企，尽心富企，竭尽所能地为企业谋划。诚实劳动才能脚踏实地、节俭高效、精益求精地完成工作任务。天地生人，有一人当有一人之业。人生在世，活一日当尽一日之勤。在企业里工作一天，得创造一天的价值。那些朝三暮四、眼高手低、这山望着那山高的人，不仅损害了企业利益，还耽误了自身的发展。

三是企业为我们提供了施展才华、追逐梦想、实现价值的舞台，我们作为回报，需要忠于企业。人才需要被发现，需要被尊重，还需要继续培养和爱护。没有企业这个舞台，人才往往没有用武之地。有人或许可以白手起家，自我创业，但既然有企业这个成熟的舞台，又何必浪费精力自己去搭建？再者，能够成功创业的人，毕竟还是少数。在当今竞争激烈、人才辈出的时代，有一个公平合理的舞台更显难得，甚至舞台决定着人才的前景和命运。“千里马常有，而伯乐不常有”。一旦选定了这个舞台，就努力成为主角吧。

四是企业为我们提供了安身立命、放心托付、成就一生的归宿，我们必须忠于这个宁静的港湾。在20世纪七八十年代，人们基本都是在一个企业干一辈子，大家往往都是对自己所在的企业很有感情。比较而言，当前人与企业的关

系比从前独立了许多，根源在于个人的选择面多元了，企业的吸引力弱化了，那种“公家人”不是那么吃香了，但个人与企业的关系依然密不可分。企业是我们的家园，为我们提供了一切生产、生活资料，使我们得以安居乐业，幸福生活。“以企业为家”并不是一句口号，而是切身感受。除了家之外，也只有企业最让人熟悉和亲切。

对企业有忠心的人，一定是有孝心的人。孝心有几分，忠心也就有几分。你不要指望有三分孝心的人，对你忠心八分、九分。有三分的孝心，你就让他承担三分的责任，如果你让他承担八分、九分的责任，势必会出问题，这不仅不能帮他，反而会害了他。

如果你忠于自己的企业，就一定要忠于自己的老板，就必须努力地工作，勇于担当，乐于奉献，和老板并肩作战，出谋划策，想办法完善他在管理上的漏洞。一旦公司出现困难，遇到挑战，更应该勇于担当，更应该付出奉献，更应该与老板同舟共济，共渡难关。

忠从难处见真忠。无论是在政府部门、军队和事业单位做事，还是在企业做事，忠心是要经得起考验的——只有经得起各种考验才能见到“真忠”。

我们在工作中会出现四种情况，第一种是企业遇到困难，或者是挑战更高目标；第二种是个人遇到困难，可能会出现不被信任的情况，可能会出现被冤枉的情况，可能会出现对自己的收入不满意的情况，可能会出现对晋升不满意的情况；第三种就是遇到各种诱惑，如别的企业给予更高的职位诱惑，别人给予金钱的诱惑等；第四种是企业和个人都遇到困难。面对这些情况，你是否能够经得起考验，是否能够继续尽忠，继续一如既往地做好本职工作？如果能，就说明你真正经得起考验，这才是“忠从难处见真忠”，这才是真正的忠心。

鲁定公问孔子：“君使臣，臣事君，如之何？”孔子回答说：“君使臣以礼，臣事君以忠。”只有国君对待自己的臣子以礼而行的时候，臣子才会真正地忠于自己的国君。

所以，这种礼敬之心是相互对应的。可是，现在有不少企业稍微遇到一点困难，或者员工稍微有点错，就随便辞退或者裁员，那么员工也很难对这样的企业效忠。

所以，作为企业，对企业的员工也要“忠”，尤其是对骨干也要“忠”。一个企业一定要对员工进行培训，提升员工的素质，为有志向的员工提供发展机会，当企业面临困难的时候，不能随便把企业的员工（尤其是骨干）裁员。忠都是相互的，这也就是为什么在五伦关系中有一条叫“君臣有义”。但是，这种“君臣有义”仍然是建立在100%忠于国家，建立在遵守国家的法律的基础上。这和不能尽愚孝、尽愚忠是一个道理。

（3）忠于自己的老板和上级

对国家尽忠，对企业尽忠，还会具体体现在对上级尽忠，对老板尽忠上。这都是我们必须面对的问题。怎么尽忠?

还是那句话，要在忠于国家、遵守国家的法律、忠于企业、遵守企业的规章制度的基础上，也就是在合法合道的基础上，去忠于自己的老板，忠于自己的上级，遵守职业道德，乐于为企业付出奉献，勇于担当，积极主动地完成本职工作。这就是为老板尽忠，为上级尽忠。

具体来说，就是要忠于企业，融入企业，和企业成为一个利益共同体，像老板一样为公司着想，把公司的事情看成自己的事情，勇于担当，乐于付出、奉献；学会换位思考，处处为老板着想，处理好与老板的关系，成为老板的得力助手。

在处理和老板的关系时，要注意学会服从，尊重老板，主动为老板排忧解难，认真倾听老板的讲话，了解老板，灵活干练，忠于职守，独立解决问题，勇于担当，出色地完成工作，与老板的关系疏密得当。

做老板的最忠实的得力助手，为老板排忧解难。即使出现分歧，也应该树立忠心的信念，求同存异，解决矛盾。如果有悲观失望的地方，那就应该为营造和谐融洽的环境而努力；如果同事有错误的地方，更应该坦诚相见，热心地帮助其改正。

忠于老板，就是想老板之所想，急老板之所急，与老板一起去打拼，一起去奋斗，真正成为老板的得力助手。

要想为老板排忧解难，首先，要多掌握好信息，以便为老板当好参谋；其次要正确认识自己的工作，很好地完成本职工作。在这个基础上，更好地开展自己的工作，围绕公司的相关问题，积极主动地为老板排忧解难。

在一个企业里，作为老板的得力助手或者企业骨干有相当一部分人都是你那个领域的专业能手或者高手，那么至少在这个专业领域为老板、为上级尽心尽力，为老板、为上级排忧解难，充分掌握这个领域的信息，为老板提出合理化的意见，解决问题。

同样，为老板尽忠，为上级尽忠，不能尽愚忠。尽愚忠，就是对国家不忠，对企业不忠，实际上也是对老板、对上级不忠，也是对自己不忠。

例如，老板犯了错误，做了错误的决策，身为员工，有职责提醒、告诉他。千万不要明明知道存在严重错误，还一味地遵照执行，最后造成严重后果。当老板本人在思想、情感或者是生活方面出现矛盾时，若能加以恰当的劝慰开导，减轻老板的负担，就可以让老板更好地工作，更好地决策，也会令其格外地感激。

所以，孔子说："故当不义，则子不可以不争于父；臣不可以不争于君；故当不义则争之。从父之令，又焉得为孝乎！"

这句话的意思就是说："如果出现了将父亲陷于不义的情况的话，做儿子的不能不劝谏自己的父亲；如果出现了将上级陷于不义的情况的话，做下级的不能不劝谏自己的上级。因此，遇到不义的情况，就必须劝谏，要谏诤。如果一味地顺从自己的父亲，那怎么能称得上孝敬父亲呢？一味地顺从上级，那怎么能称之为忠呢？这些都是不孝不忠。"

君子之事上也，进思尽忠，退思补过，将顺其美，匡救其恶。故上下能相亲也。

——*《孝经》*

这段话的意思是说："君子侍奉君王，在朝廷为官的时候，要竭尽忠心；退官居家的时候，还要尽力思索，以补救君王或个人的过失。对于君王的优点，要顺应发扬；对于君王的过失缺点，要匡正补救，这样，上上下下才能够相互亲近。"

对于一些非原则性的错误的事情，可大可小的事情，要好好沟通和劝告。我们对朋友相劝，往往不过三，但是对父母，对上级又不一样，要一次又一次地耐心相劝，这也是对国家、对单位、对上级尽忠。

对于一些原则性的事情，也即违法犯纪的事情，当然这要看彼此之间的关系到什么程度，以及劝告的风险的大小。如果你判断是初期，甚至还没有怎么实施，又不是什么严重的原则性事情，你发现了，还是提倡先劝谏为好，让他及时收手，想办法改正，及时补救。因为还有挽救的余地，这时还能把对方挽救过来，不至于酿成大错。无论是作为朋友还是作为下属，都已经做到仁至义尽。对于那些在火海边缘的人，不要去做有意陷害人的事情，也不要去做推人入火海的事情，因为有不少的人拉一把或几把就能离开火海。对于这些人，实在是劝谏不了了再去举报。这才是真正的忠心于国家，忠心于企业，忠心于你的老板，实际上对朋友、对同事也应该如此。当然，你去直接揭发举报从法律的角度也无可非议。

如果是严重的或已经很多次犯法，我们应该坚决揭发举报，这对你的安全有利，对国家、对单位也有利。这才是真正地对国家尽忠。当然如果你们是真正的生死兄弟，你也可以不顾危险劝谏，晓之以理，动之以情，不行再去举报。

总之，尽忠，一定要搞清楚对象，分清大小，分清主次。一定要清楚，首先是国家，其次是单位；首先是集体，其次是个人。当单位利益违背国家的法纪的时候，我们首先考虑的是国家；当个人利益违背集体制度，乃至国家法纪的时候，我们首先考虑的是国家和集体，这才是正确的对国家、集体和单位尽忠。如果这个时候，我们还盲目跟着犯错误，这就是愚忠，既对国家不利，也对上级不利，还对自己不利，这种愚忠绝对不可取。

孝顺子女，婚姻美满

孝道是一切道德的根本。当然，孝道也是夫妻道的根本。夫妻关系和谐、幸福，双方的孝道一定做得到位。

婚姻幸福必须具备一个最基本、最重要的要素——忠心。忠心是婚姻这座大厦的基石和顶梁柱。忠心度越高，婚姻幸福指数越高。

孝心即忠心，忠心即孝心，没有孝心，何来忠心。没有孝心，就没有忠心。孝心不好，忠心一定不好。因此，一个不孝的人，也不可能对另一半有真正的忠心。忠心度越高，婚姻幸福指数越高。因此，要想婚姻幸福，从孝道开始，从孝敬双方的父母开始。孝心一通，一切皆通；孝心不通，一切难通。因为人在孝敬父母的时候能养成为别人考虑的习惯，都会为对方着想，为父母着想，为子女着想，而不是仅仅为自己着想。而且对别人的好都会怀有感恩的心态，都会以行动报答别人。

（1）娶一个坏女人坏三代，娶一个好女人富三代

什么样的女人是好女人？一个比男人更懂得孝敬父母的女人就是好女人，她会助夫成德。

唐太宗大治天下，盛极一时，除了依靠他手下的一大批谋臣武将外，也与非常有孝道的长孙皇后的辅佐是分不开的。

长孙皇后相夫教子，恪守妇道，洁身自爱，极其孝敬双方父母，是一个非常称职的妻子，深得丈夫和公婆的欢心。

在李世民征战南北期间，长孙王妃紧紧追随着丈夫四处奔波，为他细心照料生活起居，使李世民在繁忙的战事之余能得到一种清泉般温柔的抚慰，从而使他精力充沛，在作战中更加精神抖擞，所向无敌。

长孙王妃成为皇后以后，仍然一如既往地孝敬年老赋闲的太上皇李渊，每日早晚必去请安，时时提醒太上皇身旁的宫女怎样细心调节他的生活起居。虽然长孙皇后生于显贵之家，但她却一直尊奉着节俭简朴的生活方式，因而也带动了后宫之中的朴实风尚，恰好为唐太宗励精图治的治国政策的施行做出了榜样。

唐太宗对她十分器重，常与她谈起军国大事及赏罚细节。长孙皇后虽然是一个非常有见地的女人，但她不愿以自己特殊的身份干预国家大事，而唐太宗却坚持要听她的看法，长孙皇后拗不过，就说出了自己的见解："居安思危，任贤纳谏。"她提出的是原则性建议，而不愿用细枝末节的建议来影响皇夫。

李世民牢牢地记住了"居安思危"与"任贤纳谏"这两句话。当时天下已基本太平，很多武将渐渐开始疏于练武，为了防范外敌，保持国家强盛，唐太宗居安思危，时常在公务之暇，督促武官勤练武艺，并以演习成绩作为他们升迁及奖赏的重要参考。由此属下人人自励，不敢疏怠，就是在太平安定的时期也不放松警惕，国家长期将强、兵精、马壮，丝毫不怕有外来的侵犯。

李承乾是李世民的长子，自幼便被立为太子，由他的乳母遂安夫人总管太子东宫的日常用度。当时宫中实行节俭开支的制度，太子宫中也不例外，费用也十分紧凑。遂安夫人时常在长孙皇后的面前要求增加费用，但长孙皇后并不因为是爱子就网开一面。她说："身为储君，来日方长，所患者德不立而名不扬，何患器物之短缺与用度之不足！"

不仅如此，长孙皇后还极力约束长孙家族人员，要他们遵守国家法度，不让家族成员在朝廷中无功受禄，不让家族成员在朝廷中做要职。如长孙皇后的哥哥长孙无忌，文武双全，早年即与李世民是至交，并辅佐李世民赢取天下，立下了赫赫功勋，完全有能力任宰相，但最后也只任府仪同三司，位置清高，而不掌管实际政事。可见，这兄妹两人都是那种清廉无私的高洁之人。

长乐公主是唐太宗与长孙皇后的亲生女儿，被视若掌上明珠，从小就养尊处优。出嫁时，她向父母撒娇提出所配嫁妆要比永嘉公主更好且要加倍。永嘉公主是唐太宗的亲姐姐，正逢唐初百业待兴之际出嫁，因而那时的嫁妆自然而然比较简朴，而长乐公主出嫁时已值贞观盛世，国力强盛，要求增添些嫁妆也是很自然的事情，也不算过分。但魏征听说了这件事情之后，上朝时就表示反对。长孙皇后对此十分重视。最后，在长孙皇后的操持下，长乐公主带着不甚丰厚的嫁妆出嫁了。

贞观八年（634），长孙皇后日益病重，身体越来越虚弱。太子承乾请求大赦囚徒并将他们送入道观来为母后祈福祛疾，群臣感念皇后盛德也都随声附和，就连耿直的魏征也没有提出任何异议。但长孙皇后却坚决反对。她深明大义，从来不为自己而影响国事，众人听了都非常感动，落下了眼泪。唐太宗也只好依照她的意思而就此作罢。长孙皇后两年后去世，弥留之际尚殷殷嘱咐唐太宗不要让外戚位居显要，并请求死后薄葬，一切从简。长孙皇后以她的贤淑的品性和无私的行为，不仅赢得了唐太宗及宫内外知情人士的敬仰，而且为后世树立了贤妻良后的典范。

长孙皇后是非常懂孝道的人，她洁身自爱，提醒丈夫，孝顺好公婆，乐于奉献，约束好家人。因此，他们夫妻关系不仅和谐，而且幸福。可以这么说，没有长孙皇后就没有贞观之治，也就没有唐朝盛世。

同样，每个衰败或亡国之君的后面往往也是有一个不贤良或不孝道、或不

懂教育的女人，如秦始皇嬴政背后的赵姬、隋炀帝背后的独孤皇后、崇祯帝后面的东李庄妃、宋徽宗背后的向太后等等。

什么样的女人是坏女人？一个不孝敬父母的女人就是坏女人。特别是在我们国家，往往很多女性和男方的父母关系不好，不孝敬男方的父母。不仅如此，她还要她的老公不孝敬父母，否则，她就大闹特闹，搞得家庭不得安宁。所以，这种人会严重影响老公的孝道，从而影响老公的发展。不孝的女人，也不懂得教育儿子，在儿子面前就会表现出不孝来。身教胜于言教，她不孝敬公婆的言行，也会严重影响子女的孝道，从而影响儿子的孝道，而儿子受影响也不孝，从而影响儿子的发展。这样的话，孙子也会受到影响，从而影响孙子的孝道，进而又影响孙子的发展。可见，一个坏女人，也就是一个不孝的女人，至少会影响三代的孝道，从而影响三代的发展。所以，这样的不孝女人、坏女人，会“损夫”、败家、损后代。这就是为什么说娶一个坏女人坏三代的原因。

母亲对小孩的影响是最大的。衡量一个女性是不是好母亲，不是看她是不是大学生，有没有学士学位、硕士学位、博士学位，可以非常肯定地说，就家庭教育来说，这是次要的，关键还是看孝道。因为你的学位说明的只是学历和专业，这几乎和孝道没有任何关系。

我相信有不少读者，尤其是女读者看到这里会有看法，有的人就说了，这是旧时代的思想，是封建社会的说法，这是大男子主义，都什么时代了，要学习西方的东西。如果我总用传统文化来解释，不用一点西方的东西，很多人还是不太相信。

我可以告诉你，不仅中国如此，世界也是如此。我们现在就来看看西方是怎么认为的。

英国伟大的道德学家塞缪尔·斯迈尔斯就特别重视女性在小孩的教育中的重要性，他在《品格的力量》中认为“一个好的母亲抵得上一百个学校的老师。在家庭中，她‘像磁石一样吸引着所有的心灵，像北极星一样是人人关注的对象’。孩子时时刻刻都在模仿自己的母亲，所以榜样的作用非常重要。然而，榜样远远不只是口头训导，它是行动的指南，它是无声的指令，一般的，以身作则远胜于口头训导。在极坏的榜样面前，最好的口头训导也无济于事。小孩会追随榜样，而不会听从训导。事实上，和自身行动不一致的口头训导不仅是无用的，而且它还教人以虚伪。

“因为是母亲而不是父亲影响了孩子的一举一动，所以，在家庭中，母亲的榜样作用是至关重要的。小孩在无意中观察和模仿母亲，母亲也就成了他们时时模仿的实例。所以，一个好的母亲抵得上一百个学校的老师。

“女人的影响在世界各地都是一样的。不管在哪个国家中，她们的状况都会影响这个民族的道德、行为方式和品格。哪里的女人品质恶劣，那个社会的品质也就恶劣。哪里的女人道德高尚、有教养，那个社会就会繁荣、进步。

“一个愚昧无知的母亲通过灌输一种不恰当的情感，也可以毁掉一个天资很高的孩子。”

由此，我们就应该明白我们中华民族的传统文化有多么优秀。我们的祖先在几千年以前就已经认识到了，不仅认识到了，而且更加深入，更加精准，而从品格到孝道，是更进一步的认识，是更精准的表达。

（2）现在为什么离婚率高

对于这个问题，大家都是各执一词，还是没有找到根本问题。那么，问题的根本是什么呢？

根本问题还是孝道问题。至少有一方，孝道层次低，甚至两方都低。因为孝心差，彼此之间忠心度就差，即使在一起也不会幸福。因为他们从小面对父母时就养成了这种自私、自利、自我的思维习惯，所以他们在面对另一半的时候，在面对社会时，也是只为自己考虑。凡事只为自己考虑的人，他们的婚姻又怎么可能幸福，又怎么可能和谐呢？

随着时间的推移，爱情的成分逐步减少，这个时候，孝道层次低的夫妻就开始出现问题了。

有一位女士，是黑龙江人，是做营销的，经常在外做市场。她的丈夫是广东人，开工厂的，在外应酬也比较多。他们之间有两个女孩，小的十七岁，大的十九岁。由于工作的原因，及他们的品行，他们之间就很少在一起，很难享受到一家人在一起的那种天伦之乐。时间久了，彼此之间就会有很多抱怨指责，开始还能彼此忍耐，但是时间一长，感情就出现了问题，结果婚姻就破裂了，最后只好离婚。

离婚时，因为两人的收入都不错，法院就判给他们一人一个小孩。

虽然他们各自的经济条件都不错，经济生活上不是问题，但是这下可让双方的母亲，尤其是女方的母亲操心坏了。以前，女方的母亲因为不适应广东的气候，不习惯广东的饮食，很少来广东这边和他们一起生活，但是他们离婚之后，女方的母亲就经常来了，虽然还是不习惯广东的生活，但她还是常来，这么远，一来就待一个月，回去后，还是放不下，过不了两个月又来了，非常操心女儿将来的日子。他们离婚后短短的时间里，做母亲的脸上的皱纹也多了，尤其是头发也白了许多，仿佛一下子就老了许多。实际上，女儿这么大了，也不用母亲操心了，但是做母亲的那种心情也只有那种有孝心的人才能理解。不孝的人，小孝的人，都很难理解母亲的心，也不会去体谅父母的心，因为他们只会想到自己。

所以，夫妻关系不和谐，夫妻之间经常抱怨指责，经常吵架打架，谁最操心？父母啊，父母最操心。你会让父母活得不好，你会让子女担惊受怕。

不孝的人才不管这些，他们离婚往往都是因为不能原谅许多小事情造成的。人无完人，哪家没有一本难念的经啊？所以，不幸福的夫妻们，要用心想想自己孝顺父母到底到了什么程度。

千万不要以为孝敬父母和夫妻关系、家庭幸福没有什么关系。

因为在长期的孝顺父母的过程中，会决定你为人处世的方式。夫妻关系和谐、家庭幸福、子女健康成长都是孝敬父母的果实。上游污染了，下游必被污染；源头污染了，整条河必被污染。孝道有如一条河的源头，孝道被污染，其他的道必被污染，夫妻道一定被污染。孝为本，本立而道生。你的孝道立得好，你的各种道才可能好；你的孝道立得不好，你的各种道就不好。

因此说，做子女的质量决定夫妻婚姻的质量，从而决定家庭的质量，最终决定后代的质量。随着年龄的增长，一个人在家庭中的角色就会由单一角色变成多重角色。年纪小的时候，单一的角色就是子女，以后年纪大了就变成多重角色。从小懂得孝敬父母的男人，长大后才懂得做好丈夫，然后才懂得做好父亲，才能教育好子女。从小懂得孝敬父母的女人，长大后才懂得做好妻子，然后才懂得做好母亲，才能教育好子女。

所以，孩子不听话，孩子不孝顺，不要怨孩子。这是有原因的，是我们自己没有做好。父母是孩子的一面镜子，父母心存什么念，儿女就能反映出来。

所以不要怨别人，要善于发现自己的问题，就什么都明白了。正人先正己，用行动去影响别人，尽好孝道，时时刻刻检点自己的德行，看看哪方面有让祖宗、让父母丢人的地方。

看看那些倒下的贪官的后代，没有几个是良家子弟，几乎都养成了奢侈淫乱的作风。这些贪官污吏肯定不会教这些孩子去贪、去过腐化的生活，甚至不会让孩子知道他在贪。但是，只要这些贪官心中存有这些不好的念头，第一个受影响的就是他的后代。这就是："人在做天在看，举头三尺有神明。"不要以为自己没有教小孩贪腐，没有让小孩知道自己贪腐，小孩就没有受到影响。

夫妻之间吵架、打架、离婚都属于不孝的行为。出现这三者的任何一种情况，你就是让父母天天吃上山珍海味，父母也不会高兴，而且还是很操心。

都说古代是封建社会，婚姻都是父母包办的，哪有什么自由恋爱，自由婚姻，很多夫妻在结婚前都没有见过面，更不用说什么感情和爱情了，一般都是结婚那天才见面，结婚后再培养爱情。不管满不满意，几乎都没有离婚的，那时离婚是很丢人的事情。尽管如此，那时的家庭也很稳定。现在呢，恋爱自由，婚姻自由，甚至还有先试婚再结婚的。也没有看到这些人家庭很稳定幸福，反而离婚率非常高。

有的人可能会说，离婚率高很正常，西方社会就是如此。

那是因为西方社会不重视孝道导致的。西方人在年轻的时候缴纳的保险费高，老了、退休了就免费进养老院，子女无须承担孝养父母的费用和义务。不重视孝道，这种结果就很容易导致人们孝道层次降低，自然很容易导致离婚率升高，老人的幸福感也会降低。

我们现在再来看看孔子的话："事亲者，居上不骄，为下不乱，在丑不争。"

能够用心去奉养父母的人，他一定会在这几方面做得很好：在上位的时候戒骄戒躁，谦恭有礼；在下位的时候能够依礼而行，不犯上作乱；在低位卑贱的时候，在与人交往的时候，以谦让之心行事，不去和别人争夺，不去指责，不去埋怨。

通过这句话，我们就明白，如果一个人从小就懂得用心好好孝敬父母，懂得谦让，不指责，不抱怨，不争吵，谦恭有礼，那么这个人和另一半就会相处得很好。这样的夫妻怎么可能不幸福呢？离婚率又怎么会高呢？

（3）爱情可以让你甜蜜一时，孝心才能让你幸福一生

全世界，不知有多少少男少女为了爱情，不顾一切，以为获得了爱情就获得了幸福。但是，当他们真正获得的时候，才发现爱情给不了自己真正想要的幸福。因此，全世界所有婚姻不如意的人几乎都发出感叹，婚姻是爱情的坟墓。

他们不明白为什么会这样，也没有人给出真正的、正确的、根本的答案。

我要告诉大家，只有爱情的婚姻一定不会幸福（如果说有幸福的话，也是暂时的，一时的），爱情只能让你一时甜蜜，爱情不能让你一生幸福。

你会说，他结婚前，对我特别好。其中的好有一部分是假的，因为对方是有目的的，一旦目的达到，他就会原形毕露。但其中的女子也有一部分是来自真爱，刚开始时，因为爱情浓烈，双方都没有注意对方的缺点，即使发现也不太在意，而等到爱情的浓度逐渐降低的时候，主要靠亲情来生活的时候，就不一样了。你要明白，随着时间的推移，这种真爱的浓度会逐渐降低，以后的日子主要靠亲情来过，这时有孝心的人，才能让你幸福一生。

因此，你获得爱情时，千万要考察对方的孝心。只有对方真爱你，同时孝心又很好，你就不仅能过得甜蜜，而且能幸福一生。但是，你在要求对方的孝心的时候，你得先看看自己是否有孝心。你的孝心有几分，你的幸福就有几分。

古人说“自古忠臣必出自孝子之门”。我告诉你一个秘诀，实际上“好老公也是出自孝子之门”、“好老婆也是出自孝女之门”。因为有孝心的人，就有忠心，而幸福的婚姻必须具备一个最基本、最重要的要素——忠心。忠心是婚姻这座大厦的基石和顶梁柱。

孝心即忠心，忠心即孝心，只是面对的对象不同，叫法不同、表现形式不同而已。实际上是同一个心。面对父母、长辈叫孝心，面对国家、企业、上级、另一半叫忠心。没有孝心，何来忠心，孝心不好，忠心一定不好。

因此，一个不孝的人，也不可能对另一半有真正的忠心。孝心越好，忠心度也就越高，婚姻幸福指数才越高。孝心好，亲情也好，因为孝敬父母本身就是一种亲情，懂得孝敬父母的人也会善待他人。人生的所有角色都是子女演变而来的，孝心好的人才能做好子女，才能做好其他角色，妻子、丈夫、父亲、母亲等都是由子女演变而来的。

爱情可以让你甜蜜，孝心才能让你幸福一生。因此，在寻找另一半的时候，找到爱你的人固然重要，但是找到真正有孝心的人才更重要。

（4）各相责天翻地覆，各自责天清地宁

家庭遇到问题，夫妻之间千万不要互相指责，要各自找自己的问题。否则的话，家庭不得安宁，互相埋怨，最后导致夫妻之间难以继续生活下去。我碰到过很多这样的夫妻，最后有很多都离婚了。即使不离婚，过得也不幸福。有的女的甚至说想自杀，有的男的就不想回家。所以，夫妻间不要互相指责，互相抱怨。夫妻自己有问题，不和谐，先从自己身上找原因，通过改变自己来感化对方。如此，夫妻关系必然会向和谐的方向发展。这就是“各相责天翻地覆，各自责天清地宁”。“各相责”属于“争”，就是不孝的行为；“各自责”属于“不争”，就是孝的行为。

另外，就是彼此找对方的好处，承认自己的不是。这样往往能化解自己心中的怨气，也能化解对方的怨气，甚至能使自己产生敬爱之心，这样彼此的关系就能和解了。

婚姻是爱情的结果，有爱才会有婚姻，有包容与付出才会有幸福，有感恩幸福才会更长久。夫妻之间要互信互勉，互谅互慰，互相理解，互敬互爱；要学会感恩，彼此珍惜，舍得付出；要安守本位，各行其道，家庭有序。最重要的就是彼此之间要有忠心，这样家庭才能幸福，家道才能兴旺。

具体来说，婚姻要幸福，最重要的是夫妻之间要相互知恩、感恩、报恩，相互之间要有忠心。要做到这一点，首先要做到孝敬父母，对父母要知恩、感恩、报恩。如果对父母都不知恩、感恩、报恩的话，怎么可能对另一半知恩、感恩、报恩。所以，婚姻幸福的根源是孝。婚姻中的双方孝道层次越高，忠心度也就越高，幸福指数也就越高。

夫妻之间如何知恩、感恩、报恩呢?

知恩——就是要知道缘分，最重要的是互相尊重，要安命。

感恩——就是要互相看对方的好处，不要看对方地过，要相互赞叹对方。

报恩——有人会认为，买一些吃的、穿的就是报恩，其实真正的报恩是用心、出色地做好本分，不看对方地过，不麻烦对方。

知恩就能断烦恼，感恩就能得到快乐，报恩就能共同离苦得乐。感恩是我们每个人的生命之光。人生好像是演戏一样，这一幕过去了，那一幕又过来了，

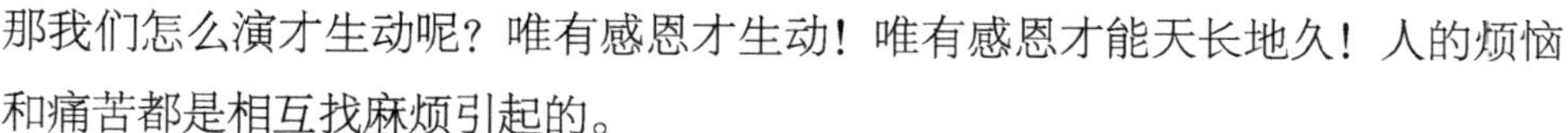

那我们怎么演才生动呢？唯有感恩才生动！唯有感恩才能天长地久！人的烦恼和痛苦都是相互找麻烦引起的。

这就好像篮球队一样，一个好的篮球队，不仅球员的水平要高，还要各行各的道，还要互相配合，互相合作，互相补漏。如果只是队员水平高，却不相互配合，不相互补漏，那么这个球队的水平肯定难以充分发挥，球队肯定不和谐。

要知道，每个人都可能有心情不好的时候，每个人都有很忙的时候，这个时候可能就会出现漏洞，发现了漏洞就要及时补漏。但是，那些孝道做得不到位的夫妻，就会觉得对方做得好是应该的，而对方没有做好的时候，他（她）不是去配合、去补漏，而是首先指责、抱怨，以点概面，否定一切。

这是怎么造成的呢？根源还是没有做好子女，没有尽好孝道。他（她）在做子女的时候，就是这样对待父母的。所以，婚后他（她）会用这种习惯继续对待另一半。

力行孝道方能旺家旺后代

要想做好孩子的教育，还是得以孝传家，注重孝道。一个家庭有良好的家风、家规、家道，方能旺家旺后代。

我们的父母、公公婆婆、岳父岳母、长辈祖宗都是我们的根，孩子则是果。我们希望果好，就要尽自然之道——孝道，用爱孩子的心，去爱我们的父母，爱我们的公公婆婆、爱我们的岳父岳母。我们家族的大树的根，吸收着爱的滋养，通过孝道，把滋养传递给我们的孩子，传递给我们的财富，传递给我们的健康，也就是传递给我们家族大树的枝叶花果。

谚云“三岁看大，七岁看老”是有一定科学道理的。幼儿时期是身心发展的重要时期，孩子的个性虽属雏形，但它对孩子以后的心理发展却具有深远的影响。虽在以后成长的过程中有一些改变，但这种变化似乎不太明显。如果父母在早期没有意识到的话，就很危险。就是说一个人在幼小成长发育阶段形成的个性，会影响到他未来的学习、事业、婚姻、家庭和社会等方方面面的领域。因此，在幼儿园和小学时期要特别重视教育，而其间父母要做好榜样。否则，小孩不但不能成才，甚至还会危害社会。

最易影响孩子的一是父母，二是老师，三是朋友。“近墨者黑，近朱者赤。”现在很多父母没有做好榜样，学校又不重视传道，也不知道传什么道，因为大家都不知道孝道这么重要，甚至还盲目崇拜西方。这样麻烦就来了。

我们已经清楚了孝道的重要性，所以，我们想让我们的孩子有成，想让我们的家庭兴旺繁荣，就首先要尽心竭力地孝顺我们的父母、公公婆婆、岳父岳母，以及其他长辈。我们爱后人，爱我们的孩子，我们就要先孝顺我们的父母、长辈。什么树结什么果，孝顺的父母，生养的孩子肯定也是孝子。如果孩子不孝顺，谁应该首先为此反省？我们做父母的首先要反省！

大家知道，我们的父母还有父母，我们的公婆还有公婆，我们的岳父母还有岳父母，你就会发现我们的祖先这个大家族就是一个“百家姓”，就是一个“千家姓”，就是我们中华民族的“天下”。这孝顺的果实，就是通过这个孝道和我们无尽的祖先通了，就是通过这个孝道和我们整个中华民族通了。当我们的孩子孝顺的时候，他是极其智慧的，学什么东西都很好，做什么事情都很出色，都很容易取得成功。这就是孔子所说的“孝悌之至，通于神明，光于四海，无所不通”。

长辈无德，后代不兴

因为家庭成员在家庭来讲是骨肉相连的，老年人是生命的树根，中年人是生命的树干，后代是生命的树果。如果单方面要求孩子孝顺，这个道理似乎讲不通。因为老人有德，后代就孝顺；老人无德，后代就不伦不类；老人有德，后代就一代超一代；老人无德，后代就一代不如一代。

家庭有问题，老人首先要想想自己是否有德，以及自己的教育方法是否对路。古人有一句话：“龙生龙，凤生凤，老鼠的儿子会打洞。”后代不孝敬父母，

完全和父母不孝敬祖辈，缺少道德有关。如果老人没有道德，小孩怎么懂得道德呢？老人没有孝道，小孩怎么会有孝道呢？尤其是在今天的社会更是如此。

孔子说：“弃老而取幼，家之不祥。”这就是说，只爱护关照小晚辈的子女，却不爱护孝敬父母长辈，这是家庭不祥的先兆。

在生活中，有太多这种情况，只知道爱护子女，对父母不仅不孝敬，甚至还要啃老。不孝敬父母，还要榨取父母的心血的子女就是严重的不孝，其家庭一定非常不幸福，他们的子女也一定是逆子，而且他们的子女也一定不会孝敬他们，甚至这种人很容易走上犯罪的道路。

有一个 13 岁的小男孩，没大没小，跟爸爸妈妈都成朋友了，平等了。这是西方价值观，讲平等嘛。这孩子要去网吧玩，于是向妈妈要钱。妈妈说网吧污染太重了，不能去。这孩子说，一定要给他。这妈妈不给，这个男孩就给了母亲三个耳光。我想大家以前见过粗暴的父母给小孩三个耳光的，但没有见过小孩给妈妈三个耳光的吧？ 13 岁的男孩，今天能给他妈妈三个耳光，请问，10 年之后，他捅他妈妈三刀你会觉得意外吗？不会觉得意外吧？畜生是教出来的，好人也是教出来的。当然，小孩如此，一定和父母自身的道德密切相关。

家庭一定要特别重视孝道，建立以孝道为核心、以道德为根本的家风，如此家庭才会兴旺发达。现在有很多家庭都在依赖学校教育和社会教育，却没想到家庭教育才是根。其实家庭教育远比社会教育更重要，因为家庭是人最根本的成长环境。一些家庭，由于父母、老人缺少教育，没有重视孝道、力行孝道，所以对后代教育不当，通常采取粗暴的管教方式，而自己却在很多方面做得都不到位。如果自己对长辈尽好了孝道，立身端正，那么孩子自然而然就和顺了。“小孩不用管，全凭德行感”就是这个意思。

在重视德行、践行孝道的基础上，长辈还要学会讲道德语言、爱心语言和感恩语言，这也是很重要的。教育方法不对路，后代就不容易接受，越教育后代就越往外跑。所以，当我们教育不好后代时，就要反省自己是否无德无能。无德就是没有尽孝道，没有修养，无能就是教育方法不对。

家庭出了问题，首先要想到是不是孝道出了问题。夫妻关系不和谐，子女教育不好，根本原因也还是因为他们当初没有做好子女，没有尽好孝道导致的。

老年人已经不是社会的中流砥柱，绝大多数已经不思进取了，不愿意学习，不愿意改变了。就是愿意学习、愿意改变，也比年轻人学得更慢，更难改变。因此，从年轻人开始践行孝道效果会来得更快。这样既可以影响他们的孩子日后的成长，同时也可以起到感化影响老年人的作用。

第三章

悟道篇：领悟大道才懂把握命运

《道德经》与《孝经》的关系

（1）领悟大道

第二章讲的是忠道篇，其中讲到西点军校的案例，西点军校不仅是“将军的摇篮”，而且是“领导人才的基地，商业精英的摇篮”。关于西点军校这个案例，有人肯定会问，为什么极有忠心的人就很容易成功呢?

我们中华民族优秀的传统文化在两千五百多年前就已经告诉我们答案了。儒家、佛家、道家都将这个问题说明白了。

> 道心一通，一切皆通；道心不通，一切难通。
>
> ——达摩

要把这句话彻底搞明白，就必须搞明白道心、一通、心通、事通等。

1）道心

道心、忠心、孝心、佛心、菩提心，实际上就是一个心。只是因为面对的对象不同叫法不同、表现形式不同而已。面对父母叫孝心，面对国家、企业、上级叫忠心，面对道家叫道心，面对佛家叫佛心。

2）一通

这里的一通，是指彻底通了、全通了，是指十分孝，也就是至孝的意思。人达到这一步，就可以达到彻底的无私无我的境界。达到这种境界的人在儒家道家叫圣人，在佛家叫佛。

3）心通

道心一通，也就是达到十分孝的时候，就一切皆通。孝心是第一心，是所有的心的司令。当一个人十分孝的时候，各种心都会很好，如责任心、服从心、积极心、包容心、学习心、敬业心、恒心、虚心、信心、专心、细心、爱心、决心、耐心等都会很通，都会很好。

道心通了，所有的心都通了。道心越通畅，心态也通畅得越多，各种心态通畅的程度也越高。

很多人很希望他的下属、部门心态很好，费尽心机培养，就是培养不好。这是怎么回事呢？

实际上，就是这个人没有孝心，也即没有忠心，或者孝心不好。对于这些人，首先培养起孝心是关键，提升孝心是关键。当孝心有了，孝心高了，其他心也就很容易有了。

4）事通

道心一通，一切皆通。首先是心通，其次是事通。意思就是当我们十分孝的时候，也就是至孝的时候，我们不仅各种心都通，都很好，而且他们做什么事都很顺利、很成功，都可以做到顶级。我们做商人就可以做到顶级的商人，我们进入道家就可以做到顶级道士，我们进入佛门就可以成为顶级高僧，我们进入科技界就可以成为科技泰斗，等等。

因此说，孝心是一个人成功的关键所在。这也是为什么西点军校成功率高的关键所在。

孝悌之至，通于神明，光于四海，无所不通。

——《孝经》

这句话的意思就是：对于父母兄长孝敬顺从达到了极致，就可以通达于神明，光照于天下，任何地方都可以感应相通，做任何事情都能成。

这里说的就是至孝。你从政就可以得天下，就可以做总统，开创太平盛世；不从政从商，你就富可敌国，成为首富。总之，你做任何事情都能做到顶级。

执大象，天下往。侯王若守之，万物将自化。

——老子《道德经》

如果我们把上面这句话彻底搞明白了，那么我们就不难彻底明白老子的这句话了："执大象，天下往""侯王若守之，万物将自化"等等。

实际上，不管是孔子的这些话，还是老子的这些话，还是达摩的这些话，他们的意思本质上是一样的，只是表达有所不同而已。

我们看看古代几位开创盛世的皇帝就知道了，汉文帝刘恒、唐太宗李世民、康熙帝玄烨都是特别有孝心的，道心一通，一切皆通，做什么都很顺畅，因此，他们都开创了那个时代的太平盛世。

而那些没有孝心的，即使他们继承了非常好的资产，拥有非常好的资源，他们不仅开创不出太平盛世，甚至还会使朝代灭亡、衰败，如秦始皇嬴政、隋炀帝杨广、宋徽宗赵佶、宋高宗赵构、崇祯帝朱由检等。这真是道心不通，一切难通，做什么都不顺畅。

因此，孝心是一个人成功的关键所在。这也是为什么西点军校的毕业生比其他大学的毕业生能培养出更多的领导人才的关键所在。

我们把这句话搞明白了，我们就不难明白下面的例子。我们在生活中是不是有太多这种情况了。

有的人读书不多，也读得不怎么样，但是生意却做得很好、很大；有的人读书读得很多，也读得很好，读了硕士甚至读了博士，但是做生意赚不到钱不说，做别的也一事无成，有的甚至还犯罪，就算是暂时取得了成就，最后也要摔下来，而且摔得很惨。这是什么原因导致的呢？

这其中的原因肯定很多，但是最重要、最根本的原因就是孝道。

第一种人，也就是那种读书不多、读书不怎么样，但是生意却做得很好很大的人。这种人非常懂得孝敬好父母，因此他们待人就很好，为人处世就很好，与人打交道就让人很舒服，就很有福报，人们就愿意帮衬他们，支持他们，关照他们，与他们合作，成为他们的顾客，使他们很容易团结一帮人把事情做大做好。总之，孝道越好的人，做生意就做得越大越好。

第二种人，也就是那种读书多、读书好的人，其中就有这么一些人不懂得孝敬好父母，这种人待人就不好，为人处世就不好，与人打交道就让人很不舒服，就没有福报，人们就不愿意关照他们，不愿意支持他们，不愿意帮衬他们，不愿意与他们合作，因此，他们就很难团结一帮人把事情做大做好，有的甚至会走上犯罪的道路，即使这种人短期内取得一定的成就，最终也会垮台，而且往往摔得很惨。

当然，孝道又好，读书又多又好的，那是如虎添翼。当然，如果孝道不怎么样，读书又不怎么样，那就真的没什么出息了。

（2）大道至简

这句话以前是这么翻译的：大道从最简单处入手。从简单处入手，并不是说大道本身是简单的。大道是复杂和烦琐的，但是人们可以找到简单的入口进入大道。道的复杂性，正是需要文本的复杂才能表达的。

不要把道本身看成简单的，如果道本身是简单的，那么世界也是简单的，那么世界上就没有困难和艰险了。客观世界存在困难和艰险，正是道的复杂性造成的。道的复杂性也是客观存在的。

只有明白什么是大道，才能知道如何入手。很多人都不明白什么是大道，什么是天下第一大道，何谈明白？何谈入手？何谈传道？

大道为什么搞得复杂了？第一，我们自己就不明白什么是大道；第二，被我们搞复杂了；第三，没有按照大道的规矩行事。说到底，是我们对传统文化没有真正认识透，没有深刻认识“道”，没有深刻认识“人道”。两千多年了，我们都不知道什么是真正的大道，什么是第一大道。我们又怎么可能懂得传道？

何为大道？上顺国法，为全社会和谐，为世界和平，是为大道。

孝道就是大道，而且是第一大道。遵循孝道，尽心竭力地孝敬父母，移孝作忠，忠心国家，这就是完整的孝道，是上顺国法，能促进世界和谐，促进社会和谐，促进家庭和谐。

只有把什么是第一大道搞清楚了，我们才知道从哪里入手，去提升自己的道，才知道怎么去传道。入手是简单还是复杂，这是下一步的问题。先把关键问题搞清楚。

实际上，儒释道都是把孝道摆在第一的位置。《道德经》这本书主要就是谈道论道的，就是论帝王之道的。但是，两千多年来，几乎没有人真正明白《道德经》中的“道”是怎么回事。老子谈道论道，实际上讲的内容很多就是孝道的内容，主要是论第一大道，只是他没有取名叫孝道而已（后面再解释）。如果是谈中道、小道，那就失去了《道德经》的意义了，《道德经》就没有价值了。

老子去秦国，经过函谷关的时候在朋友尹关主的一而再、再而三的反复邀请下，临时写下《道德经》，并留下了《道德经》给尹关主，就匆匆忙忙去秦国了。尹关主也没有足够的时间来深入研究《道德经》，因此，他无法提出很多具体的问题向老子请教。尹关主的职位就相当于现在的一个县长，学问也不够高，孝道层次也只是小孝。就算他深入研究《道德经》，一时也很难提出具体问题向老子请教，因此，尹关主当时是无法彻底把《道德经》搞明白的。因为《道德经》实际上是给天子写的，是谈论帝王之道的。而老子入秦以后，没有时间也没有机会为天子全面深入讲解《道德经》。不久之后，老子就离开人世了。

当时的各诸侯国的君主，他们的孝道层次最多也就是大孝，有的孝道层次甚至更低。既然是大孝或者更低的孝道，他们当时的治国策略自然和《道德经》中的治国观点是有不小差别的，甚至是有很大差别的。因此，如果各诸侯国的君主不敞开心扉去深入研究《道德经》，他们是理解不了、接受不了老子的观点的。

这也不奇怪，在当时的那个时代，就是所有的诸侯国的国君一起算，在五十年的时间内甚至更长的时间内未必能出现一个至孝的人。在中国古代的历史上，包括勉强至孝的帝王一起在内也才几个，如舜王、汉文帝刘恒，唐太宗李世民、康熙帝玄烨等，而其他的皇帝几乎都不是至孝。

我们把《道德经》《孝经》和本书的皇帝案例结合起来看，你会对《道德经》有更深的认识，有更新的认识，你就不会停留在字面上去理解《道德经》，你就会认识到《道德经》中的很多“道”就是孝道，就是至孝之道，就会认识到孝道是天下第一大道，孝道决定人生。

孔子和老子几乎是同一个时代的人，孔子活到 73 岁，老子活到将近 100 岁。老子早孔子 20 多年出生，他们离开人世也就相差几年。他们的《道德经》和《孝经》都是在各自的晚年成书，之后，彼此也没有见过面，也没有见过彼此的书。但《道德经》和《孝经》没有本质区别，都是论帝王之道的，都是论孝道的。

那它们的区别在哪里呢？

可以这么说，《道德经》主要是论广义的孝道的，你把《道德经》搞透彻了，你就可以给他取个副标题《孝道》。而《孝经》主要是论狭义孝道的。

那么，有人可能会问，那个时候老子为什么不叫“孝道”而叫“道”呢？因为那个时候的“孝”和今天的“孝”的意思不一样（包括《论语》里的“孝”和《孝经》中的“孝”还有些不一样）。

早期的“孝”是祭祀的意思，没有今天的“孝”的意思，也没有一个字能像今天的“孝”一样能表达出对父母的“孝”。到《孝经》成书时，孔子才把

“爱”“敬”“孝的等级”等相关意思系统加进“孝”里，才有了今天的完整的“孝道”的意思。可以说，到孔子晚年的时候才有了今天的“孝”的意思。这也是孔子伟大的地方，把别人无法用语言表述的道，他用具体的字和语言系统性地、创造性地表述了“孝”的新含义。

大道非常简单。比如从广州到北京，或者从广州到桂林，你开车走高速公路这条大道的话，就非常简单，你就是从来没有走过，没有导航，也能开到，因为你只要看路标就行了。大道就是这样，就像高速公路一样，非常简单。但是，如果是走小路的话，你就是走过，你也未必能顺利到达，你就是有导航，你也未必能顺利到达，因为小路的路况非常复杂。

既然孝道是天下第一大道，那就非常简单。不要把它想得那么复杂，那么高深。之所以我们过去一直没有悟到，就是因为我们一不清楚老子的道是什么道；二是我们把道看得太复杂，太深奥，太神秘了。

因此，很多人的很多问题，包括国家的问题，用孝道去分析，就非常简单且准确。

（3）以道御术

过去很多人这样翻译这句话：以道义去承载方法、技术。

这句话虽是这么翻译的，但是它的核心仍然是孝道。

因此，说直接一点，说根本一点，就可以这么理解，我们在生活中、工作中，就是在遵循孝道的基础上，灵活运用聪明才智、方法、技术等，去处理问题，面对问题。这就是“以道御术”。

老子所说的道，它的核心就是孝道，它是宇宙的本原和普遍规律，是自然存在和发展的规律，是事物的发展规律，是客观存在的，左右着社会和人类的发展，顺应它去发展，社会才能健康和谐，人们才会健康幸福，自然界才会长足存在。事物要是没有这个道，天下就会大乱。要是遵循这个道，天下不但能长久地发展而且还会不断地成长壮大，天下就会长治久安，就会有太平盛世出现。孝道是产生一切形式的根本，也是主宰一切形式的根本，人们只有去除一切的形式，才能够见根本的道。

因此，孝道有问题，道义就会出现问题。你是三分孝道，你最多就有三分道义，不可能跑出个十分道义来。比如，有人爱父母三分，爱别人七分，就是不道义了。

术是规律指导下的方法，“道”和“术”是相辅相成的，“道”是根本，是主干，“术”是方法。

道术结合，相得益彰；道术相离，各见其害；轻道重术，则智术滥用，手段极尽，故生酷吏于小人。

有道无术，术尚可求也；有术无道，止于术。大凡天下学问，万事成败，皆不出道与术两大范畴。道是河，术是梁；道是舵，术是桨，无河无以载舟，无舟难以渡河，无舵则无方向，无桨则无动力。所以，道是方向，术是方法，道是法则，术是谋略。

简而言之，“道”是基本原理，“术”是操作方法。

中国传统文化的特点就是重视道，西方文化的特点就是重视术，所以，以道御术就是基本原理和具体操作的统一，不变的规律和万变的应用的统一，内在和外在的统一，根干和枝叶的统一。

至孝者得天下

“道生一，一生二，二生三，三生万物。”

道产生原初混沌的元气，这元气生出天和地，天地生出阳气、阴气、和气，和气又生出千差万别的物质。

这里的道就是指至孝之道。那么，这句话就可以这样翻译：当你拥有了至孝之道以后，你经过打拼磨炼后就可以在相应的组织中，或者建立一个相应的组织，确立你的核心领导地位。当你拥有了核心的领导地位后就能吸引拥有相应能力的人才，并不断发展，从而吸引并拥有更多的人才和人力等资源，建立政权，从而生产创造出你需要的各种物品。这个就是拥有至孝之道产生万物的过程。

比如唐太宗李世民，拥有至孝之道，就能够在相应的组织中产生和确立他的领导地位，这个产生过程就是从李世民举兵起义到做秦王之间的整个经历，这就是“道生一”的过程，然后通过李世民吸引团结拥有相应的人才（如长孙

无忌、房玄龄、杜如晦、秦琼、尉迟敬德、程咬金等）和队伍，这就是“一生二”的过程。然后再进一步发展壮大，通过这些人才及队伍吸引团结拥有更多的人才，拥有更大的队伍。接下来就是“二生三”的过程，这个过程就是玄武门事变的过程。最后是李渊禅位，李世民做皇帝，这就是“三生万物”的过程。

另外，也不是就一定要“三生万物”，“四生万物”“五生万物”也可以。这只是说一个过程而已。

“生”很关键。老子为什么不用“变”，或者其他字，而用“生”呢？要深刻理解。如果说花生的生，生产的生，生活的生，你可能没有感觉，如果说用生小孩的“生”，很多人就有感觉。也就是说这个过程需要经历：

第一，需要经过长期的煎熬的，可以说这个过程是痛苦的，艰难的，有风险，有危机，也是快乐的。这和怀小孩、生小孩是一个道理。

第二，需要经历一个漫长的过程。生小孩需要怀胎 10 个月。而生李世民从举兵起义到继承皇位，约用了 12 年的时间。

第三，要到“生”的时候往往是最痛苦、艰难危险的阶段。生小孩是高兴的事情，但是生的时候却是一个孕妇最痛苦、艰难危险的时候。“生”李世民的前期也是如此，“道生一”的那一刻的前期往往都是要经历最痛苦、最艰难、最危险的阶段，甚至有生命危险。

要注意的是，有相应的“孝道”，才能生相应的“一”，才能生相应的“二”，才能生相应的“三”，才能生相应的“万物”。否则的话，就会出现灾难。这就是为什么我们说：“孝不配位，必有灾殃。”

“昔之得一者，天得一以清；地得一以宁；神得一以灵；谷得一以盈；万物得一以生；侯王得一而以为天下正。”

两千年来针对这段话的翻译基本是这样：自古以来获得道的，苍天获得道因而就清明，大地获得道因而就宁静，神仙获得道因而就灵验，谷获得道因而就盈满，万物获得道因而就生长，侯王获得道因而就做天下的准绳。

侯王获得的是什么道呢？这里的一就是道，就是至孝之道。“侯王得一而以为天下正”这句话比较精确的翻译应该是：总统或者国王获得至孝之道，就可以使国家走上正确的、安定的、稳健的发展道路。

比如汉文帝刘恒、唐太宗李世民、康熙帝玄烨，他们就是至孝，他们拥有至孝之道，就可以使国家走上正确的、安定的、稳健的健康的发展道路，从而开创太平盛世。

“道常无为而无不为，侯王若能守之，万物将自化。”

道看起来好像永远都无所作为，但是天下没有一件事不是它所作为的。侯王如果能遵守道的准则，万物将自动地归顺。

这个时候的道不是无名的了，而是有名的孝道了。

孝道看起来好像永远都无所作为，但是天下没有一件事不是它所作为的。侯王如果拥有至孝之道，能遵守至孝之道的准则，百姓将自动地归顺，万物将自动地归顺。

“道恒无名。朴虽小，而天下弗敢臣。侯王若能守之，万物将自宾。”

两千多年来，在几乎所有的书中基本上是这样翻译这段话：

道是永恒的，没有名字可称。它的本性淳朴自然，虽然幽深微小，可是天下谁也不敢支配它。侯王如果能守住它，万物将自动地归顺。

今天这个时候的道不是无名的了，我已经非常明确它的名字——孝道。

孝道是永恒的。它的本性淳朴自然，虽然幽深微小，可是天下谁也不敢支配它、违背它。总统国王如果能拥有并遵循至孝之道，那么，天下百姓将自动地归顺。

在我们的现实生活中，确实有人因为不知道孝道的厉害而敢违背它，但是没有一个不遭到它的惩罚。秦朝秦始皇嬴政、隋朝隋炀帝杨广等就遭到了应有的处罚，生活中那些不知姓名的人遭到处罚的就更多了。遵守它，为它奉献并做出巨大的牺牲的人，就可得到巨大的奖励，天下百姓就会自动地归顺他、赞成他。如汉文帝刘恒、唐太宗李世民、康熙帝玄烨等就得到了相应的奖励，就创造出了盛世。

“天下莫柔弱于水，而攻坚强者莫之能胜也，以其无以易之也。弱之胜强也，柔之胜刚也，天下莫不知，莫能行。”

这段话的意思就是：普天之下没有哪一种东西比水更柔弱的了，但是攻破坚强的东西中没有什么能胜过水的，水的攻坚的地位是没有任何东西可以替代得了的。

老子知道水有非常强大的力量，他认为没有哪个能照此实行。

在中华民族几千年的历史上，能够照此实行的没有多少人，一个朝代最多就这么一两个。春秋时期的虞舜、汉朝的汉文帝刘恒、唐朝的唐太宗李世民、清朝的康熙帝玄烨等算是至孝，也就是说要出现一个至孝的人物真的不容易。

其他国家也是一样，就拿美国来说，200 多年的历史，这么多位总统，能称得上至孝的人，也没有多少个，华盛顿算是一个。

因此，老子所说的这种具有强大力量的人，几乎没有人做到，只有具备水的特点的人才能做到，也就是只有至孝的人才具备这种力量。老子表面上是讲水，其实是讲道行。

具有水的性格特点的人，不是一般人想有就能有的道行。而是要修孝道，当你具备至孝之道的时候，你就自然具备了水的道行和能量，你就不仅可以刚柔相济，而且具备至柔至刚的水的特点。

“天道无亲，常与善人”，即是说，对待人是没有亲疏之分的，永远是帮助善人的。

实际上，这里的“天道”仍然是指孝道。这句话应该这样翻译：

孝道是没有亲疏之分的，它赏罚分明，公正、公平、公开，永远都是奖励帮助善人（惩罚恶人）。

这句话是什么意思呢？

你尽孝就奖励你，不尽孝就惩罚你；你越尽孝就奖得越多，你越不尽孝，就越受惩罚。这就是孝道决定人生。不管你多么有才华，不管你占有多少资源，不管你取得多大的成就，也不管你取得多少成就，都是如此。比如秦始皇嬴政、隋炀帝杨广，他们占有的资源够多了，才华也够高了，取得的成就够大够多了，最后的结局却都是很悲惨的，尤其是隋炀帝。

“先王有至德要道，以顺天下，民用和睦，上下无怨。”

古代帝王有至高无上的品德，他们有和谐世界的法宝，用它来使天下人心归顺，人民和睦相处。上上下下都没有互相埋怨、不满。这里的“至德要道”就是“至孝之道”。真正完全具备“至孝之道”的人就是具备至高无上的品行和最重要的道德。和谐社会的法宝就是孝道。

这就是现在国家倡导的构建和谐社会，共建和谐世界。

我们看看古代的历史，很多帝王都非常重视《孝经》，古代历朝历代约有

20 位皇帝专门花时间研究《孝经》，他们对《孝经》都有很深刻的认识。这些皇帝所处的时代，基本上都是他们那个朝代的鼎盛时期。

由此可见，孝道非常重要。因此，我们一定要行孝道，以孝治身，以孝治家。

孔子曰："其为人也孝悌，而好犯上者，鲜矣；不好犯上，而好作乱者，未之有也。君子务本，本立而道生。孝悌也者，其为仁之本与！"

这段话意为某个人，在家里孝顺父母，敬爱兄长，但在社会上却喜欢冒犯尊长，这种人是很少的。不喜欢冒犯尊长，却喜欢制造叛乱，这种人从来没有过。因此君子总是努力培植自己的根本。根本牢固树立了，为人处世的基本原则就会产生出来。孝顺父母，敬爱兄长，这就是仁德的根本吧！

何为人之根本？这是首要问题。孔子的这番话，重点告诉人们"孝悌之道"的为人之本。

知其根本，则可推其根末。若缺失"孝悌"，亡其根源，手足相悖，则会犯上作乱。本立而道生，本废而乱生，亦是必然。也可推知，会做人者会教人，会教人者能识人。

那这句话到底是什么意思呢？孝悌之道是根本，一旦确立了，其他的道也就自然而然确立了。也就是通过一个人的孝悌之道，可以看出这个人其他道德修养做得怎么样。

怎么做人？怎么教人？怎么识人？皆应不离其根本。不知根本，忽视根本，抑或把握不住根本，都必然会做错人，教错人，看错人，必然会悔恨、惋惜。

钱财有特定的进出规律

君子爱财，取之有道。

——《增广贤文》

自然界中的万事万物都有它特定的规律。钱财也一样，也有特定的规律。你要想获得钱财，就必须按照这个规律去获得。否则的话，你就可能钱财亏空，灾祸连连。

但是，这个“道”，一般都是像上述一样解释成为客观规律。但是这个规律是什么规律，这个“道”是什么道呢？

几千年来，没有人去给过让人很满意的答案。很多中国人都知道这句话，我很早以前也知道这句话，但是我们一直也不明白具体是指什么道。这主要是受老子的《道德经》等的影响所致，因为老子也只是说了“道”，是什么名字也没有说，因此，留下一个千年谜题。

其实，这个答案就是“孝道”。可能有的人会一下难以明白，没有关系，当你对孝道有深刻的认识以后，你就会明白这个答案是唯一明确的正确的答案。这个是合法、合理、合情的钱财和官位。

因此，这句话实际上应该这样说：君子爱财，取之用孝。为什么这么说？

从政的，小孝做小官，中孝做中官，大孝做大官，至孝做首脑。

从商的，小孝赚小财，中孝赚中财，大孝赚大财，至孝做首富。

我们经常可以看见一种干部，在做到某一个位置之前，是一个非常出色的干部，一点问题都没有，不贪钱，不好色，不争权，不夺利，不受贿，不索贿，不行贿，但是，做到某一位置之后就大量出问题，这就是我们通常所说的“德不配位，必有灾殃”。从根本上来说，就是“孝不配位，必有灾殃”。因为孝道是一切道德的根本。

钱财分为两种：一种是吉财，另一种是凶财。

吉财，就是通过合情、合理、合法的努力获得的钱财。

凶财，就是通过不合情、不合理、不合法的途径获得的钱财。

我们现在来看看凶财有什么规律。

凶财的规律就是凶入凶出。

什么是凶入？

凶入就是钱财进来的时候，是凶险的进入的，也就是通过不合情、不合理、不合法的途径获得的钱财，这就是凶入。这个钱财虽然进来了，但它不是你的，只是暂时归你保管而已，你拿不住，它会走的，它会出去的。

什么是凶出？

凶出就是钱财出去的时候，就不仅仅是钱财出去那么简单了，钱财不仅要出去，而且还要附带着凶灾。这就是凶出。

钱财凶入凶出就是钱财凶险地进入，凶险地失去。

拿着凶财，看起来很富有，很有钱，那是假繁荣，假富有。很快就会有灾祸临到他及家人的头上。不信就看那些贪官污吏就知道了，没有一个后代是有出息的。

躲过警察，难逃天网，机关算尽，人财两空。

腾讯新闻 2014 年 9 月 1 日报道，从 1992 年至 2014 年的 22 年间，媒体公开报道的外逃人员，共有 51 位。其中，21 人为政府部门各级官员，占总人数的约一半。还有 19 人为国企负责人，11 人曾在银行等金融机构任职，其余多为企业负责人。

公开报道显示，部分外逃人员的跑路生涯并不好过。

浙江省建设厅原副厅长杨某某出逃时，准备投靠一个自己对他有恩的人，但这个人在把杨一行安排在新加坡之后，开始要钱，并威胁杨某某如果不给钱就去举报她。杨某某于是带着一家四口，在远房亲戚的帮助下逃到美国，却又遭遇了一场官司。万般无奈之下，杨某某潜逃到荷兰，生活在一间发霉、滴水的地下室，绝望透顶。2005 年，她在地下室被荷兰警察逮捕后，反而觉得平静，一身轻松。

福建省福州市公安局原副局长王某某，逃往美国后与情妇郝某某花了一百多万美元在美国加州买了一栋别墅，开着一辆别克跑车，就在王某某想在美国过有钱人的生活时，以前在福州被他敲诈过的黑道人物，纷纷委托在美国的福清帮黑道向他追讨被敲诈的钱。遭敲诈后的王某某为保护情妇独自生活，出门都要躲警察。连遇到昔日同在美国的老朋友，他都低头假装没看见。2005 年下半年，闷闷不乐的王某某被检查出肝癌。这期间，他的情妇没来看望过他。2007 年 6 月，在绝望中挣扎的王某某临终前留下一句话："一切都是报应。"

他以为逃过警察，逃到国外就没事了。那是因为他不懂中国传统经典文化。你非法获取的钱财，归五家共有，暂时归你保管而已。换句话说，你非法获取的钱财将有五种灾殃。

第一，财归政府。

胡作非为，贪污受贿，偷税漏税，偷水偷电等，虽然暂时可以赚到一笔钱，

但那只是暂时归你保管而已，那是假富有，你总有一天会被抓。一旦你被抓，钱财全部被政府没收，你还要坐牢，甚至被枪毙。

第二，财归逆子。

看看那些贪官，看看那些赚取非法所得的老板，有的人确实暂时逃过了法律的制裁，甚至带着钱财跑到国外去了，但看看他的子女没有一个像样的。胡作非为，就肯定不懂教育，就会有逆子出来帮你消耗，其结果不仅钱财被挥霍掉，还祸害了子女。

第三，财归医院。

胡作非为，贪污受贿，人就肯定担惊受怕，这样压力就大，就很容易得肝病肝癌之类的病，比如前面讲的那个王某某。还有就是心脏病，警车一响，人就担心是不是来抓自己的，提心吊胆的，长期这样，心脏能好吗？还有就是吃吃喝喝，很容易导致三高——血脂高、血糖高、血压高等。

第四，财归盗贼。

钱来得容易，也容易招致盗贼，因为偷了你的，你都不敢报警。小偷不偷你的偷谁的。还有就是情妇骗你的钱。情妇知道你的钱来得容易，来得不地道，所以用色骗你的钱。骗了，你也不敢报警。

第五，财归灾祸。

你非法赚取钱财，你能够躲过警察，躲不过灾祸，肯定难免有意外的灾祸，比如被车碰啊，因为走路总担心啊，走路都担心，走路都在想这个事，就很不安全，就很容易被碰。还有家人很可能有意外灾祸，比如被敲诈，开飞车出意外等。就是在家里，你都可能不小心摔跤跌倒，造成骨折。

因此，我们在生活中，一定不要去作恶事，要做善事，多做善事，成为一个有德之人，一个有大德之人。

“故大德，必得其位，必得其禄，必得其名，必得其寿。”

这句话出自子思所作的《中庸》，最早由孔子提出。

福分为哪几类？

福分为世间福和出世间福，即“洪福”和“道福”。

“洪福”即在吃、穿、用、住、行等方面享用的福报，大体上分为五类，称为“五福”，即：

第一，长寿——不遭夭折，得享天年；

第二，富贵——财物丰足，受人尊重；

第三，康宁——身体健康，心地安宁；

第四，好德——有良好的品德，这也是世界卫生组织定义的健康标准之一；

第五，善终——临命终时无有痛苦、恐惧和担忧，事业有合适的人继承，安详离世。

“道福”即在追求天地至理的过程的种种内在与外在的顺利条件。不管“洪福”还是“道福”，我们统统将人对其拥有的大小称为“福分”。实际上，这些都和善事的大小和多少密切相关。

（1）什么是德

“德”的本意为顺应自然、社会和人类客观需要去做事，不违背自然的发展规律，去发展自然，发展社会，发展自己的事业。这也就是我们通常所说的善事。

德的分类非常多。例如：它可分为“阴德”和“阳德”两种。阴德即看不见的德，指没有被人发现、了解的积德行为，也就是悄悄做善事。对于这样的行为，我们常常有个更加通俗的说法，即“默默奉献”。而“阳德”自然是指被人发现、了解的积德行为。阴德的力量比阳德大得多。“阴德”一般是后人受益，“阳德”一般是自己受用。但是，如果“阳德”做多了，自己没有享受到或是享受完，比如早早就去世了，后人仍然可以受益。

（2）德与福是密不可分的

德为里，为因，即各种利益别人的心理活动和行为；福为表，为果，即各种身心、环境外在受用的显现。同时，“好德”本身又作为福的一个表现，与“长寿、富贵、康宁、善终”并列，合称“五福”。

许多求福之人往往对“富贵”情有独钟，对“长寿”“康宁”也容易接受，而对于“善终”却觉得过于遥远，以致兴趣乏乏，至于“好德”则更感到虚无缥缈，无处下手，甚至不明白“好德”为何会被列为“五福”之一。

事实上，“好德”不但是五福之一，而且还是最重要的一福。一个人有了宅心仁厚、乐善好施的德，就会乐于去做善事，大量去做善事，也就有了人生中受用不尽的幸福源泉。因为“好德”即“仁”之来源，也就是善报的来源，就能赢来长寿、富贵、康宁和善终，还能够赢来良好的人际关系，即我们通常说

的人脉。因此，我们可以说，“好德”是一切快乐和幸福的源泉，“好德”是一切好运和福气的根本。

断恶修善才能灵验

善不积不足以成名，恶不积不足以灭身。

——《周易》

这句话的意思就是：人的善行如果不积累，就不能成就一生的名声；人的恶行如果不积累，就不会遭到杀身之祸。换句话说，从商的不去不断地积累自己的善行就不能发家致富，从政的不去不断地积累自己的善行就不能升官。而这种善行要在心诚无私的情况下去做，才特别有效果。其中最重要、最大的善就是孝敬父母，这就是“百善孝为先，万善孝为宗”。如果人不孝父母，你在外面做得再好，取得像模像样的成就，最终也是要倒下的。这就像一棵非常高大的树，如果没有牢固的根，那么大风一来，就要倒下。人也是一样，取得再高的成就，如果不孝敬父母的话，大风大浪一来，就会有大麻烦的事情。

积善之家必有余庆，积不善之家必有余殃。

——《周易》

积累善行的家庭，善行一定会多到自己享用不完，还能留给后代享用。同样，做了很多不善事情的家庭，则会有多到自己遭受不完的罪，还会留给后代遭受。

所以，不论是做善事还是做恶事，影响的不仅是自己，还会影响家人和影响后代。

最大的善就是尽好孝道，最大的恶就是不孝。最好、最重要的道德修养就是孝敬好父母。从小养成懂得知恩、感恩、报恩的习惯，长大了一定会很有成就。

在现实生活中，我们可以看到，有些人既没从善，也没从恶，却莫名其妙地有福报，而有些人则莫名其妙地有恶报，这些往往与前人有关。

在现实生活中，有不少的人不明理，看到别人行善，听说有好处，他也行善，也去捐款助人。但是，这样做下来，总觉得没有什么用处。这种人往往是在行善的同时，还要沿袭以前的坏毛病。

未论行善，先须改过。

——《了凡四训》

《了凡四训》中有一句话说得好："未论行善，先须改过。"用一句更加容易明白的话来说就是，在你往杯子里加水之前，先把杯子的漏洞给堵掉、给修复。

违背法律，违背天理，违背人道的事情，就是恶，恶的事情，就不要去做。符合法律，符合天理，符合人道的事情，就是善，善的事情就要去力行。一句话，合法合道的事情，就去做；不合法不合道的事情，就不要去做。

有的人，学习不够，阅历不深，不能明辨是非，不能判断事情的善恶，不能判断所做的事情是否合法合道，那么就要多学习一些相关的法律知识，学习《弟子规》《太上感应篇》，学习了解相关行业的职业规定等。

总之，多学习，多思考，多观察，多力行，多总结。这样积累一段时间后，才能逐渐地明道、信道、行道。

人生行善不能等，因为要完成一件好事，需要许多因缘汇聚，最重要的是能否把握时间、机会，及时去做，不一定有钱才能做，只要有心愿意付出关怀、肯去投入，都是一股力量。人人若能同心协力，尽心尽力地去做，就是安定社会的一股大力量。人常说："施比受更快乐，所以，有机会助人，就是很有福的人。"

如何行善?

百善孝为先。首先要用至诚之心去孝敬父母，其次将孝敬父母之心奉献出来，如果人人都能奉献出来，众志成城，聚沙成塔，滴水成河，粒米成箩，一点一滴集中起来，就会变成很大的力量，还怕什么事情做不到呢?

我们要把握当下，及时付出，好好珍惜人生和时间。若能如此，便能拥有

一个踏实、自在、成功、幸福的好人生！

勿以善小而不为，勿以恶小而为之。

——刘备

有很多罪犯，开始也不敢做大恶事，也不敢犯罪，都是从小的恶事开始的，比如从小小的不孝开始。有些人开始做小恶事的时候，心里还不断“战斗”，但是，一旦做了，小恶积累，就会越陷越深，最后，这种人就做大恶了，小恶甚至还不愿干呢。

做大善事的人，也是从做小善事开始的，越做越多，慢慢累积，善事越做越大。

有一部分腐败分子，开始的时候并不是什么都敢干，都敢腐，开始只是做了一件而已，后面不想干，但是被别有用心的人抓住不放没办法摆脱，最后越陷越深。

忏悔就是阳光，我们所造的恶业就是冰山。

当我们忏悔了，就像是太阳照住冰山，那么冰山就都融化了，所以忏悔的功德是无量的。

佛教讲的“忏悔”，“忏”是认错，“悔”是改过。我们很多人也知道认错，但是没有改过，恶业又重新做，这样没有用！真正的忏悔应该是改过为主。如果不改过，一次一次的错，那不是等于一座座冰山一样？

能认错以后，就改变了内心的状态，那么疾病就没法进一步发展了，但是在恢复健康这方面来讲作用就比较慢。如果进一步转变成感恩，感恩一切有缘，对自己好的不好的都感恩，那么康复就快了。

我们来到世间，都有两位老师：一位老师是好人，另一位老师是恶人。我们为什么要感恩这两位老师呢？因为好人是正面教育我们，让我们知道做好人是能得到好处的；恶人是用反面来教育我们，让我们明白做坏事对自己有什么不好，提醒我们不要像他那样。

因此，我们一定要用心忏悔。忏悔是甘露，忏悔是一个清洗过去心灵的污秽，以获得净化和再生的过程。一个不忏悔的人，是无法在心灵上有所进展和进化的。因为，不忏悔意味心灵的停滞和继续污染，继续执着妄心；不忏悔意味着以前的错误认识和过错没有消除，而新的过错和错误认识，将源源不断地产生。

当我们不再犯二过，我们就已经完全忏悔去除了前过。所以，我们不只要为我们所知的过错忏悔，更要为我们所不知的过错忏悔，而且念念忏悔，时时忏悔。古德说："罪从心起将心忏，心若亡时罪也无。心亡罪灭两俱空，是则名为真忏悔。"

在生活中，还有一种人他似乎明白了积德行善的好处，他也会去行善，甚至经常行善，而且心地非常诚心。但是，也还是觉得没有用，没有什么帮助啊？

是不是有很多人会提出这样的问题？那你就要检讨一下自己，是不是自己过去做了很多恶事，如果没有，那就要看是不是祖上做了很多恶事，因为积不善之家，必有余殃。你现在做了很多善事，没有帮助，是因为在化解以前的恶事、以前的余殃，余殃完了之后，一定会有好事来的。

这就是为什么说"为善必昌，若为善不昌，其自身或祖上必有余殃，殃尽乃昌"的原因。

孝道的层次，是你自私的程度和感恩报恩的程度，这两个加起来，就是一个杯子的量。至孝的人，整个杯子装的都是感恩孝敬，没有自私；完全不孝的人，整个杯子装的都是自私。

福报就是杯子里面积累的水。

当一个人做恶的时候，做一次恶开一次孔，慢慢地杯子下面的孔就非常多，当杯子里面的水漏完了，也就是福报没有了。这个时候，他干啥赔啥，赚钱非常难。如果是打工的，走到哪里，哪里都不欢迎他。一个人穷就穷在这里。所以在生活中，你看到有些人钱很多，吃喝嫖赌，净干坏事，乱花钱，就是这样。

当一个人的福报，超过了感恩线，也就是孝道层次，那么这个人做官一定是贪官，从商一定是奸商，两者都一定犯法。

德为因，就是行善积德为因；福为果，也就是福报、职位、待遇等是果。有这种因就有这种果。种什么样的因得什么样的果。

天行健，君子自强不息；地势坤，君子以厚德载物。

——《易经》

厚德载物，厚，深厚的意思；德，就是指八德，即孝、悌、忠、信、礼、义、廉、耻，是指为人处世要按照八德，按照自然规律去工作，去生活，去做人做事；载就是承载承担，物（金钱、权力、名望、待遇）就是我们说的福报。

在我们的广泛的社会关系中，也即五种伦常关系中，不论大事小事，必须严格修炼自己，遵守八德，不断行善，日积月累，你的德就会厚起来，这就叫厚德，有了厚德，你才能承载相应的福报。

《武媚娘传奇》中被废太子李承乾说："这世道就是好人受苦，恶人受罚的世道。"千真万确。可惜太子没有完全明白这句话，否则，他的心态就不是这样了，皇帝就是他的了。他没有通过这一系列事件获得智慧。

越是大好人，越是受大苦。这是老天在磨砺我们。只有我们经受得起磨炼，才能获得大智慧，我们才能得到真正的提升，我们才能获得大成就。我们承受的磨炼越大，我们的成就越大。只有经受住了相应的苦，才能获得相应的智慧，才能享受到相应的福报。

实际上，每个苦里面都包裹智慧的种子。等到你经历了一系列的苦，得到一系列的智慧之后，你的好运就来了。因为，以后这些类似的问题再来的时候，就不是问题了，你甚至可以举一反三地解决更多的问题。

所以，当我们面对一系列的磨炼的时候，我们要调整好心态，我们就不会觉得受苦，我们反而会觉得是一种特殊的快乐。

很遗憾，很多人不明白这一点。李承乾也不明白这一点，在太子位上经不起各种诱惑和磨炼，不能正确面对，最后只好与皇位擦肩而过。

那些坏人，实际上也一样有机会经历磨炼，但他们不愿意受这种苦，却想享受。因此，他们做事情不择手段，违法犯纪，通过这种方法得到享受。但纸是包不住火的，恶不积不足以灭身，多行不义必自毙，恶积累到一定程度，最后东窗一定事发，只好接受法律的制裁。越是大坏人，越是受大罚。

所以，好人受苦，坏人受罚。

各位想成就一番事业的朋友，一定要有这种思想准备，一定要经得起各种考验、诱惑和磨炼。好与苦是对应的。小好受小苦，中好受中苦，大好受大苦；小恶受小罚，中恶受中罚，大恶受大罚。这叫天道无亲。一定要明白这个道理。

有大德的人，一定能够获得相应的尊贵的地位和职位，一定能够获得相应的俸禄（也就是收入），一定能够获得相应的美好的名誉，一定能够获得相应的长的寿命。

这里的德实际上就是孝德，大德也就是大孝的意思。这就是孔子所说的孝是一切道德的根本。这里有大德的人是指舜帝，是一个至孝的人，是一个大仁大德的人。在中国古代历史上，还有汉朝汉文帝刘恒、唐朝的唐太宗李世民、清朝的康熙帝玄烨都属于至孝。

这实际上就是指至孝的人可以得天下，能够得到至高无上的地位、职位、俸禄、名誉、长寿等。在今天，一个至孝的人，也可以不从政而从商，那么就富可敌国。

如果我们的孝道的层次配不上我们的福报（比如官位、财富等），就一定会有灾殃发生。打个比方，我们能承载起 50 公斤的重量，并在一个小时之内走完 4 公里安全到达目的地。可是你看到一堆黄金，有 30 公斤的，有 40 公斤的，有 50 公斤的，有 55 公斤的，有 60 公斤的，有 80 公斤的，可以随意选择，只要在指定时间内走完 4 公里，它就归你了。这时贪图的欲望就来了，我没有这个能力，我非要 80 公斤的，结果怎么样？你没有这个能力，一是你在指定的时间内，你走不完 4 公里；二是你没有能力保护 80 公斤，会吸引更多更厉害的小偷，结果就出现灾难了，在路上就被抢了，甚至连命都丢了。

现实工作中，如果你只具备科长的德行，你做科长没事，因为你能抵挡做科长的诱惑就行了。做科长也有诱惑，比如小色、小贿赂。可是你觉得厅长更好，你非要做不可，你又没有做厅长这种孝行德行，怎么办？想方设法，千方百计，不择手段，靠钱、靠关系，去争、去抢、去走关系。结果你做厅长了，面对更大的诱惑，更美的色，更大的贿赂，这下你抵不住诱惑了，因为你只有做科长的孝道，只能抵挡小色、小贿赂等小的诱惑的德行。当大贿赂、大诱惑来的时候，你终于抵挡不住，终于中枪倒下。这就是德不配位，必有灾殃。更准确地说就是，孝不配位，必有灾殃。因为孝道是一切道德的根本。孝道层次决定一个人道德的层次。

我们在生活中经常见到，一个人在某个职位以前，一直将工作做得很出色，没有贪污，没有行贿受贿，老百姓对他的评价也非常高，也确确实实、真真正正是一个好人，是一个好领导，但是超过某一个职位之后，也就是超过了他的孝道层次以后，比如他只是一个中孝，现在已经坐到大孝的位置了，就不行了，他就经不起诱惑了，就开始贪了，就开始索贿受贿了，就开始好色了。这就是“德不配位，必有灾殃”。

第四章

行道篇：力行孝道，缔造幸福

勤俭以养父母之身

用天之道，分地之利，谨身节用，以养父母。

——《孝经》

这句话的意思就是：利用大自然的规律，根据土壤的肥沃情况，按时播种、施肥、浇灌、收获，行为谨慎，节省俭约，以此来赡养父母。

家族兴旺靠勤俭。常言道："创业容易守业难。"一个家族的兴旺，靠钱财无法持续，只有靠道才能守住或兴旺。因此，朱子以"一粥一饭当思来之不易，半丝半缕恒念物力维艰"作为家训；"乔家大院"把"慎俭德"三字挂在老宅门上作为家规。

时下，社会上存在一种怪现象，不少国人以奢侈品为时尚，"炫富""摆阔"更是成风。其根源，是人们的勤俭节约、艰苦奋斗的意识淡化了。当下，人们都忙着以勤致富，给子孙们留下殷实的物质财富，而疏于在思想品德上的教导，这是家庭教育的缺失，导致了如今社会的奢靡成风。所以，子孙勤俭的养成离不开良好的家庭教育。

勤劳是我们中华民族的美德，也是我们每个人生存和发家致富必须具备的最起码且最重要的一条。因此，不论我们文化高低，也不论我们身份高低，也不论我们是否富有，都必须具备勤劳这个美德。这样我们就可以解决我们的生存问题，解决父母的衣食住行的问题。

勤对于个人、家庭都意义重大。别人每天工作 8 小时，你工作 10 个小时，就相当于每四天比他人多活一天，每四个月你就比别人多活一个月，你怎么可能贫穷，你怎么可能生存不下来，你怎么可能孝养不了父母之身。

随着我们的年龄一年一年增长，我们每个人都要离开家庭走向社会，出去谋生，或者工作，或者做生意。孔子说："三十而立，四十而不惑，五十而知天

命。”这句话就是说，每个人到了30岁，就应该要经济上独立。在现今的社会，从我们走入社会的那一天起，我们就要开始尽可能地在经济上独立。根据我们国家目前的情况，除了住房，其他所有的都要自己搞定，这样才算自立了。

仲由，字子路、季路，春秋时期鲁国人，孔子的得意弟子，性格直率勇敢，勤奋努力，十分孝顺。小时候家里非常贫穷，没有钱，父母亲身体又很不好。子路于是从很小的时候就扛起了家庭的生活重担，一心要孝顺好父母。子路非常勤劳，自己经常上山采野菜，摘野果，然后到百里以外的集市去卖，再买米并背回家侍奉父母。

由于父母身体都不好，所以相继较早的因病离开了人世。子路后来做了大官，奉命到楚国去，随从的车马有百乘之众，所积的粮食有万钟之多。坐在垒叠的锦褥上，吃着非常丰盛的筵席，他仍常常怀念双亲，感叹说：“即使我想吃野菜，为父母亲去背米，哪里能够再有机会呢？”

尽孝需要用金钱和物质来尽孝，却不是用金钱和物质来衡量的，而是要看你对父母是不是发自内心的诚敬。孝无贵贱之分，上自皇帝下至百姓，只要有孝心，在任何情况下，不计千辛万苦，你都能曲承亲意，都可以尽力、尽心、尽情地去做到。

我们能孝敬父母的时间日日递减，不能及时行孝就会留下终生遗憾。

在孔子的学生当中，所有后来做了大官的，都是当初非常孝顺的，而且教育学生孝顺也是孔子教育非常重要的一个内容。可是，我们现在的教育，早就不重视孝道教育了。这是严重的错误，必须纠正过来。我相信今后也一定会纠正过来。

（1）父母命，应勿缓；父母命，行勿懒

这句话的意思是说，父母呼唤时，要一听到就立刻回答，不要慢慢吞吞地答应。父母有事要我们去做，要赶快去做，一定要勤快地去做，不要拖延或推辞偷懒。

可是，我们现在有多少人能迅速答应父母的呼唤，迅速去行动呢？有不少人甚至是颠倒过来了。儿子叫父母去做，父母再叫他们的老父母去做，那简直是在榨取父母的血汗。

当我们对父母没有一点感恩之心，没有一点孝敬之心的时候，就算你再有学问，再有才能，也会走到哪都不受欢迎，这就是为什么这个世界上到处都有聪明但贫困之人的原因。当我们心怀感恩之心，心怀孝敬之心的时候，我们的德行和福报就都会跟随而来。

《中华传世家训》言：“夫圣世之君，存乎节俭。富贵广大，守之以约。睿智聪明，守之以愚。”

俭，就是节俭、俭省的意思。这也是我们中华民族的非常重要的一个美德。

这句话的意思是：身处太平时代的明君，应保持节俭的美德。古代圣君富贵长远，以节俭来守护。睿智聪明，以愚拙来守护。

正因为如此，在古时选举官员就是举孝廉，其中廉字，就是廉洁的意思，这里就包含了节俭的意思。一个不节俭的人，你不要指望他会廉洁奉公。试想想，一个挥霍的人，他怎么可能做到廉洁呢?

所以，我们在生活当中，一定要注意节俭，节俭也是孝。我们在孝敬父母的时候就会发现，孝敬父母，给父母买衣服、买吃的、买用的，不是越贵越好，花钱越多越好，而是我们花钱要让父母觉得非常值得，尤其是那些年龄大的父母，他们当初都经过 50 年代至 70 年代，那时的生活都很单一，大家都很俭朴。如果不是很注意孝敬父母的话，你是不知道他们能接受什么样的心理价位的，这样你买的东西花钱太多了的话，他们很可能会把你买的东西，珍藏起来，舍不得穿，舍不得用，舍不得吃，因为他们觉得太贵了。

曾国藩是清朝不多的一位汉族高官。他的持家之道很值得我们学习，他的勤俭持家有十六字箴言：“家俭则兴，人勤则健，能勤能俭，永不贫贱。”

曾国藩对自己的长子曾纪泽有这样的要求：每天早晨天未明就要起床，起床之后的第一件事情是去洒扫庭院，然后坐下来练字一千，而第一个字一定要写“俭”。这是提醒自己的孩子千万不要沾染官场之气。

现在只要家庭富裕了，人的生活就开始变得奢侈了。这对孩子影响非常大，很容易养成孩子奢侈攀比的习惯：比穿，比吃，比用，比谁家有钱。

总之，就是通过这些攀比来显示面子。这是在挥霍，对于一些青少年，尤其是一些官二代、富二代，他们已经没有了中华民族的美德。他们不比品德，不比才艺，却去比这方面的东西，这是个人灾难的开始，是家庭灾难的开始，也是社会灾难的开始。

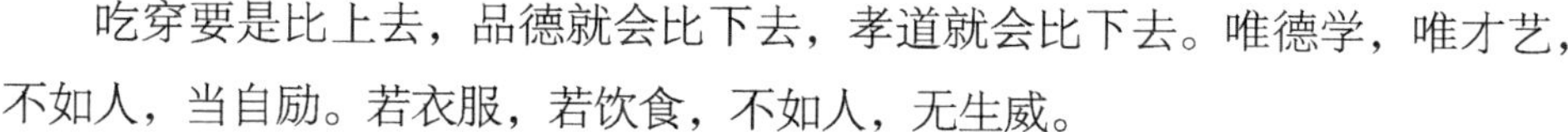

吃穿要是比上去，品德就会比下去，孝道就会比下去。唯德学，唯才艺，不如人，当自励。若衣服，若饮食，不如人，无生威。

我们要重视对自己的品德、学问和才能技艺的培养，如果有不如人的地方，就应该自我督促，奋发图强，努力赶上；如果自己穿的衣服和吃的食物等不如他人时，不要忧伤、郁闷，更不要生气。

（2）善养父母之病

廖承志是中国杰出的社会活动家，是国家的优秀领导人。他为世界和平事业、为中日邦交正常化做出了特殊贡献。同时，他对海外侨胞感情深厚，赢得了他们的尊敬和爱戴。廖承志一直对母亲何香凝非常孝敬，母亲健在时，他每天早上都要到母亲的房中请安问好，而母亲总是亲昵地叫他“肥仔”。

1970 年，他母亲不小心摔伤了腿，就住在医院治疗。廖承志去医院看望母亲，母亲十分高兴，母子俩就亲切地交谈起来。

1972 年 9 月 1 日，廖承志的母亲去世了，他将母亲的灵柩护送到南京与父亲合葬，并敬书了“廖仲恺何香凝之墓”。从此，每年清明节，他总不忘悼念双亲，并经常到南京为双亲扫墓。

父母年龄越来越大了，也难免有生病的时候，作为子女的，一定要主动照顾好自己的父母，这也是孝敬父母的一个重要体现。

在古代，很多官员、士人都会侍奉自己生病的亲人，即便朝廷以高官厚禄相待，他们往往都不为所动。

李密，西晋人，父亲在他 6 个月时就因病去世了，母亲后来也改嫁他人，他从小就由祖母抚养长大。后来，他学有所成。一次，晋武帝立了太子，召李密去京都做太子洗马，连下几道诏书，地方官不断催逼，但是，因为祖母疾病缠身，李密不受官职诱惑，顶住压力，决定留在祖母身边照顾她。

于是李密上书武帝，请求武帝允许他在家侍奉老祖母，暂不去上任。他在信中说，他自小命运就不好，生下来才 6 个月，父亲就因病去世，4 岁母亲又改嫁他人，祖母刘氏怜悯他孤苦弱小，亲自抚养他长大成人。现在祖母疾病缠身，卧床不起，他想奉诏上任，可是祖母已经“日薄西山，气息奄奄，生命危浅，朝不虑夕”“臣无祖母，无以至今日，祖母无臣，无以终余年。祖孙二人，更相为命”。

李密又说，他今年40岁，祖母已经96岁，所以他向陛下尽忠的时间还长，而报答祖母的时间已经很短了，因此，在这个关键时刻必须在祖母身边好好孝敬老人家。李密请求允许他奉养祖母到最后，待祖母去世，办完丧事再去上任。武帝同意了他的请求。

生病会使身体衰弱，为了尽快痊愈并恢复原来的体力就需要特别的照顾。病人得到的照顾常常是治疗疾病中最重要的一部分。有些疾病虽然不需要药物，但是好的照顾绝不可少。在父母生病的时候照顾父母，也是儿女应尽的本分。

父母为我们的成长付出了一生的心血，照顾生病的父母，让父母减少病痛的折磨，让父母早日健康地生活，这本身也是一种让我们自己心安的行为，也是一种尽孝的行为。无论我们遇到什么样的困难与问题，作为子女都要为父母尽一份孝心，尽一份责任。孝从难处见真孝。

当一个人懂得主动去照顾父母时，他才会懂得去关心、去爱护父母，才会懂得去感恩和回报父母。唯有这样，他才能懂得去爱别人，尊敬别人，也才能为别人所接受，才能建立起一个以人为本的思想，以后走向社会，才能受大家欢迎，才能在今后成就一番事业。

那么，在父母生病时，我们应该如何照顾他们呢？

第一，要按时喂父母吃药。要照顾好生病的父母，按时喂父母吃药是最基本的。不论是中药还是西药，都要用到温水，在喂药时一定要亲自试一试水或中药的温度。

第二，要多为父母准备开水之类的饮用水。几乎所有的病，特别是发烧及腹泻的时候，都应该给病人喝大量的水，如白开水、果汁、清汤，这样才有利于病人恢复健康。在父母喝水前一定要帮助检查一下水的温度是否合适，要特别注意不是你认为是否合适，而是你要掌握父母感觉的合适温度。

第三，要注意环境的舒适。舒适的环境有利于身心的愉悦，也可避免一些干扰，所以要给父母营造一个尽量安静、舒适、空气和阳光都充足的环境。

第四，要注意气温对病情的影响。不要太热也不可太冷，如果气温很低或父母发抖，就要替他们盖棉被，而且要尽量把工作做在前面，只要你用心就可以做到。但是如果天气很热，或者父母发烧，则要适当为他们降温。若父母满身是汗，就要及时为父母擦拭干净并换上干净的衣服。要特别注意的是，体弱

时的父母比正常人更怕冷、更怕热，千万不能以自己的合适温度来判断父母的合适温度。

第五，要注意食物的营养均衡和易于消化。如果父母身体很虚弱，可以把食物熬成汤让他们喝，还可以搅拌成糊状给父母吃。如果父母有胃口，就要尽量让他们多吃。生病的人应尽量吃有营养的易于消化的食物，如可以吃，一天可多次进食。生病的人一般都要特别注意营养，可以请专业的营养师为父母选择搭配好的营养保健食品，注意不是找医师或普通的人。

第六，保持父母身体的清洁很重要，应该每天选择适当的时间协助父母洗澡。如果实在病得无法起床，就在床上用海绵或毛巾沾温水为他们擦拭身体。衣服、床单、棉被也应保持清洁，小心不要把食物残渣留在上面。洗手也好，擦身也好，洗脸也好，一定要注意都是以父母感觉合适的水温才行，而不是我们自己感觉合适，这就要我们掌握父母合适的温度。

第七，要在心理上关心父母。由于生病的人大多行动不便，生活难于自理，和外界也很少有来往了，容易产生悲观厌世等心理问题，因此我们应加倍关心体贴他们，生活上要给予照顾，精神上要给予支持，有时还可以做短暂的交流与沟通（注意一次不能时间长，还要看父母的状况），协助并鼓励他们战胜病魔。

第八，另外要清醒地认识到老年人和婴幼儿的规律区别，是完全颠倒的。小孩随着年龄的增长，记忆力、学习力、消化吸收能力、动手能力等是逐步增强的，而老年人随着年龄的增长，记忆力、学习力、消化吸收能力、动手能力等则是逐步降低的，直到失去所有能力。照护父母的人首先要正确认识到这一点，才可能调整好自己的心态，体谅父母，理解父母。

第九，照护老人要比照护小孩更小心。小孩的骨头有韧性、有弹性，所以他们不怕摔倒，就是反复摔倒，都没有关系，我们都是多次摔倒过来的，就是摔得重也恢复得快。而老年人不行，怕摔，一摔就很容易导致骨折，不仅很难恢复，而且可能身体状况因此直线下降。还有就是小孩你怎么拉扯基本都没有关系，而老年人则不行，不小心就可能骨折。所以，照护老人要特别小心。这是其一；其二就是老年人记忆力严重下降，下降到一定程度后，独自出门往往都无法回家。因此，父母老到一定年龄的时候，每次出门，都需要陪伴甚至搀扶着出门散步。生命在于运动，这个一定要做，只是要注意量。如果都不走了，身体状况下降更快。

第十，有条件的，可以在专业的营养师（注意不是医师，但排除个别医师精通营养补充）指导下，给父母适当补充营养食品。但是要注意的是，营养食品和药品目前是两个不同的领域，不能互相替代。

我们对父母的孝爱，就是要用自己的心去体会父母的感受。我们对待父母的每件事，每个点点滴滴，都要用心去体会父母的感受。这样才能无微不至地关爱好父母，照顾好父母，才能真正地回报父母，才能让父母、让家庭真正过上幸福的生活。这样，我们才能做到知恩、感恩、报恩，才能真正做到认识生命，理解生命，发挥生命，完善生命，圆满生命。

敬爱以养父母之心

在勤俭供养父母之身的基础上去养父母之心，也即对父母的爱和敬。父母对我们的爱是无私的、无条件的、忘我的。我们对父母没有孝爱，是因为我们没有真正认识到一个生命的到来是多么的不容易，是因为我们没有真正了解到父爱、母爱，是因为我们没有真正认识到我们是为知恩、感恩、报恩而来到这个世界的。

父母的养育之恩是永远诉说不完的：我们在母亲的尽心陪伴下离开襁褓，在甜甜的儿歌声中入睡，在无微不至的关怀中成长。在我们生病时父母会为我们熬夜，在我们读书升学时父母会为我们花费无数的心血。可以说，父母为养育我们付出了毕生的心血。

中华民族是礼仪之邦，孝敬父母的传统源远流长。对于我们每个人来说，孝敬父母也是义不容辞的责任。我们对父母的孝爱也应是无私、无条件的爱。

子游被列为“孔门十哲”之一，他继承了孔子的儒家思想，在学问上、思想上都十分有造诣，在文学上也是功底很深厚，但他个性粗犷，还不拘小节，在侍养父母的时候，往往有些粗心大意，常常无意当中表现出对长辈的不敬。

一次，当子游向孔子请教“什么是孝”时，孔子就因材施教，回答道：“今之孝者，是谓能养。至于犬马，皆能有养；不敬，何以别乎？”

其意思是说，如果子女奉养父母就像犬马一样，只是完成任务，而没有尊敬之心，那跟犬马有什么区别呢？因此，要孝敬父母就要发自内心，完全真诚，没有丝毫保留，否则就是不孝。

因此，我们一定要对父母恭敬，仅仅养父母之身是不够的，至少还要养父母之心，让父母在生活当中，满意开心才行。也就是还要在生活当中，对父母要恭敬，做到保养好自己的身体，品行要端正，夫妻之间要和谐，兄弟姐妹之间的关系要处理好，要互相关心照顾，互相帮助，各方面都要让父母满意。千万不要认为父母老了，不能再赚钱了，或者是自己赚了很多钱，就自以为是，自以为了不起，什么事情都自作主张。当然不是说我们不能自作主张，而是说我们所做的一切，要让父母感受到我们对父母的尊重。这才叫“敬”。

东汉时，有个叫黄香的小孩，对父母非常孝顺。黄香 9 岁那年，母亲就因病去世了，黄香就和父亲相依为命。黄香虽然年纪小，却懂得体贴父亲，细心照顾父亲。

夏天来了，黄香每天都熬一锅清凉降火的青草茶给父亲喝，让父亲消去暑气。吃过晚饭之后，黄香想到天气酷热，便拿着蒲扇来到父亲的房间，用蒲扇扇父亲的床铺，直到枕头、竹席都没有热气了，才让父亲上床睡觉。

很快秋去冬来，人们都换上了厚厚的冬衣，竹席也被换成了被褥。这时候，黄香每晚都在父亲就寝之前先钻进冰冷的被窝，为父亲暖被，直到体温把整个被褥暖得暖和了，才请父亲上床睡觉。

当然现在生活水平高了，有空调、风扇、暖风机了，我们要做到这些都很容易了。我们通过这个故事，最重要的是认识到对父母的孝敬要做到体贴入微，细心细致，要心怀一颗恭敬之心。

（1）德行俱佳，父母宽心

“亲所好，力为具；亲所恶，谨为去。身有伤，贻亲忧；德有伤，贻亲羞。”

其意思是说，父母所喜爱的东西，做子女的都应尽力准备齐全；父母所厌恶的事物，要小心谨慎地去除（包括自己的坏习惯）。要遵守道德，如果做了没有道德的事情，会让父母感到羞辱。

这里说一桩绑架案。犯罪嫌疑人是一个30多岁的民工，绑架了一个6岁的男孩儿。让人欣慰的是，孩子最终安然无恙。虽然没有造成什么严重的后果，但是这个民工仍然要受到法律的制裁。

这个民工绑架的男孩是老板的儿子。之前，他在老板那里工作了8个月，却没有拿到一分钱。他几次求老板先预支点儿钱，哪怕几百元也行。他是家里唯一的顶梁柱，他的母亲患有严重的心脏病，一天也离不开药。还有他的妹妹，因为失恋患了精神病，他还要为妹妹治病，他不能看着妹妹天天披头散发地满街乱跑。他每次找老板要钱，老板都是一脸的不耐烦，就是不给工资。往往他还没说上几句话，就被老板叫来的保安赶出了办公室。

终于，他实在是忍无可忍了，就寻找机会绑架了老板的儿子。后来，他还是后悔了，那时完全可以跑掉，不让人发现是谁，但他善良怕孩子一个人出什么意外，也担心孩子害怕受到惊吓，便一直把孩子抱在怀里。当警察出现的时候，孩子在他的怀里睡得正香。

他被判了5年。旁听席上的人都为他惋惜，说到底还是不懂法律，是法盲，否则，也就不会付出这样大的代价。他那个风雨飘摇的家怎么办呢？他的母亲，还有他的妹妹，以后怎么过啊？

就在法官要宣布退庭时，从旁听席上传来一个苍老的声音："等等，我有话要说。"大家扭头望去，看到一个年过花甲的老妇人。有人认识她，她就是被绑架的男孩儿的奶奶，也就是老板的妈妈。孩子被绑架之后，老人一病不起，那是她最亲爱的孙子，也是孙辈唯一的男孩儿。众人的心里都有些紧张，或许，老人还要提一些额外的条件，那个已经一无所有的民工还能承受得起吗？

老人慢慢地向被告席走过去。她站在民工面前，大家看到，她的嘴角还在不停地抖动。大厅里鸦雀无声，谁也不知道接下来会发生什么事情。

突然，老人弯下腰，向民工深深地鞠了三个躬。所有的人见状都愣住了，包括原告席上的老板，他想母亲大概老糊涂了。

老人抬起花白的头，泪水流了一脸。良久，她缓缓地说："孩子，这第一躬，是我代我的儿子向你赔罪。是我教子无方，让他做出了对不起你的事。该受审判的不应该只是你，还有我的儿子，他才是罪魁祸首。这第二个躬，是我向你的家人道歉。我的儿子不仅对不起你，也对不起你的家人。作为母亲，我有愧呀。这第三躬，我感谢你没有伤害我的孙子，没给他的心灵留下丝毫的阴影，你有一颗善良的心。孩子，你比我的儿子要强上100倍。”

老人的一番话，令在场的人都为之动容。这是一个深明大义的母亲。而那个民工失声痛哭，是感动，也是悔恨。事情的结果是，老人的儿子不仅向民工支付了工钱，还把那个民工的母亲和妹妹接到城里来治病。

我想，是老人的宽容和大义救赎了儿子的灵魂。母亲的三个躬不仅是鞠给民工的，也是鞠给儿子的，也是鞠给天下所有做子女的，她不仅是用这样的方式规劝儿子，也是教育天下所有做子女的，不能做有昧良心的事。作为商人，追求利益是理所当然的，但是不能唯利是图。我们做事情、赚取利益一定要合法合道，才能长远，否则一定会有报应的。

不管我们选择了怎样的人生道路，“走得正”是第一要义。不愧对良心，不违背道义。最起码，不要做让父母伤心难过的事，不要让父母为我们低下他们已花白的头。这是每个有想孝父母之心的人必须做到的事情。

此外，还要注意父母喜欢什么，不喜欢什么，然后我们小心去做，小心去孝敬。我们要孝父母之心，还要在平时多关心父母喜欢吃什么菜，喜欢吃什么水果，喜欢穿什么颜色的衣服，喜欢什么人，喜欢去哪里玩，喜欢看什么电视节目，喜欢看什么书刊报纸等，然后在日常生活中用心为父母准备好，并且让父母先吃先用，让父母满意开心。而父母忌讳什么，牵挂什么，担心什么等，也要注意。

比如看电视，我们往往是自己想看什么频道就看什么频道，根本不管父母想看什么频道，根本不管父母想看什么节目，也不会了解父母喜欢看什么节目；比如看书刊报纸，我们只管自己喜欢看什么，不管父母喜欢看什么，也不知道父母喜欢看什么书刊报纸。

（2）养好身体，父母放心

> 身体发肤，受之父母，不敢毁伤，孝之始也。
>
> ——《孝经》

人的身体四肢，毛发皮肤，都是从父母那里得来的，不敢随意损毁伤害，爱惜身体也是孝，而且是孝的开始。

那些经常海吃海喝的贪官，为了满足自己的食欲，为了满足自己的虚荣，对自己的身体都不爱惜，又怎么可能养父母之心？不能养父母之心，他们又怎么可能真心真意为人民服务？更不用说那些自杀的官吏了，他们真的是大不孝。无论这些自杀的官员是因为什么问题自杀，有一点可以肯定的就是，他们心中只有自己而没有父母，绝对不是孝子。他们不爱惜自己的身体，也没有为父母着想，自杀就是往父母心中插了一把刀。一个真正的孝子一定具有一颗孝敬父母的心，他是绝对不会想自杀的，他会想到他的死会让父母多么痛心，他会想到无论如何不能死在父母之前。

（3）慎重交友，父母安心

华歆、邴原和管宁都是东汉灵帝时人，三人一起读书，一处吃住，一起交流，成了很好的朋友。华歆与管宁在学堂还是同桌，两人感情更是不同一般。

有一天，老师要他们两人一起开辟校园中的一块荒地，管宁的锄头底下碰到了一块硬硬的东西，但他视而不见，仍然用力向前挖去。华歆却伏在地上刨出了一块黄金。

过了一段时间，一个官员坐着轿子从学堂门前路过，华歆忍不住想拉管宁一块儿去看，管宁没有理会。华歆就自己出去看，回来向管宁说话时充满了对当官的羡慕。通过这两件事，管宁决定不再与华歆为友，他果断地割断了两个人同坐的席子。

不要以为交朋友和孝敬父母没有什么关系。“近朱者赤，近墨者黑”，一个人交朋友非常重要，往往交什么样的朋友就会成为什么样的人。朋友选择得好，父母就安心、放心；选择得不好，父母就会提心吊胆。

对父母，不仅要养父母之身，解决父母的衣食住行（这是小孝），而且要养父母之心，对父母充满爱与敬，时时处处关爱父母，关心父母，时时事事让父母满意、高兴、快乐（这是中孝）。

恭敬父母，就是精神上要孝敬。我们要关心他们，尊敬他们，有事情要同他们商量，尊重他们的意见，使他们心情上感到开心愉快。

很多人走入社会以后，随着父母年纪的增长，觉得父母没有见识了，父母落后了，根本就不愿听父母的话，甚至对父母不屑一顾，不尊敬父母。这样的人非常多。确实有不少父母已经老了，脱离了竞争的社会，但是他们的心是好

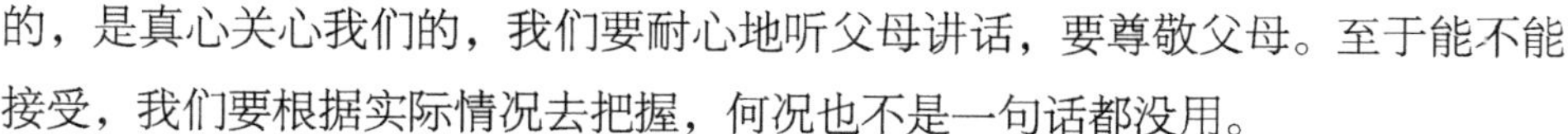

的，是真心关心我们的，我们要耐心地听父母讲话，要尊敬父母。至于能不能接受，我们要根据实际情况去把握，何况也不是一句话都没用。

父母教导我们时，应该恭敬地聆听，而当我们做错了事情，受到父母责备时，也应当虚心接受，不可忤逆他们，让他们伤心。

（4）兄弟和睦，长辈开心

兄道友，弟道恭；兄弟睦，孝在中。

——李毓秀《弟子规》

其意思是，当哥哥姐姐的要友爱弟弟妹妹，做弟弟妹妹的要尊敬兄姐，这样兄弟姐妹就能和睦，父母心中也就会快乐，这就算尽孝了。

我国西汉时期有个著名的贤士叫卜式，他对自己的弟弟非常好，将弟弟照顾得非常周到。父母亲去世后，兄弟俩就靠种田来生活。

几年过去了，卜式的弟弟成家了，卜式就把家中的土地和房屋全让给了弟弟，自己只要了100多只羊，进山放牧为生去了。

又是十几年过去了，卜式的羊群繁殖到了上千只，他不仅买了房屋，而且还置办了土地。可是，这时弟弟却因经营不善而破产，于是卜式又把自己的财产分了一半给弟弟。

卜式不仅不贪图财物，为了照顾弟弟还把自己的财产让给弟弟，这一行为感动了当时的人，大家都说他是个重亲情、不爱财的君子。

或饮食，或坐走；长者先，幼者后。长呼人，即代叫；人不在，己即到。

——李毓秀《弟子规》

其意思是，不管是吃饭喝水，还是落座行走，都应该谦虚礼让，长幼有序，懂得年长者优先，年幼者在后的道理；长辈呼叫人时，自己听见了，要替长辈去传唤；所叫的人不在时，自己应当回来报告长辈，进一步请示长辈，有没有需要帮忙的事情。

孔融4岁那年，有一次，家里人聚在一起，父亲就把刚买回来的梨拿出来给大家吃。哥哥姐姐们都上前去拿大的，只有孔融站在一旁没有去拿。父亲见状就让孩子们都把手中的梨放回盘子里，让站在一旁的孔融来分梨。

孔融在盘子里拣了两个最大的梨，分别给了父母亲。随后又把大梨好梨依次分给了哥哥姐姐们，而把一个最小的梨留给了自己。

坐在一旁的父亲就问孔融："融儿，你为什么要留最小的给自己呢？"

孔融笑着对父亲说："因为我年纪小，个子也小，当然应该吃小的喽！"听到孔融这么说，哥哥姐姐们拿着分到的梨惭愧地低下了头。

在生活当中，无论是在公司里，还是在家里，我见到太多没大没小的人，一起吃饭，根本不管上级，也根本不管有老的大的，自己抢先吃，而且挑选最好的吃。而走路也是这样，有的人自己年轻走得快先走一段，自己走远了，看到父母还没有过来，就停下来等一下，或者让年纪大的父母在后面赶路。这样就容易让父母感到自己年纪大了老了，感到自己孤单，感到自己身体真的不行了。我们没有设身处地去感受父母之心，没有为父母着想。碰到这种情况，我们应该怎么做？我们应该在后面一点，陪着父母慢慢走，或者搀扶着父母慢慢走。这样老人就不会显得孤单，就不会有老了走不动的感觉，父母的心里就会舒服多了，而这也是孝父母之心。

行愿以养父母之志

父母以前也是有志向的，有心愿的，对于没有实现的心愿，他们希望子女帮他实现。或者说希望子女将来有成就，以光宗耀祖。做子女的也要树立远大的志愿，努力拼搏，建立一番事业。这就是大孝。

大孝必须在小孝、中孝的基础上才能实现，也就是在勤与俭、爱与敬的基础上才能实现。但是在现实生活中，很多人有大志向，但既不能做到勤与俭，也不能做到爱与敬，或者只能做到勤俭，做不到敬爱父母，那也是无法实现志向的。好比盖楼，只有把地基跟底层盖好，上层才能立稳，不然就算是暂时建起来了，日后也必有灾殃。

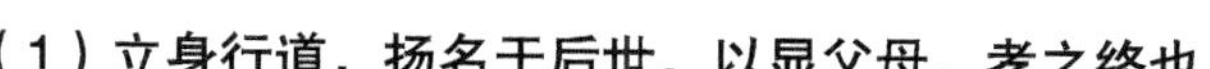

（1）立身行道，扬名于后世，以显父母，孝之终也

人在世上，遵循仁义道德，有所建树，显扬名声于后世，从而使父母显赫荣耀，这是孝的终极目标。

作为一个孝子，为了让父母满意开心，让父母感到骄傲，要发自内心地制定自己的人生理想与目标。这个愿望不仅是利父母的，也是利大众的，而且是利国家的。这叫在家为父母尽孝，在外为国家尽忠。

愿望和欲望虽然一字之差，但是，它们有本质的不同。愿望是利他的，利众人的，因而这种人走到哪里都处处为别人着想，都是受欢迎的，也容易实现理想与目标，因而也是快乐的，幸福的。而欲望是利己的，自私、自利、自我之心非常重，这种人走到哪里都处处时时为自己考虑，往往很不受欢迎，难以实现目标，因而是痛苦的。

为什么会出现这种情况呢？

关键还是前者孝敬父母，后者不孝。你想想一个连父母都不孝的人，他怎么可能利他利众呢？

因此，孝子是愿望，不孝是欲望。表面上看好像没什么区别，实质上区别很大，有着本质的区别。

“我没有专业，国家的需要就是我的专业。”这是大孝子钱伟长说的话。一个人也许很聪明，也许可以拥有许多知识，可如果没有高尚的品德和强烈的社会责任感，他就不仅不能对社会有益，反而可能危害社会。

“我没有专业，国家的需要就是我的专业。”这句话太精辟了。实际上，这就是讲一个孝子和不孝之子的区别。不孝的人对社会的危害是极大的。

在家给父母尽孝，在外为国家尽忠。国家的需要就是我们的专业，就是孝子的专业。

> 先天下之忧而忧，后天下之乐而乐。
>
> ——范仲淹《岳阳楼记》

大孝子的内心就是应该这样，在家里装有父母，当从家走向社会的时候，心里就应该装有国家，为国家尽忠尽力。

国家的事就是自己的事，凡事考虑在前，计划在先。国家的钱就是国家的钱，但是，一个真正的孝子，他会把国家的钱当成自己的钱来管理。

一个大孝子，一定要有心愿，一定要有让母亲感到自豪、感到骄傲的心愿，一定要有报国的心愿，一定要上报父母恩，中以立身，下以传家，为子女及后辈做出榜样。

因此，持之以恒地行动非常重要。要在远大的理想之下，要在坚定的信念之下，持续不断地努力。跌倒了，就爬起来，直到到达理想的彼岸。

（2）不力行，但学文；长浮华，成何人

其意思是，只是一味地死读书却不去实践，即使有些知识，也只是增长了自己虚幻浮华的习气，怎能成为一个真正有用途的人呢?

赵括是战国时代赵国大将军赵奢的儿子。他从小就非常好学，熟读兵书，对用兵之道常常会引经据典，别人就误以为他是一个合格的将才。秦昭王四十六年（公元前 261 年），秦王派大将军率领军队去攻打赵国，赵国大将军廉颇奉赵王之命率兵 20 万前去救援。他采取固守策略，坚守长平，和秦军一直相持了 4 个多月，秦军就是攻不下长平。

于是，秦王就采用了离间计，赵王中计之后就派赵括去代替廉颇的领兵。赵括在接管廉颇的兵权之后，立即改变固守的策略，不久就被秦兵围困。这时，秦王悄悄改派白起为主将。结果，白起大败赵括，赵军的 40 多万人马被俘后全部被活埋，而“纸上谈兵”的赵括也在突围时中箭身亡。

由此可见，只是研究、只是停留在书本上不去力行，往往害人害己。中国优秀的传统文化就是如此，孝文化也是如此，只研究是搞不明白的。

逆境中成长，困境中成功。

成长之前是痛苦的，成长之后是喜悦的。

成长需要持续不断地学习，需要持续不断地努力并接受磨炼，需要有一个良好的成长环境，需要有一个坚定的信念，需要有一个远大的理想与目标。

我们如何很好地成长？学习什么?

第一，你要确定你的孝道层次的提升目标与成长计划。这是非常重要的，也是我们往往一直忽视的问题。

第二，你要学习与你人生目标相关的专业和知识。

（3）能亲仁，无限好；德日进，过日少

其意思是，能够亲近品行高尚的人，向他学习，就会得到无限的好处。因为这样自己的品德自然会一天天地进步，过错也就会跟着一天天地减少。

孟子小的时候，家住在郊外，在他家屋后的山坡上经常有人出殡。孟子每次看完回到家后，都会学别人出殡的样子。

母亲看了非常担心，便把家搬迁到了集市边。非常不巧的是，这次孟子家的邻居是个屠户。屠户经常在院子里杀猪，刚开始孟子非常害怕，可是，过了没多久，孟子不仅不害怕了，而且还开始整天学着屠户杀猪的样子，高声地模仿商贩的叫卖："快来买呀，快来买呀，新鲜的猪肉……"

母亲总结了经验，接受了前两次的教训，把家搬到了一个小学堂的附近。听到学堂里传出的琅琅读书声，孟子每天都跑到学堂的窗户下去听老师讲课，一样也是跟着学、跟着做。慢慢地，孟子变得爱读书和懂礼貌了。

好的环境能让我们养成好的习惯，养成好的习惯，品德才能日渐高尚，过错才能日渐减少。所以，一个好的环境对我们的成长非常重要，选对环境就会成就一生。

慈悲以养父母之慧

所谓孝父母之慧，简单来说就是：

让父母明道、信道、行道。这一点可以去做但不能强求，因为这和父母的年龄、文化水平以及父母从小接受的教养有关。我们都知道江山易改，本性难移。人到了成年以后就很难改变了，到了老年就更难改变了，因此，如果父母年纪大了，文化水平又不高，从小又没有好的家教，基本上是改变不了什么的。所以，对于这类父母最基本的就是只要父母做事合法就行了。

要做到让父母明道、信道、行道，有三点一定要做好，也就是要做好孝父母之身，孝父母之心，孝父母之志。

而作为一个有巨大成就的人，他也会心甘情愿地放下自己的架子，从百忙中抽出大量的时间来陪伴父母，无微不至地照顾父母，或者做出巨大的牺牲来成就父母。

比如婚姻，你父母很喜欢这个对象，可是你根本就不喜欢，但是，你为了感恩父母，孝敬父母，为了满足父母的愿望，你还是放弃自己的不喜欢而与对方结合，甚至很高兴地结合，你就是至孝。唐太宗李世民从唐朝一成立就有实力做皇帝，但是他没有做，而是让给了父亲做；汉文帝刘恒长达三年多的时间里住在母亲的病房里衣不解带，废寝忘食地照顾母亲，喂药给母亲吃；康熙帝玄烨在祖母病重后，也是长期废寝忘食、衣不解带地照顾祖母，喂药给祖母吃。

假如你 14 岁，在一个重点中学里读书，学习成绩名列前茅，家里又很穷，父亲刚刚去世，母亲身体又不好，只能待在家里，无能力赚钱，下面还有弟妹需要养活和读书。这个时候，需要你放弃学习去承担养活家庭的重担和弟弟妹妹的学费。你是否愿意为了报答父母的养育之恩，牺牲你的学习、牺牲你的美好梦想、美好前程，并完全承担起养活家庭的重担？如果你愿意并完全承担下来，你就是至孝。至孝之人从政可以得天下，从商就可富可敌国，从事科技就能成为科技泰斗。

不要随便说可以承担。我们现在的很多人，就是高中毕业后考上大学，因为家里穷没钱上学，都无法解决自己的学费。就更不用说 14 岁就承担起养活整个家庭 4 口人的生活重担了。除此之外，还要解决 2 个弟妹的学习费用和自己自学的费用。

也许你会说，我可以通过自己顶尖的才华，通过关系，通过钱，通过风水等去达到升官或发财的目的，不错，确实可以，但是，你一定要切记的是，如果你的德行，也就是你的孝道不尽快跟上的话，你一定要出灾殃，难逃厄运。

孝道，是天下第一大道，是公平公正的，现在给你说明白，也等于是公开的了，天下谁都不能有例外。横刀立马，唯我孝道，天下万物，谁敢有违。

我现在不说为了知恩、感恩、报恩你的父母，而就是为了你的前程，为了你的成就，为了你的幸福，为了你的后人，你也得好好孝敬你的父母。

你要切记一点，你孝敬父母的时候，提升孝敬父母程度的时候，一定要记得忘掉自己，不要是为了升官或者发财而孝敬父母。开始有这种想法没有关系，因为你自私。但是，你以后一定要去掉自私心，否则的话，效果微乎其微，即

使你升官发财了，你还是难逃厄运，因为你没有从内心里去真正孝敬父母，你只是为了个人利益孝敬父母，不是真正地对父母知恩、感恩、报恩，所以“孝不配位，必有灾殃”。

当你要提升自己孝敬父母的程度的时候，不是想提升就能提升的。因为你已经习惯了过去的为人处世的方式，习惯了过去那种对待父母的态度，你一下子还真的不知道怎么去提升。没有关系，所谓道生万法，只要你真的想提升孝道层次就行，你会逐渐有办法提升的。再一个就是，道高一尺，魔高一丈，道高一丈，魔上头上。这个时候考验就来了，困难真的会来，看看你是不是真的想提升孝敬父母的层次。

（1）孝悌之至，通于神明，光于四海，无所不通

其意思就是，对于父母兄长孝敬顺从达到了极致，就可以通达于神明，光照于天下，任何地方都可以感应相通。

这里说的就是至孝。达到这一步，只要还不到你死的时候，你就可以遇险不险，遇死不死。你从政就可以得天下，开创太平盛世；不从政从商，你就可富可敌国，成为首富。

在中国古代历史上，有四位可以算得上至孝的皇帝：上古的虞舜、汉文帝刘恒、唐太宗李世民、康熙帝玄烨，其他皇帝基本都不是至孝，因此，只有他们开创了那个时代的太平盛世。

天长地久。天地之所以能长且久者，以其不自生也，故能长生。是以圣人退其身而身先，外其身而身存，不以其无私邪？故能成其私。

——老子《道德经》

其意思就是，天长地久，天地之所以能长久存在，是因为它们不为了自己的生存而自然地运行着，所以能够长久生存。因此，有至孝之道的圣人遇事谦退无争，反而能在众人之中领先；将自己置之度外，反而能保全自身生存。这不正是因为他无私吗？所以至孝之道能成就他的自身。

汉文帝刘恒、唐太宗李世民、康熙帝玄烨等人都是至孝，在自己最重要的关口和利益上，在父母需要他们的关键时候，或者在国家需要他们的关键时候，他们都愿意做出重大牺牲，都愿意无私地奉献自己，因此，孝道最后成就他们走上了政坛上最高宝座或者富豪的顶峰，或者科技的顶峰。

孝道，天下第一大道，它无所不在，力量无穷无尽。它奖罚分明，公平公正，现在也已经公开了。

今天，人们终于认识了孝道的伟大，让天下人一起来行孝道，让天下的父母幸福，让天下的百姓幸福，让我们一起来实现中国梦，让中华民族永久昌盛不衰。

舜，五帝之一，姓姚，名重华，号有虞氏，史称虞舜。他的父亲叫瞽叟，不仅没有知识，而且还喜欢妄作妄为。后母呢，是口里不说忠信言语的。同父异母的弟弟名叫象，性子非常傲慢。相传他们曾经多次想害死舜：让他修补谷仓仓顶时，他们就从谷仓下纵火，舜持两个斗笠跳下逃脱；让舜掘井时，他们就埋下土填井，舜掘地道逃脱。事后舜丝毫没有嫉恨，对弟弟仍然慈爱。他的孝行感动了上天，感动了很多人，在当地被传为佳话。帝尧听说舜非常孝顺，就让他的九个儿子跟他做朋友（考验他对外立身处事的能力），把两个女儿娥皇和女英嫁给他（观察考验他对内的行持）。经过多年的观察考验，尧选定舜做他的继承人。舜登天子位后，去看父亲，仍然恭恭敬敬，并封象为诸侯。

《孟子》云："舜何人也？予何人也？有为者，也若是！"这就是说，舜能做到孝顺，我们也能。因为我们天性中都有一颗至善、至敬、至仁、至慈的爱心。假如我们能以舜为榜样，真正做到"孝亲顺亲"的本分，深信必能缔造幸福美满的家庭继而将孝扩大到我们所有的人、事、物，任何的冲突都会冰释消融。这至孝的大爱孕育的是互敬互爱、和睦共处的和谐社会。

愿我们都能以身作则，相互勉励，做一个真正的孝子。

（2）慈

这个慈怎么理解呢？是指无私且无条件地带给人们利益与幸福。实际上，就是慈爱的意思。

首先是对父母无私、无我、无条件的慈爱，其次是对天下父母无私、无我、无条件的慈爱。把天下所有的父母都看成自己的父母。再说具体一点就是，这种慈爱首先是对自己父母的慈爱，对自己父母都不慈爱，怎么可能对别人慈爱。这种慈爱具体怎么去鉴别呢？

一个年轻人一生有两件大事：一个是自己的前程，另一个是自己的婚姻。

如果你对父母的感恩、对父母的慈爱达到了愿意牺牲自己的前程和婚姻的程度，这就是至孝。

还有就是当你很有成就和地位的时候，在你父母病重的时候，在你父母需要的时候，你能否抽出大量的时间侍候父母，陪伴父母，无微不至而且一直无怨无悔地照顾父母，如果能，你就是至孝。

以苦劝化，以乐引导。这是以自己亲身经历了的酸甜苦辣，以自己对人生真谛的深刻领悟，来劝化众人，感化众人，不要再犯错误，远离痛苦；以人间的幸福美好，以快乐的心情，以人间的大智慧来引导众人，去过上幸福美好的生活。

（3）悲

这个悲是什么意思呢？是指自愿扫除人们、他人心中的痛苦与悲伤。以悲伤的心情，来劝化他人，希望他人永离苦海，过上有希望的人生。

至孝之人除了能无私、无我、无条件地付出奉献外，他还愿意无私、无我、无条件地劝化大家永离苦海过上幸福人生，甚至为此牺牲自己的生命。

慈与悲是人生的最高境界，只有达到至孝境界的人，才能同时具备这两种境界。

（4）勿自暴，勿自弃；圣与贤，可驯致

不管身份贵贱，不管地位高低，不管钱财多少，不管年龄大小，不管善恶多少，不管性别如何，不管成就大小，不管身体好坏，都不要自以为是，狂妄自大，也不要自甘堕落而放弃努力。圣贤的境界虽高，但是，只要我们设定目标，追求上进，按部就班，循序渐进，不懈努力，也是可以达到目标的。

圣与贤是有区别的，贤人比圣人稍差一些，至孝就相当于圣人，大孝就相当于贤人。

（5）墨子论书

墨子接到了卫国大夫公良恒子的亲笔信，信中请求墨子到卫国共同商讨治国理政的方法。

墨子读完信后立即嘱咐他的弟子弦唐子为自己准备行装。弦唐子把行礼装上了车，车厢几乎被塞满了，其中最多的就是一册册书简。

弦唐子见墨子带这么多的书，感到非常不解，就问道：“老师您学问这么大，还带这么多书干什么？再说这些书您不是翻阅过很多遍了吗？”

墨子答道：“是翻过不少遍。可好的书每读一遍都会有不同的体会，都会有新的收获。”

弦唐子听后，说：“和夫子在一起，随时随地都能获得教诲。我真想和夫子一起去卫国，不断地跟着夫子学。”

墨子说：“你年纪还小，要读的书还很多。我走后，你就把我留下的书多读读吧。那些都是好书，读书一定要读好书，这样我们才会从中受益，才能提升自己的水平。读坏书不仅不会受益，还会把我们引向不正当的道路！”

墨子说完后就离开了，踏上了去卫国的路。而弦唐子依依不舍，直到看不到墨子的车子，他才往回走。

通过这个故事，我们知道墨子是怎么引导学生的，知道墨子并没有因为自己很有学问而自以为了不起，他还是自己不断努力反复持续学习，哪怕是看过学过很多遍的书，也还是反复学习。

在生活中，往往是年纪大的人，做坏事比较多的人，身体不好的人，容易放弃自己，放弃努力，放弃继续学习，放弃自己未来的人生目标。《弟子规》教导我们，不管我们是什么样的人，都不要自暴自弃，只要我们设定目标，追求上进，按部就班，循序渐进，人人都可以达到目标，人人都可以成为圣人。

践行孝道，通达人生

只有真心修好孝道、行好孝道的人，才是一个真正有道德修养的人，才能真正建立起以人为本的思想，才能做到以孝治家，以孝治企，以孝治国，这样的人才能有发展前途。一个人要改变命运，必须从提升孝道入手，而要想获得更大的奉献平台，也要提升自己的孝道。此外，要想获得更幸福的人生，也得提升自己的孝道。

大千世界以人为本，而人则以孝道为根本。人有孝道才有良好的依靠。一个人只有把孝道修好、行好了，才能以孝立志，以孝明志，以孝修身，以孝启

慧，以孝持家，以孝积福，以孝立业，以孝建业，以孝治企，能以孝读人，能以孝识人，以孝选人，以孝育人，以孝用人。

过去，我们看一个人的道德修养，很多人往往不知道怎么看。现在，我们要明白，看一个人的道德修养，关键看孝道，就是看他是怎么孝敬父母的。因为孝道是一切道德的根本。

国家、社会、团体，也包括家庭，造成矛盾的根本原因，主要是缺少道德修养，而根本原因是孝道层次低，缺少孝道。人的孝道层次越低，就越容易自私、自利、自我，就越薄情寡义，就越斤斤计较。因为人的孝道层次越低，就越没有道德修养，人就会贪嗔痴，方方面面都感觉不满足，都感觉不满意，就有了恨怨、恼怒、烦恼。然后为了个人的追求，以个人的禀性、以自我为中心，做出不顾大众的事来，最后就造成矛盾的事情发生，就导致不和谐了。

孝道越好的人，越有道德修养。当然这是由别人来认可的好，自己说自己好是永远讲不通的。孝道越不好的人，就越不可能有道德修养。但是，有可能有人表现出来的让人觉得很有修养，可那是假的，这样迟早是要露馅的。一个不孝的人，不管怎么做都是缺乏道德修养的人。

所以，我们必须有一个定位——做一个孝顺的人，做一个有道德修养的人。

越是有孝道的人，就越是有道德修养，就越懂得知恩、感恩、报恩。有了知恩才能真正懂得互相尊重，有了互相尊重才能找到互相依靠的根本。有了互相感恩，生命之间才能得到共同的升华。原谅缺点就是生命的报恩。但是，做到这点的前提是：首先要孝敬父母，对父母知恩、感恩、报恩，这样才可能真正对别人知恩、感恩、报恩。

孝敬父母，对父母要知恩、感恩、报恩。由于受到西方思想的影响，我们现在很多人已经没有这方面的意识了，可能现在也很难做到，但是，我们可以接受教育，可以接受我们优秀传统文化的教育，接受孝道教育。接受教育之后必定要做到孝亲尊师重道，依教奉行。

真正接受教育的人表现得有智慧、有觉悟，为自己的过错辩护的人就是大糊涂人。明白自己的错就是智慧，能改过就是觉悟。

人应该建立良好的道德修养。道德修养首先要特别重视孝道修养，要以一生来尽孝道，而不只是父母活着的时候。因此，道德修养是我们一生都要注意的，而不只是我们在工作的时候注意修养，退休以后就可以不注意道德修养了。休养好以后，才能“学为人师，行为世范”，才能用良好的道德修养感化周围的人。

概括起来，我们能这样定位就能达到标准。

第一，孝敬好父母。

第二，做一个对父母知恩、感恩、报恩的人。然后做一个对他人、对民族、对集体、对国家、对世界知恩、感恩、报恩的人。

第三，做一个“我爱人人，从我做起；我为人人，从我做起”的人。

第四，尊师重道，依道奉行。不管别人好不好，只管自己对不对，只管自己合不合道。

第五，学为人师，行为世范，建立良好的孝道以感化周围的人。

兴家旺业来自孝道

世界的灾难，和我们人类缺乏道德修养有密切的关系，从根本上来说就是和缺乏孝道有密切的关系。孝道层次越低的人，就越自私、自利、自我，就越贪嗔痴谩。世界原本没有什么好和坏，人好世界就好，人坏世界就坏，人和平世界就和平，人坏了世界就有灾难了，人自私、自利、自我了就容易有战争。秦始皇、隋炀帝都是此种类型的人，这些人都是聪明绝顶，才华横溢，但他们的孝道层次极低。

（1）家孝万事兴

想要世界好，想要社会和谐，一定要给人类良好的教育。那么，教育的重点是什么呢?

自古就有一句话，就是“传道、授业、解惑也”。传道是第一重点。传道的重点和核心就是传孝道、传忠孝，也就是教育的重点是传孝道、传忠孝。

顺利来自和谐，和谐来自人们的道德修养，道德修养来自好的孝道。人不孝就会自私、自利、自我，就没有道德修养，就没有和谐，从而就会导致不顺

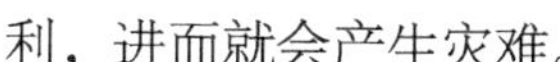

利，进而就会产生灾难。

和谐从心起，心和来自孝道，有孝道了人才和，没有孝心就和不了。人的灾难很多都是由人为造成的。一切的好坏都是由孝心产生。但是，在现实生活中，为了追逐利益，为了达到个人目的，就有人做假，这人实际上就是不孝的人，表面上却做得很好，装得很好。

心的念头，没有恶意，纯粹是孝心，就会心存善念，就叫作善人。如果心中无孝心，就会始终埋怨周围，有埋怨，就是恶意，有恶意就是恶人。

感恩一切，就会免去自己的灾难；埋怨一切，就是抱住灾难不放。

我们中国有一句话："家和万事兴。"现在很多人颠倒了，为了事业不要家，为了事业不要父母，为了事业不要老婆，为了事业不要孩子。这种颠倒人生的人，那就不是人了。尤其是那些不要父母，不孝敬父母的人，事业是做不起来的，即使暂时做起来了，迟早也要倒下来，甚至还附带灾殃。

几千年以来，"家和万事兴"，几乎都是这样翻译的：一个家庭要和睦，只要家庭和睦了，那么做什么事都会顺顺利利的。要是一个家庭总是吵吵闹闹的不和睦的话，又怎么会好呢？所以还是要靠一家人一起努力，和和睦睦的，这样就会家和万事兴了。

这么翻译也不能说有什么错误，但是这里的"和"只是一种表象，最根本的还是在于孝，如果一个家庭有人不孝，就是你怎么去调和都无法和睦相处，即使一时调和了，其他事情又搞得不和了，没完没了的事情，按了葫芦起了瓢，总是搞得不和。

一个家庭有人不孝，大致分两种情况：一种是夫妻至少一人不孝，这个家庭肯定难以和谐，难以和睦相处，而且子女中也会出现不孝的后代。不仅如此，后代还会遭殃，因为不孝本身就是大恶，且不孝的人还会作恶很多。有一句话叫"积不善之家必有余殃"，因此父母中出现不孝的人因积大恶还会殃及后代。另一种情况是父母虽孝，但因为教育等原因导致后代子女中出现不孝的人，也会造成整个家庭因为此子女不孝难以与此人和睦相处，这种情况受影响最大的还是不孝的人自己及其家庭与后代，但是父母及亲人特别是父母要受累。

不孝的人有一个共同的特点，就是自私、自利、自我，薄情寡义，斤斤计较，指责抱怨，自己是老大，利益是老大，只看别人的错不看别人的好，等等。

孝道层次越差，这种表现越明显。

一群有孝心的人在一起，大家都很体谅，很包容，不会斤斤计较，即使吃一点亏也不在意，都懂得珍惜感恩，有情有义。即使出现什么问题，也容易沟通达成共识，也容易谅解，这就容易和睦相处了，这就容易家庭兴旺了。

家和只是表，根在孝。最准确的说法叫“家孝万事兴”。

（2）福报与品德

福报有两种：第一种是先辈积攒下来的福报，先辈做了很多善事，就会有很多福报，先辈没有享受，后代就会继续享受到；第二种就是自己做了很多善事，也会有很多福报，如果自己没有享受完，那么后代一样也可以享受到福报，这就是“积善之家必有余庆”的道理。

福报大，缘分就大。缘分大了，就有很多人来帮助。福报大的人，不论做什么事情只要下定决心都会成功。这个时候，品德就显得特别重要。同样是福报大的人，品德好的人，他有很多机会发展，在这个不断发展的过程中，他又做出了很多成绩，做出了很多善事，这样又为自己积攒了很多新的福报，从而又为自己带来了新的发展机会，因而就很容易使自己走上良性循环发展的道路。而品德有问题的人，福报很大，那么这种人就会做很多坏事情，这种人暂时不会有恶报，但当福报消耗、挥霍完之后，恶报就来了。当这种人的福报消耗完以后，他做什么事情都会很难。而且，一个人做恶事太多，不仅自己要遭难，其后代也要跟着遭殃。这就是“积不善之家必有余殃”。

因此，一个人的品德最重要。如果一个人其先辈没有留下什么福报，但自己品德好的话，就可以自己为自己积攒福报，只是这种人前期会比较艰难。而没有福报，又没有品德的人，那就没有什么好说的了。

只有我们首先提升孝道，其次才能提升道德修养。我们的孝道层次上去了，我们的发展才能真正上去。

孝道越好的人，证明道德修养越好，孝道是一切道德的根本，孝道是一切道德的基因，孝道是第一大道，孝道决定了我们的人生。

福德就是道德修养。你有一分道德修养，就有一分福德；你有十分道德修养，你就有十分的福德。

要想有福报，必须不断地去做善事，累积善行。行善不要分大小，也不要

求回报，不能斤斤计较。心里想着回报，你就不是行善了，那是投资；心里想着回报，行善的效果就要大打折扣了。行善累积到一定程度，福报越来越厚，总有一天福报会来到你身边。

为什么大慈善家做的事业，越做越大？不是大慈善家的，有的越做越大后，就被劳改了，就犯罪了，就丢命了。

慈善家做事业，他把利润分为三份：一份回报社会做慈善事业；一份用于发展生产；一份用于生活和培养人才（用于技术和管理方面的投入），这样他的企业就会越做越大。

在现实生活当中，很多人不去提升自己的道德修养，不去好好孝敬父母，不去不断地积德行善，却去寺庙里烧香拜佛，这就是迷信了，根本没有用。大家注意看看那些腐败官员和奸商，很多都会非常虔诚地烧香拜佛，还有的请所谓的高人来作法事或者搞什么风水或者指点什么的，根本没用，最后都逃不了法律的制裁。

（3）如何为国为公为民奉献发展事业

我想大家看完了这本书，一定都是非常关心自己的前程的。这就需要你为国为公为民付出更多，奉献更多。

有很多人虽然拼命地努力，却怎么也升不上去，仿佛遇到了天花板了。

是的，你是遇到天花板了，你再怎么跳，跳得再努力，跳得再高，你都是在这一楼。如果，你上到二楼你的脚底都比在一楼的人的头高，都比一楼的天花板高。而如果你想要提升楼层，那么你就得提升孝道层次。

那要怎么才能运用好孝道这个第一大道来为国为公为民去奉献呢？

当然，你一定要看明白这本书。

第一，你要首先确认自己现在属于哪个孝道层次。

也就是你是属于小孝（一楼）、中孝（二楼），还是大孝（三楼）、至孝（顶楼）。

第二，确认你现在是属于哪个楼层的生意。

如你的生意在一个镇里，到一个县里的范围内（一楼），生意在一个地区到一个省里的范围内（二楼），生意在一个区域到全国的范围内（三楼），全国首富（顶楼）。

第三，你的孝道对应多大区域的生意。

生意在一个镇里，到一个县里的范围内，对应小孝；生意在一个地区到一个省里的范围内，对应中孝；生意在一个区域到全国的范围内，对应大孝；首富对应至孝。

当然，孝道高于职位的，正在上升阶段的，又是另外一回事。

比如你是小孝，你现在的生意在县里的范围内，那基本稳当。但是，你想做到地区范围内或者全省范围内，那是中孝才能做到的。那么，你是小孝，就不可能做到全省的范围内，你再怎么努力，也做不上去。如果做到了，必出问题。这就是“孝不配位，必有灾殃”，一定会被权、色、利等打倒。所以，你必须把你的小孝提升到中孝，你才有可能稳稳当当地将生意做到全省范围内。

可是，有的人不是这样，过去的人也不懂得这些。他们遇到瓶颈了，就通过一些非法的办法去牟取职位，比如通过关系、通过风水等。但是，你的道行不够，你会抵挡不住那个层级的诱惑。这也就是为什么很多人在某一个层级之前好好的，上了某一个层级以后就大量出问题。结果不仅自己倒霉，连家庭，甚至家族都跟着倒霉。像这样，你还不如实实在在就在原来的范围内好好做好自己的生意。你确实想上去，想提升的话，那么就要好好把自己的孝道提升一个层次。

第四，提升孝道层次。

小孝要怎么提升到中孝呢？

你就要清楚什么样的孝子是小孝，什么样的孝子是中孝。

小孝是孝父母之身，就是只解决父母的衣食住行。这种孝通过勤与俭就能实现。

中孝是孝父母之心，就是在孝父母之身的基础上，进一步孝父母之心。这就不仅要勤和俭，还要爱与敬。也就是不仅要解决父母的衣食住行（实际上很多做父母的自己就能解决），还要关爱父母，关心父母，让父母时时事事感到你对他们的关爱和关心，还要尊敬父母，有事多和父母商量，尊重父母的意见。注意，不是假商量，是真商量，要多采纳父母的意见，让父母事事时时满意开心愉快。

还要特别强调的就是，一定要遵守国家法律，要特别注意品德的修养，这

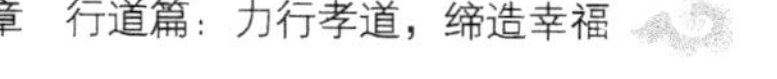

样父母对我们在外才感到安心放心。

你为了利益违法乱纪，不注意道德修养，又怎么可能让父母安心放心呢？

你做不到孝父母之心，就没有这个中道的孝，你怎么努力都升不上去。就算升上去了，必定出灾殃。

百孝篇里有一句话叫：“爱亲敬亲，孝乃全。”孝敬父母至少要做到这一步，父母才算真的幸福了，家庭才算真的幸福了，为人处世才算比较完美。

要千万注意的是，你在孝敬父母之心的过程中，不能想是为了自己的升官发财才孝敬父母之心，也不能有任何自私、自利、自我的任何想法，这才是无私无我无条件地孝敬父母。否则，那就是假孝，即使你升上去了，也必定是一个贪官，必定是一个奸商。即使不是贪官，不是奸商，也必定有灾难。因为你是自私自利的，你孝敬父母是有目的的，不是真心孝敬父母，这是假孝。即使你升上去了，你也抵挡不住那个层级的诱惑。你开始有这种想法，没有关系，但是以后一定要去除，千万要记住。当初隋炀帝杨广就是假孝，结局就是很悲惨——隋朝灭亡，子孙几乎全部灭绝；宋徽宗赵佶也是假孝，结局也是很悲惨——自己、家人、家族以及身边的忠臣 3000 多人全部被金朝俘虏。

对于过去不孝的人或者没有很好地孝敬父母的人来说，一定要反复认真地去忏悔，忏就是认错，悔就是改过。

用心用情地这么想，你孝敬父母是为了真诚地感恩父母。每天用 1 个小时真诚地去想父母对你的好，父母对你的恩德，父母的不容易，点点滴滴都想，越具体越好，越多越好（如果是一个不孝的人或者只是孝父母之身的人，你开始都想不出来几条）。时间长了，你就会非常感动，非常感恩父母，你就会认真地去忏悔自己。直到你无私心，真正为了感恩、报恩才孝敬父母、关爱父母、尊敬父母。而且你这个时候没有私心，知恩、感恩、报恩父母，让父母时时处处感受到你对父母的关爱，事事满意开心愉快，时时感受到你对他们的尊重。

常言道：“道高一尺，魔高一丈。道高一丈，魔上头上。”你不提升，好像没事，你想提升，魔就来了，考验就来了。你想提高多少，你就要经历多大的磨难，多大的考验。

当你能经得起一系列的考验的时候，你的中孝就基本达成。达成了也要持续地无私、无我、无条件地孝敬父母。当你能好好地做到孝父母之心的时候，并经得起考验，养成一种习惯之后，你再把这个孝心扩大，去孝周围的人，去孝单位，去孝部门，去孝国家，这就是移孝作忠，对国家一定100%尽忠，所有这些都是你孝心的自然流露。看一个人是否真的忠心，不仅要看平时，最重要的还是要看在困难、诱惑、压力、挑战面前是否还能保持忠心。到了这时，你为国、为公、为民奉献的更大的机会就离你为时不远了。

这是道方面，还有术方面的，比如学习专业知识，学习一些方法和技巧，待人接物等，提升能力，这样，就能真正达到以道御术，你才不会误入歧途。

实际上，这是教你无私地感恩孝敬父母，教你为人处世，教你利他利人，教你建立一个以人为本的思想，养成这个无私的付出奉献的习惯以后，你就能在为国、为公、为民付出奉献的过程中面对更大的诱惑时，抵挡住诱惑。你的父母就是一个天下，会给到你足够的力量。不信你往上查一查，你会发现你祖先的家族就是一个百家姓、千家姓的家族，你会发现真的是一个天下。

你想获得更高的为国、为公、为民奉献的层级，比如从生意遍布地区范围内上升到全国范围内，就要把中孝上升到大孝。

这个不是我发明的方法，我只是把你本有的善心、孝心挖掘出来而已。通过这个方法，你就能明白为什么你有什么样的孝道层次，你就能做相应层次的生意了。

当然，在提升孝道层次的时候，还要注意继续努力。不是说只提高孝道层次，而不去努力。努力本身就是尽孝道的最基本内容。小孝就是勤与俭，勤奋努力是最基本的。不管哪个孝道层次，都必须勤奋努力，都必须节俭。

要注意，行孝道是一生的事，不仅父母在世的时候要行孝道，父母去世以后还要一样行孝道。《弟子规》里有一句话：“事死者，如事生。”

因此，你千万不要以为公司是我投资的，是自己的，就可以不择手段地赚取利益。你大错特错了，你一样要诚信诚意地为国、为公、为民。

在家里提升孝道，那在外面怎么办呢？

你的生意在一个地区，你就把你的孝道延伸到一个地区；你的生意在一个省，你就把你的孝道延伸到一个省；你的生意在一个国家，你就把你的孝道延伸到一个国家。

你懂得怎么孝敬父母，你就懂得怎么对待你的顾客。

儿女本身就应该是尽心竭力做孝子，你明白这个道理，你就很容易明白：企业家本身就应该是尽心竭力做慈善家。因此，从一开始做生意，你就要不断地去做慈善。再准确地说，你不是做慈善，你是在孝敬你的生意的父母，你是在尽孝道。在家里，你有生你养你的父母；在外，你有没有意识到，你的企业，你的公司也有一个父母，这个父母就是你的企业，你的公司周围的环境和市场，是周围的环境和市场“养育”了你的公司和你的企业。你的生意在这个地区，这个地区就是你企业的父母，你的生意在这个国家，这个国家就是你的企业，你的公司的父母。

这下该明白了。如果你都不舍得孝敬父母，你又怎么可能舍得孝敬天下这个父母呢？你孝敬不好自己的父母，你又怎么可能孝敬好天下的父母呢？

孝敬天下的父母，就是这个国家，这个民族有难、有危机的时候，你要出钱出力。而没有困难的时候，你就要为周围的文化环境和环保环境等出钱出力。这就是穷则独善其身，达则兼济天下。注意，孝敬天下父母，不是把钱给某一个人，给某一个贪官。这是作恶犯罪，不是行善积德。虽然可能短期会得利，最后却反而害了自己，害了自己的公司，害了社会。

因此你要明白，做事业你要把利润分为三份：一份回报社会做慈善事业；一份用于发展生产，一份用于生活和培养人才（用于技术和管理方面的投入）。这样，你的事业才能越做越大。

第五章

案例篇：孝道是中国人的血脉

纵观中国的历史，你会吃惊地发现中国古代兴衰史，就是一部皇帝的孝道史。其他国家也不例外。

回溯中国几千年的文明历史，帝王将相，可谓数不胜数，镶嵌在中国历史的星空，其中成就非凡、彪炳史册者，大有人在，如唐太宗李世民、汉文帝刘恒、康熙帝玄烨；腐朽没落、遗臭万年者，也大有人在，如秦始皇嬴政、隋炀帝杨广、宋徽宗赵佶等。

人们不禁要问：同样是封建体制，为什么有些皇帝能开创盛世，而有些皇帝却带来衰败呢？

其根本原因在于孝道。

孝道是天下第一大道，孝道决定命运，我们掌握了天下第一大道，就能够非常简单、非常准确地分析判断各种人物兴衰荣辱的命运变迁。

尽管当初关于各位皇帝的孝道情况并不是每位都很详细，但已有的对部分帝王的孝道的记述也足够我们深刻认识孝道对于一个君王治理国家起到的作用，它就像一个状态表，可以用来推断出国家的命运。根据多方现象的总结，我们得出如下的结论：

（1）孝道层次低的人做了皇帝之后，一定会不同程度地表现出荒淫无道、挥霍无度、残酷无道、昏庸无道，从而使朝廷腐败、国家衰败，如秦始皇、隋炀帝、宋徽宗等。

（2）孝道层次高的人做了皇帝之后，一定会表现出勤俭节约，仁政爱民，从而使民富国强，国家安泰。比如：唐太宗李世民是勉强至孝，开创了唐朝盛世；汉文帝刘恒是至孝，开创了汉朝盛世；康熙帝玄烨是至孝，开创了清朝盛世。比至孝差一级的是大孝，这种皇帝，可以维持住盛世。如汉朝的汉景帝、汉武帝，清朝的乾隆等。

无论是一个皇帝还是一个普通的人，都可以凭借继承、风水、关系、钱财、专业、法术、才华等取得一定的成就和地位。也就是说，只要把其中任何一项

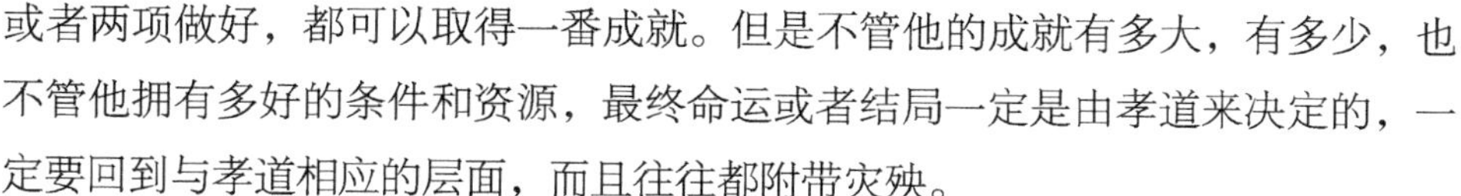

或者两项做好，都可以取得一番成就。但是不管他的成就有多大，有多少，也不管他拥有多好的条件和资源，最终命运或者结局一定是由孝道来决定的，一定要回到与孝道相应的层面，而且往往都附带灾殃。

通过本书的案例和西点军校的例子，我们再回过头来看看《道德经》和《孝经》，我们就能很容易领悟老子的话、孔子的话了，如“执大象，天下往”“侯王若守之，万物将自化”“孝悌之至，通于神明，光于四海，无所不通”等。

唐朝盛世之谜

认真研究一下唐太宗和秦始皇这两个皇帝，你就会发现：这两个人虽然所处时代不同，但是学习的内容和兴趣却出奇的相似，在聪明才智、能力方面，他们两个难分伯仲，而他们的最后结果却是：一个不仅开创了唐朝盛世，而且持续近三百年；一个不仅导致秦朝灭亡，而且子孙几乎灭绝——40多个子女，不是仇家杀害，而是自家人杀害自家人。于是我们要问：

唐太宗一统天下后，为什么不仅能够开创唐朝盛世，而且唐朝还能持续三百年？

秦始皇一统天下后，为什么不仅不能开创秦朝盛世，而且秦朝还迅速失去了天下，子孙几乎灭绝？

那是什么原因造成这种差别的呢？

我们先看看历史是怎样评价唐太宗李世民的，再分析李世民的孝道等情况，然后再看看秦始皇嬴政。对比一下，我们就会对孝道有一个清晰的、深刻的认识。

贞观王朝是李世民大帝建立起来的。李世民是唐帝国实际上的开国皇帝（他的父亲李渊只是名义上的）。在中国所有的开国皇帝中，只有李世民一人受过良好系统的教育，出身也最为高贵。他胸襟开阔，文武全才，知人善任，从谏如流，在当政期间创立了盖世绝伦的文治武功。李世民除了具备历史上的英明帝王共有的优势外，下面的几个优势还是李世民独有的：

（1）对国家民族的强烈责任心和浓厚的危机意识。

（2）襟怀坦白、光明磊落的执政风范。

（3）胸怀宽阔，爱才如命，有海纳百川的容人之量。

（4）高度超强的自制力，对人性的弱点有深刻的认识，对“好话”保持高度的警惕。

贞观王朝的强盛是中国的任何一个王朝都无法比拟的。中国历史上出了几个强盛的王朝，强盛的标志不外乎国富兵强和民丰物富。与生产力的高度发展相适应，唐王朝的国际威望也达到了顶峰，对外战争取得连绵的胜利，连续百余年保持连续不断的进攻态势，疆土极度扩张，朝鲜、漠北、西域的辽阔疆土相继并入中国的版图，西部疆土直达咸海东岸的石国（中亚细亚塔什干城）。除了这些人所共知的丰硕成果外，贞观王朝的文明程度在当时世界也是首屈一指的：

（1）社会秩序空前安定。

（2）开放的国界。

（3）唯一没有贪污的王朝。

（4）分权制度的初步尝试。

（5）高度发达的商业。

4 岁那年，李世民就开始要求学习骑马。父亲李渊听说这么小的孩子要学习骑马，就送给李世民一匹非常出色的小白马。李世民开始学习骑马时，他一次次失败，一次次又开始，摔得遍体鳞伤。父母都劝他过两年再学再练。但是李世民在困难面前，毫不含糊退缩，表现出极大的勇气和耐心，兴趣和决心始终不减，终于驯服了白马。而且长期坚持练骑马，大腿都肿了，他也依旧不胆怯，继续练习——那时他就要做骑兵大将军。

李世民 6 岁时，还设法参加了当地的成年人的骑马比赛，有好几百人参加，结果获得前十名的好成绩。之后，还跟父亲学习射箭，学习武术，仍然不愿读书。

他好胜心极强，但是，却非常虚心求教，遇到比自己强的对手，就一定要向别人求教，甚至拜对方为老师。

李世民 8 岁时，一次带弟弟玄霸外出玩耍，遇上恶劣天气，玄霸不小心掉

进深水中，李世民奋不顾身地救起弟弟。为此，李世民大病一场。

友爱兄弟到这个程度，舍命相救，这是悌道，是孝道的延伸。这都是至孝至悌的行为。

于是家人将他送去学习武术，修养身体。高僧发现他不爱读书学习，于是开导他。李世民这才明白读书学习的重要性，开始非常热爱读书学习，学习儒家、道家以及兵法等书籍。李世民文武齐修，全面得以提升。他这一去就直到10岁才回到家里，以后就开始独立承担家庭的重大事情，如家庭搬家、照顾母亲、护送母亲灵柩回老家等。

这么小就能积极承担这么重要的家庭重任，这是大孝子的行为。

李世民从小就志向远大，14岁左右就开始参加各种朋友聚会，广交英雄豪杰，而且多数都是比他年龄更大的朋友。这为他以后打天下开创事业打下了坚实的基础。

李世民16岁时，就可以独立为父亲承担工作上的事情了，如负责安排筹建、修建汾阳宫等。他不仅自己有远大的志向，见父亲沉沦还劝父励志，为父亲献计献策解决危机事件，从而使父亲躲过皇帝杨广的杀身之祸。此外，他还协助父亲平定叛乱。

李世民自己有远大的志向，并为自己的梦想努力，属于大孝。而他劝父励志，为父亲献策躲过杀身之祸，这就是至孝。

公元615年，李世民17岁。隋炀帝杨广被突厥始毕可汗率兵围困在雁门（今山西代县），李世民应募勤王，帮助云定兴出谋划策，以少胜多战胜突厥解皇帝杨广被围困之危，救出杨广。

这是大忠臣所为，是孝道的延伸——能尽孝才能尽忠。

公元617年，李世民19岁。李渊接受命令平叛盗贼，在平叛的过程中，李渊被冲散受到围困，眼看就要被敌人活捉，这时李世民奋不顾身，单骑冲杀敌人，舍命救出父亲。

就这两点来看，舍命相救，作为一个大将军，李世民是一个大忠臣；作为一个儿子，可以说他是一个至孝的儿子。

李渊的副将在北据突厥中，接二连三失利，皇帝杨广传旨押解李渊进京，李渊随时有杀身之祸。这时，李世民先后多次劝父亲起兵避免杀身灭门之祸，促使李渊听从建议下定决心。这属于至孝至忠的行为。

此时，隋政已衰，天下也大乱，李世民便开始广交英雄豪杰，积极招兵买马，准备举兵反隋，夺取天下。晋阳起兵以后，李世民与其兄李建成分统左、右两军，并肩作战。

李世民提出计策，乘天下大乱，关中空虚，快速攻取长安，以便称帝天下。于是他们准备粮草从太原向长安挺进。在挺进到半路时，接到根据地太原被围困的信息。李渊开始犹豫，不听李世民的建议，决定回撤。李世民决定再去面见李渊，李渊拒不相见。李世民清楚，一旦回撤，人心就涣散，士气一泄，大军解体，退守太原，与流寇盗贼无异，长安将被其他义军攻下，不仅无法实现举义大事，恐怕连自身都难以保全。李世民坐在帐外再也无法控制自己，挥泪大哭起来。哭声终于惊动了李渊。李渊最后听取李世民的建议，继续挺进，终于攻克了长安。

李世民反复向父亲劝谏，李渊不听，李世民最后不得已向父亲哭谏，无论是做臣、做儿子，都是至忠至孝。

公元 618 年，大唐立国之后，李渊被立为皇帝，李建成被立为太子，李世民以功劳大被拜为尚书令、右武侯大将军，晋封秦王。3 月，李世民奉命率兵征讨，击败乱贼，平定了中国大多数地区。李世民每平定一个地方，都会开仓放粮，赈济百姓，受降纳士，尽一切可能兵不血刃。因此，又接受了大量的文臣武将，队伍也迅速扩大。

实际上，虽然李世民只有 20 岁，非常年轻，大唐的天下主要就是李世民打下来的，已经具备了做帝王的实力，但最后的结果不要说做皇帝，就是太子都没有做上，可是李渊又多次说让他做太子，他的部下也有人劝他称帝。可因为做帝王的是自己的父亲，所以，李世民不愿意这样做，只好做出牺牲。可以想象，如果没有这种父子关系而只是君臣关系的话，李世民一定会去做皇帝。现在等于把皇帝让给父亲做，牺牲了自己，属于至孝的行为，尽管可能他不是很心甘情愿。

如果是刘邦、李渊、赵匡胤、朱元璋等人来面对这种情况，一定会自己做皇帝。实际上，他们就是这样做的。如果是秦始皇、杨广，不仅一定会称帝，甚至会杀死父亲。可见李世民是很讲孝道的，这算是至孝。

大唐统一天下之后，李世民出色的战绩和功劳引起大哥李建成的嫉妒，李建成多次暗害李世民。兄弟之争愈演愈烈，事情进一步恶化。

公元626年，李世民被逼率领人马在玄武门内，一举杀死了太子李建成和四弟李元吉。两天以后，唐高祖下诏将李世民立为太子。之后，唐高祖禅位给李世民。

到这一步，作为一个开创天下的文臣武将，如果没有父子关系的话，就没有什么好非议的。因为如果是刘邦、李渊、朱元璋、皇太极、杨坚、赵匡胤，无论哪一位，早在8年前就会称帝了。李世民因为是儿子，所以8年前他没有称帝，现在被逼把太子和李元吉杀了，到了这一步，再由李渊禅位给李世民应该是顺其自然的了。

毕竟李渊是李世民的父亲。因此，李世民对李渊还是隆礼相敬，满足他的各种生活需求，还专为李渊修建大明宫，作为李渊的养老享乐之所。李渊也只能默然而退，过起了太上皇的生活。这算是尽孝道。

尽管李世民是被逼的，但还是有亏孝道的。如果没有兄弟相残，李世民属于至孝。有了相残这起事件，孝道就要打折扣，就要降级，属于大孝。

问题的关键是，李世民有长孙皇后，她在李渊没有做皇帝时就特别孝顺公婆。在玄武门之后，李世民和李渊之间多少还是存在着疙瘩的。这个时候，长孙皇后起到了很重要的作用，仍一如既往地遵守妇道，极其孝敬太上皇李渊，每日早晚必向年老赋闲的太上皇李渊请安。她做了很多弥补李世民的孝道的事。可以这么说，如果没有长孙皇后的话，李世民的孝道不可能得到弥补，那么这个唐朝的太平盛世就不会出现。

总而言之，唐太宗李世民是一个勉强至孝（由于长孙皇后的弥补）的皇帝。

正因为李世民是一个大孝的皇帝，再加上长孙皇后的用心弥补，李世民在修身、齐家、治国方面，身体力行，做到以孝修身，以孝育人，以孝治家，以孝选人，以孝用人，以孝治国，力求使国家长治久安，永远维护唐朝的统治，也因而开创了中国唐朝盛世。

从古到今，只有至孝的皇帝才能开创太平盛世。这就是孝道决定人生，至孝得天下。

秦朝灭亡之谜

秦始皇嬴政是一个饱受争议的人物。有人赞他是千古一帝。他以秋风扫落叶之势，先后灭掉六国，建立了历史上第一个统一的、多民族的、专制主义中央集权制国家——秦朝。秦始皇在治理国家上很有一套，他最主要的大政方略莫过于政治体制的确立。他通过一系列的措施，建立了专制的中央集权制度。废除分封制，设立郡县制，统一文字、货币、度量衡；实行“攘外必先安内”之策，修筑官路驰道以统辖偏地。这些事关国家政体和统辖主权的大事在统一之后得以逐步实现。这些变革在中国历史上都是重大的举措，对中国历史产生了深远的影响，足以体现一代伟人的智谋。但是秦始皇在统一全国后开始采取“以猛治国”的方针：他组织了严密的法网来治民治吏，“做事皆决于法”，对待违法者，无论官民贵贱，皆一视同仁，施行轻罪重罚，使用酷刑，把大秦王朝推向了一个至察无亲的法制世界。两千多年来，历史对他的评价，成就是伟大的，但也犯下了许许多多极严重的错误。

长期以来，他一直忽视了一个非常重要的问题。这个问题就是他的孝道。他的孝道从根本上影响了他的一生，也影响了秦朝乃至中国的历史。

说起秦始皇嬴政，不得不简单地说一下吕不韦、异人子楚。

赵国为了获得稳定安全的发展环境，提出互换人质。秦国就派异人去当人质。异人去了赵国以后，秦国还是不断向赵国发动战争，因此异人的前途非常渺茫，处境非常危险，未来生死未卜。

吕不韦是一个非常精明、很有投机心理的商人，生意做得非常红火。吕不韦敏锐地发现安国君宠爱的华阳夫人膝下无子，未来的日子值得担忧。如果能够将异人子楚逐步变成秦王，就是一件非常特殊的政治资本，当然是金钱所不能衡量的。

经过一系列的策划和安排，异人成为华阳夫人的嫡嗣，并与赵姬结合，在公元前 259 年有了一个儿子，取名叫赵政，后来回到秦国以后就叫嬴政。

嬴政其实是吕不韦和赵姬的儿子。只是因为赵姬刚怀上吕不韦的骨肉时就被秦公子异人看上了，就这样吕不韦忍痛割爱地将这个骨肉神不知鬼不觉地

“让给”了异人。

公元前 257 年，嬴政 3 岁。由于秦国还继续猛烈进攻赵国，因此赵王非常愤怒，决定要杀死异人。吕不韦花重金买通关系，最后赵王只同意异人回秦国，而赵姬母子还必须继续留在赵国。最后只好由吕不韦陪同异人先回秦国。在送两个大男人逃生时，小小的嬴政非常沮丧，流露出明显的愤怒和恐惧。

自此时起嬴政自内心里对父亲产生了愤怒，埋下了不孝的种子。可是赵姬并没有引起足够的重视，从而进行正确的引导。

异人回到秦国后，在吕不韦的协助下，很快就得到华阳夫人和安国君的认可，并取名子楚，接受系统的教育和训练，势力一天天强大起来。

秦昭王在世时，一直在做统一中国的事情，秦昭王去世时的秦国已经是毫无疑问的最强大的国家了。秦国的国家财富已经占那时全中国财富的十分之六，秦国的领土已经扩大到全中国的三分之一的面积。可以说，秦国统一中国只是时间的问题了。

赵国被秦国打败，很多赵国人被杀死，几乎家家都有孤儿寡妇。因此，赵王和赵国人都要杀死赵姬母子。于是，可怜的赵姬唯一的希望就是要活着，带着幼小的儿子嬴政四处逃亡，在赵国终日过着提心吊胆的生活。小小的嬴政因此经历了数不清的、道不明的人间炎凉。

正是历经了这些艰辛、磨难、坎坷，锻炼了嬴政的坚定的意志和顽强的个性，这为他今后打天下统一六国奠定了很好的基础。

公元前 251 年，嬴政 8 岁。秦昭襄王去世，安国君即位，异人子楚为太子。赵国为了讨好秦国，开始友好地对待赵姬母子，赵姬母子这才安定下来。

一次，嬴政在他的外公家见到一批非常出色的宝马，他的外公说如果他能征服这匹马，就送给他。嬴政特别喜欢骑马和射箭，于是他就去了解马喜欢吃什么，然后就去拿来喂马。喂了几天马以后，他就开始学习骑马。刚刚骑上去，那匹马就要把它摔下去，嬴政死死抱住它，最后还是被马摔下去了。于是他又继续喂马，几天以后，他又继续骑这匹马。这匹马还是想把他摔下去，不过摔几下以后，这匹马就不再摔他了。

嬴政和李世民开始都是不愿意读书学习，一开始都是喜欢骑马射箭，而且都是精通骑马、射箭与武术。李世民是 4 岁开始学习骑马，也是反复被摔，最后也制服了马。而嬴政是8岁开始学习骑马，他显得更聪明，手段更好，不过他年龄更大，这是应该的。所以，他们在骑马制服马方面算是平手。

公元前251年，嬴政9岁。赵国为了求和，设法找到赵姬母子并将他们送回秦国。嬴政回来后不久就开始接受系统的教育。嬴政开始并不喜欢学习，后来经过太师和弟弟成娇的开导，嬴政才热爱上了学习。

李世民开始也是不喜欢学习，也是后来经过和尚开导以后才喜欢热爱学习的，那时是8岁多，而嬴政是9岁开始热爱学习。他们都是开始不愿意学习，而是喜欢骑马射箭，9岁左右才开始酷爱学习。所以，在骑马、射箭、学习方面也基本上打了一个平手。

在确定谁是太子上，确实给子楚带来了很大的难题，因为在他看来，两个儿子成娇和嬴政都优秀。所以子楚经常考察他们。一次，他们一起出去打猎，只带了十几个随从侍卫。嬴政非常聪明，建议父子三人在队伍的中间，子楚就采纳了他的建议。正好被想暗杀他们的人看到。于是这帮暗杀的人就在他们回来的路上等他们，准备伏击他们。回来的路上，天黑了，嬴政又建议，他们父子三人走在队伍的最前面，而且不打灯笼照路，他说因为天黑看不见，搞暗杀的人一般人数都很少，又看不清，他们一般会直接往中间最应该保护的地方直接攻击。他们回来的路上，暗杀的人真的就往中间攻击，使他们避免了遭到暗杀的可能。

李世民16岁时，为父亲献策解决危机事件，从而使父亲躲过皇帝杨广的杀身之祸；17岁时李世民应募勤王，帮助云定兴出谋划策，采用疑兵之计，以少胜多，以3万战胜突厥10万，解皇帝杨广被围困之危。李世民策划的是数万的军队，但比嬴政大4岁左右。因此，嬴政和李世民相比较，在聪明才智方面确实难分高下。

公元前247年，嬴政13岁，继承了王位，按照秦国的规定，嬴政要到22岁才能亲政。嬴政就一直想：我已然是秦国的大王，为什么还要由母后和仲父来摆布，一切都得听他们的呢？

嬴政碰到自己不满意的问题，就会对父母产生怨恨，一点感恩之心都没有，而一个人不知恩、感恩、报恩，老是看重别人的不是，他又怎么可能对父母孝敬。这是不孝的共同表现。

吕不韦最关心的就是对秦王的培养。一方面是小时候的艰辛经历；另一方面是吕不韦的培养，嬴政立志以后要一统天下。秦王每天除了 2 个时辰的骑射、击剑，至少还要用 8 个时辰来聆听老师的讲解，要不就是自己去钻研政治和军事，苦读圣贤的书籍，但是，对于儒家的刚健有为精神，他持赞同的观点，对于儒家的“仁政”“仁者爱人”的观点，他根本不屑一顾。

吕不韦对嬴政的培养，是全面的，唯独没有重视孝道教育的问题。儒家重视仁爱，特别是孝道，而此时嬴政已经出现不孝的苗头了。

吕不韦在这些年中，一方面帮助幼小的嬴政坐稳了王位，把秦国的大权交给赵姬代理；另一方面凭着他对秦国的忠诚和政治军事才能领导着那些老将军，坚持不断地进攻韩、赵、魏三国的城市，掠夺他们的土地，消灭他们的主力。

尽管嬴政在亲政前后，不断广结英豪，但是统一全国的文臣武将基本上还是吕不韦时期所用的人或者他们的后人。这足以证明吕不韦对秦朝、对嬴政都是忠诚的、能干的。

公元前 239 年，嬴政 21 岁。令嬴政没有想到的是他的弟弟长安君成娇在屯留造反了，成娇失败后自杀。嬴政将追随成娇的军吏一律斩首，对战死的士卒一律戮尸，并将绕地的百姓也一律迁往临洮。

不孝的人的特点就是自私、自利、自我，残酷，无情无义等。如果是极有孝道的人，如李世民就会这样处理，把几个跟随紧密的军官处理掉，其他的人员赦免，百姓无关，无须搬迁。

公元前 238 年，嬴政 22 岁，行加冠礼，正式行使王权。第二年，吕不韦被罢相。

这时，秦国就已经在吕不韦 13 年左右的领导下，国土面积已经由全国的三分之一快速发展到全国的三分之二，无论是财力、物力，还是人才方面，都已经充分准备好统一天下。

令嬴政没有想到的是嫪毐为了生存，发动政变，结果失败。于是，秦王下旨：“所有叛贼，一律处死。嫪毐，处以车裂，诛灭九族，其死党 20 多人，一律枭首，诛灭三族，其余所有追随嫪毐的叛逆、宾客、舍人等，罪轻的为宗庙鬼薪，最重的夺爵迁蜀，徒役 3 年。”

对于他的母亲，秦王下旨：将太后迁出雍城，送到破烂不堪的萯阳宫；太后身边所有的人一律处死；那两个同母异父的小弟弟，则装进麻袋里，活活地摔成肉泥。这种做法是要逼死母亲，秦王嬴政真是大不孝。

嬴政亲政之后，立即召集第一次百官朝议大会，却只能讨论将太后囚于雍城是否妥当的问题。众臣以为不妥，纷纷出来请求大王速迎太后回宫。秦王来者不拒，谁来劝杀谁，一天之中连杀 27 人，尸体都弃在城门外。最后，秦王喜欢的老师茅焦作为第 28 人冒死以天下为重来劝谏，秦王才不得不接受劝告，将母亲太后接回咸阳宫来。

嬴政让母亲赵姬回到宫里，居然是为了天下才让母亲回来，才没有逼死母亲。他有远大志向不假，值得肯定，但他不孝。他不念母亲给了他生命，在赵国时是母亲一人带着他艰难生活，四处逃命，才终于回到秦国，才有了他的今天。而他却不知恩，又哪谈得上感恩、报恩？

秦始皇亲政 28 年后，突然死亡，随即秦朝灭亡，其所有子孙几乎被自家人和亲信杀死。

嬴政亲政后，下旨将吕不韦罚回河南封地居住，永不准回咸阳。于是，吕不韦带着一支浩浩荡荡的队伍去了河南封地。

公元前 235 年，吕不韦到封地一年多时间，和各国诸侯交往频繁。嬴政又非常生气，又发出手谕：你对秦国有什么功劳，却能封土洛阳，食邑 10 万？你和秦国又有什么亲缘，却得到仲父的称号？本王令你，速去西蜀！

吕不韦看了，心里非常明白，就喝下毒酒自杀了。

先不说吕不韦是他生父，以免大家争议。秦始皇叫吕不韦仲父，仲父也是父亲，嬴政一样要尽孝道，何况吕不韦数次救他，并扶持他做上皇帝。不管是养父，还是生父，也不管嬴政出于什么目的，也不管嬴政坐什么位置，必须尽孝道，他逼死吕不韦就是极大的不孝。

吕不韦离开后，嬴政继续接着广泛招贤纳士。李斯向他推荐了能人尉缭。尉缭见了嬴政认为他缺乏仁德，于是逃走。但是嬴政还是派人把他追回。尉缭再三考虑决定留下来。

公元前 233 年，秦国开始统一六国，秦国俘获赵王，攻克赵国。嬴政下令屠杀当年知道吕不韦、异人和赵姬关系的人。在邯郸时，嬴政收到尉缭的信。信中说了两件大事：一件是太后即嬴政的母亲去世，另一件是燕国的太子丹潜

逃回了燕国。细心的李斯发现，嬴政听到母亲去世的消息时并没有流露出悲伤的神情，好像死的不是他的母亲，而听到燕丹回国的消息时，却怒不可遏，大光其火。

母亲去世，一点感觉都没有。由此可见，嬴政真的是不孝。这种人又怎么可能有仁德呢？

公元前225年，秦国用了约10年的时间，消灭了六国，统一中国。逐步建立起了统一的文字，统一的货币，统一的度量衡，统一的行政管理体制。

人们往往会认为是秦始皇统一了中国，因而认为他是伟大的。不错，是他统一了中国。但是要清楚一点，这是嬴氏家族，尤其是自推行商鞅变法的秦孝公开始的7代人经过100多年努力的结果。

公元前210年，秦始皇去世，立马就发生了“沙丘之变”。生前被他宠信一生的赵高，胁迫李斯一同改诏，赐长子扶苏自裁而死，让胡亥继承皇位，然后鼓动胡亥杀死秦始皇的其他儿子和女儿，总共40多人几乎全部被杀死。赵高接下来又杀了继承秦始皇帝位的幼子胡亥和宠臣李斯，而后赵高却被他扶起的秦王子婴所杀。这位杀了赵高的子婴，在即皇位46天后，就不得不自缚投降了刘邦。曾经是那么不可一世的秦始皇，辞世仅仅3年多一点，他的朝代就灭亡了，而且是永远地灭亡了。

赵高从小就和嬴政在一起，到嬴政去世，有40多年。如果赵高一向对秦始皇嬴政忠诚的话，不会在他死后突然背叛，说明他是早有预谋的。

清楚历史的人们要问的问题，不是要问秦国能不能统一中国的问题，而是要问秦朝为什么这么快就灭亡了？他的子女子孙为什么几乎灭绝？

正是因为他把一个强大的秦朝彻底给毁了，才导致其子孙后代几乎灭绝。对于秦朝来说，对于嬴氏家族来说，对于当时的百姓来说，他都是罪人，就是一个败家子。当然，我们不能否认秦始皇的功绩，准确一点说，就是不能否认秦始皇统一全国的收官之作。

如果刘恒或者李世民，或者康熙来继承，那么秦朝盛世就会出现，秦朝就会有几百年。

古今中外，不孝的人做了皇帝之后，没有不昏庸无道、荒淫无道、挥霍无度、残忍无道的，而且孝道越差，越是不孝，这方面越严重。最终注定要走向衰败，走向灭亡。

总而言之，秦始皇嬴政逼死父亲，甚至连母亲都要逼死，是一个极其不孝的人。可以说，是他自己葬送了秦朝。那秦始皇为什么会这样呢？

这和他小时候的成长环境和成长过程有密切的关系。嬴政少年充满艰辛，小时候生活在一个一天三餐没有保障、安全没有保障、生命没有保障、被人极其看不起的环境中，在这个特殊的成长阶段，一方面没有接受到良好的教育；另一方面也是最重要的方面，就是没有受到父母尤其是母亲的正确引导和教育。因此，小小的嬴政在某些方面得到良好的锻炼、磨炼，而在某些方面却是畸形的成长。也因此，嬴政从小就对父母充满了指责和抱怨，不懂得知恩、感恩、报恩，对别人就变得冷酷无情，薄恩寡义，缺乏仁德，从而使其成为一个极其不孝的人。也因此，嬴政今后才成为一个残忍无道、荒淫无道、挥霍无度的皇帝，最终导致秦朝灭绝，甚至子孙灭绝。

嬴政和唐太宗李世民对比，有很多共同的地方——聪明绝顶，才智不相上下，兴趣爱好也类似，都是开始只好射箭骑马不爱学习，而后通过引导又酷爱学习。他们唯独最大的差别就是孝道，而也正是孝道造成了两个人的结局完全不同。

隋朝灭亡之谜

在中国两千多年的封建史册里，在数以百计的帝王中，隋炀帝杨广有着相当高的知名度，甚至可以说到了不亚于秦皇汉武、唐宗宋祖的程度。因为杨广不是一个好皇帝，他的名字简直就是骄奢荒淫、肆行无忌、昏主暴君的代名词。这也难怪，自唐宋以来，无论正史野史、小说笔记，还是评书词话，凡涉及隋炀帝，大都是这样勾勒他的形象的。当然这些罪名也不是莫须有的，他残暴奢华，多次出巡，每次出巡都不惜民力，追求新奇，花样百出。其去江都巡游所乘龙舟之豪华，队伍之浩大都令人叹为观止；其残暴无道程度也令人发指，残杀谏臣，专宠小人，穷兵黩武，致使民不聊生。正是这些最终导致他走上穷途末路，使自己的王朝在短短的十几年的时间里就匆匆地画上了句号。

但是，隋炀帝杨广也是一位很有成就的皇帝。杨广即位后立即在洛阳北建立新都。新都是一座 7 平方公里见方的大都市，建好后，其政治、经济、文化和教育迅速发展，中央和地方政治组织各具规模。

隋炀帝登上皇帝宝座后，特别注重从中原到江南广集人才，并积极推进民族大融合。在 6 年时间内就完成了世界上开凿最早、航程最长、最雄伟的一条人工运河。隋朝打破了各地民族间的壁垒，完善了建立统一大国所必备的各种国家制度。

隋炀帝十分重视人才的培养，他雄心勃勃，雷厉风行，把隋文帝废止的学校全部恢复起来。在人才的培养和选拔上，开创了具有划时代意义的科举制。隋炀帝为了使行政区域的划分便于统治，慕秦王而重设郡县制，扩大了郡的辖境。隋炀帝还致力于扩张和巩固疆域。隋大业七年（611），他连年征发天下之兵，三次亲征高丽，劳民伤财，这也是造成隋政权颠覆的一个重要原因。隋炀帝致力于建设新国家，但是隋朝建立后不足 30 年就灭亡了，在隋炀帝手里也就十四五年。

隋炀帝杨广为什么会有这样的结局呢？为什么他的结局和秦始皇嬴政的结局如此相似？根源在哪里呢？

根源在孝道。因为他们两个的孝道极其相似。

我们现在先来了解、分析一下隋炀帝杨广的孝道等情况，并且和秦始皇嬴政的孝道等进行对比。在介绍杨广之前，我们有必要简单介绍一下杨广的父母。

杨广的父亲是隋文帝杨坚。隋文帝杨坚凭借显赫的家族背景在他的君主——北方周朝皇帝的军中飞黄腾达。他辅佐这位君主控制了中国北方大部分地区，受到了嘉奖。皇帝驾崩后，继之发生了一场皇位之争。杨坚在这场斗争中力克群臣，终获胜利。公元 581 年，40 岁的杨坚龙袍加身，成为公认的新皇帝，从而开创了隋朝。隋文帝杨坚登基之后，为重新统一的国家建立了一个广阔的新都城。他还开始建造连通长江和黄河的大运河，为中国南北统一起到了一定的作用。隋文帝最重要的改革之一是实行通过科举考试选拔政府官吏的制度。隋文帝还坚决实行所谓“避免制”。他反对铺张浪费，以减轻税负。

在位初期，他内修制度，外抚四夷，崇尚节俭，严于治官，勤政爱民，致使国家经济出现了繁荣的景象，国力日益强盛起来。但是后来也没能跳出中国皇帝猜忌多疑的误区，听信谗言，任用小人，且不阅诗书，迷信符瑞，由此导致大批忠臣被处死，并且他还使用残酷的刑法来满足自己的虚荣心，导致了社会矛盾的激化。

尽管隋文帝杨坚在位初期还是不错的，但是，他的晚年确实表现不好。他的晚年正是杨广长大、成长、成熟的关键时候，对杨广影响很大。

独孤皇后，史称独孤氏，鲜卑族，是隋文帝杨坚唯一的妻子，有一佛名伽罗。独孤氏缺乏宽容之心，极其残忍，极其痛恨内宠之事。她是北周宇文泰创业集团的核心成员独孤信的女儿，生于公元 544 年，14 年后嫁给了杨坚。在隋文帝杨坚的政治生涯中，独孤皇后的确有很大的影响力。她不仅影响着隋文帝，更影响着隋朝的政治，而最为突出的则有两件：一件是杨坚称帝之事，另一件是废立太子之事。

可以这么评价独孤皇后，她是一个非常聪明，极其好学，极其能干，极有政治才能的皇后，却是一个不守妻道，未尽好母道，不称职的母亲（对子女的教育未尽到责任）。而且她的秉性对子女影响很大，杨广的残忍就特别像她。有关她的孝道方面没有任何记载，但是，根据杨广可以推测出她的孝道层次一定是很低的。

公元 569 年，杨广出生，他是隋文帝杨坚和独孤氏所生的第二子。杨广 20 岁那年，被任命为江南征伐军统帅，成功地取得了战争的胜利。此后 10 年，他一直担任江南的地方官吏。再后来，他陷害了其兄，成了皇太子。

杨广是杨坚的次子，本来不是太子，可是他自恃才高，在平定南方时又立下战功，因此不甘心位居普通亲王的地位。在太子之争中，杨广摸透了父母的心思，时时摆出一副清廉高尚的样子，抛却个人享乐，显示节俭而又不好声色，表现极其孝顺和贤明，极力迎合父母的情趣。结果，杨坚和皇后独孤氏相信了他，废除杨勇，改立他为太子。

从杨广争夺太子之位这件事来看，杨广是个极富阴谋，为了达到个人目的而不惜牺牲一切的人。为了迎合父皇和独孤皇后，他表面上装扮成只和王妃萧氏居处，而每当他和后庭的女人生了孩子就杀掉。

杀死自己的子女，不仅极其残忍，而且极其不孝。因为这种行为一样让父

母极其伤心，只是他为了达到个人目的，没有让父母知道而已。

父母每次派人来，他都亲自和萧妃到门口迎接，并用丰盛的酒饭招待，临走再送上礼物。这些人得了好处，都在隋文帝和独孤皇后面前称道杨广仁孝。

有时，隋文帝和独孤皇后到杨广那儿去，他便把年轻貌美的姬妾藏起来，让年老丑陋的人穿上粗劣衣服服侍隋文帝和独孤皇后，隋文帝夫妇见杨广节俭而又不好声色，就更加宠爱他了。

杨广还用同样的方式敬待朝中大臣，大臣们也都称道他贤明。这样在朝廷内外，他获得了普遍的好感，声望越来越高了。

你争夺皇位也可以理解，实实在在干事，实实在在尽孝道也行，他们都是自己的父母。可是杨广不是，弄虚作假，欺骗父母，这就是假孝。假孝比不孝危害还大。

杨广又与朝廷重臣杨素联合，里应外合，争夺太子位置，让杨素也在父母面前毁谤太子杨勇。杨素一方面在隋文帝夫妇面前称誉杨广，攻击杨勇，催促隋文帝废勇立广；一方面在朝中大肆活动，广造舆论，煽动更多的人诽谤太子。

终于，杨勇被废为庶人。杨广如愿以偿，被立为太子，取得了皇位的继承权。杨广坐上太子的宝座后，又命杨素捏造罪名，将自己的弟弟、蜀王杨秀废为庶人。

公元 604 年，杨广 35 岁。此时，他的父皇杨坚病重，为了控制父皇，杨广服侍左右。杨广在他父亲临终的一刻终于暴露本性，想调戏自己漂亮的庶母宣华夫人。过去在杨广争夺太子之位的时候，夫人收受杨广的贿赂，曾经替他在皇帝面前美言。但是，面对太子的调戏，宣华夫人无法忍受，当即告诉病中的隋文帝。隋文帝当然十分愤怒，决定惩罚杨广。杨广知道后，担心自己被废，带兵包围行宫，逼死父亲，自己当上了皇帝。为了继承皇位，并使自己的位置保险，又策划派人杀死杨勇。

调戏庶母，也是极其不孝的行为，更不要说逼死自己的父亲了。不孝的人都是非常自私自利自我，无情无义，尖酸刻薄的，这种人做了皇帝必然挥霍无度，荒淫无道，残忍无道。

这一点和秦始皇极其类似，秦始皇为了达到个人目的，逼死自己的父亲吕不韦，甚至还要逼死自己的母亲，直至杀死 27 位大臣后才住手。

隋炀帝杀死哥哥杨勇和弟弟杨秀，这也是极其不孝的行为。兄弟关系是悌道，是孝道的延伸。

公元 618 年，隋炀帝杨广下令修建丹阳宫时，江都的粮食已经吃光了，跟从御驾的骁果多是关中人，长期客居在外思念家乡，见隋炀帝根本没有西返的意思，许多人都开始谋算着逃回去。想叛逃的人一商量，叛逃是死罪，干脆叛变，因此，包括不少隋炀帝宠信的官员一起策划了一场政变，结果隋炀帝及其子女几乎全部被杀。

秦朝和隋朝的结局极其相似，嬴政和杨广的所有子孙后代几乎都是被自家人或者身边的宠信杀害灭绝的。

总而言之，隋炀帝杨广是一个极不孝的皇帝。

虞舜继承王位之谜

尧帝姓伊祁，名放勋，号陶唐氏，简称唐尧。古书上说尧帝很善于治理天下，他命令羲和掌管天地，派羲仲、羲叔、和仲、和叔分别掌管东、南、西、北四方。他还制定了历法，规定一年为 366 天，分春、夏、秋、冬 4 个季节，使农牧业、渔猎业都能根据季节安排生产。

尧帝从 16 岁开始治理天下，在位 70 年。到 86 岁那年，他觉得自己年老体衰，想要找一个人来接替他。他因为发现自己的儿子丹朱不足以继承大任，于是就想在全国范围内找到一位真正可以接替自己位置的人，就要求各地官员们推举当地最有孝行、最有美德的人。过了不久，当地在 4 个方向掌管国家的四岳都举荐了虞舜。人们推荐虞舜，说这个小伙子很孝顺，可以做他的继承人。由此可以看出，虞舜在当时确实是因为孝行而非常出名的一个人。

虞舜姓姚，名重华，翼州（今河北省一带）人。虞舜的父亲叫瞽叟，是一个盲人，舜的母亲在他很小的时候就去世了，于是，瞽叟又娶了一个新的妻子，也就是虞舜的后母，生了一个儿子叫作象。像从小受到父母的宠爱，所以品德并不是那么好，是一个好吃懒做而又非常傲慢的二流子式的人，经常在父母面

前撒娇，说异母哥哥虞舜的坏话。而这个瞽叟，由于爱他的后妻、后子，就不喜欢前妻生的大儿子虞舜。瞽叟因不喜欢虞舜，经常打虞舜。如果父亲因为一件小事责辱责骂的话，虞舜都会顺从，会接受父亲的惩罚，而且不断检讨自己到底哪方面没有做好，是什么原因又让父亲生气了，下次一定要做得更好；如果父亲暴打他，往死里打，他就会逃出来，防止父亲把他打死。因为他是这么想的，如果父亲打死了自己，就会陷父亲于不义，村里人就会说父亲，让父亲在村里没有立足之地。而这对老夫妻和象就常常在一起密谋，想要找机会杀掉虞舜。即使这般，虞舜仍然不介意，仍然很孝顺自己的父亲。也因此，虞舜得到不断地磨炼和锻炼，心境也不断得到提升，孝道更得到不断提升。他在孝顺父亲的同时，对于后母和他的弟弟也用同样的态度，同样孝顺他的后母，同样友爱他的弟弟，而且始终如一。由于他的这种孝行，在当时他得到了人们对他的好评，在他 20 岁的时候，他就已经以孝闻名了。

既然掌管国家的四岳都举荐了虞舜，尧帝就想要详细地观察虞舜是不是确实如此。于是，尧帝便把自己的两个女儿——娥皇和女英都嫁给了虞舜，让她们做他的妻子，又让自己的九个儿子和虞舜去交朋友，并派虞舜到各地去同群众一起干活。从日常的一举一动、一言一行来考察虞舜是不是一个合格的继承人。

虞舜结婚以后，带着两个妻子一起去种地干活。虞舜在这个过程中，仍然对父母表现出了他的恭敬之心，仍然关心弟弟。而且他的妻子娥皇和女英，看到虞舜如此坚定地孝敬父母，做了好榜样，也不敢因为自己是王的女儿，就对虞舜的父母有不恭敬之心，所以他的妻子也很好地守着妇道，同时尧帝的 9 个儿子也和虞舜的关系越来越好。虞舜的名气就更大了，大家都说他是一个好儿子，好丈夫，好哥哥。

虞舜在当时“耕于历山”（就是现在山东济南一带），在这个地方亲自耕田。本来那里的农民为了争夺土地而闹得不可开交，虞舜一去，在虞舜的影响下，“历山之人皆让畔”，历山人就互相推让土地的地界，而且你帮我，我帮你，把生产搞得很好；虞舜到雷泽地方去捕鱼，本来那里的渔民经常为了争夺房屋而打得头破血流，而虞舜一去，在虞舜的影响下，“渔于雷泽，雷泽上人皆让居”，渔民们就互相让房屋，和睦得像一家人；舜在雷泽上打鱼，本来那里的人互相争夺便于捕鱼的地方，而虞舜一去，在虞舜的影响下，人们竟互相推让便于捕鱼的位置；虞舜到河滨去烧制陶器，“陶河滨，河滨器皆不苦窳”，本来那时的陶工干活粗制滥造，陶器的质地粗劣，而虞舜一去，在虞舜的影响下，陶工们就认真工作，精益求精，河边的陶器便没有了次品，制作出来的陶器十分精美。虞舜每到一个地方，人们都紧紧地跟随他，学习他，以致“一年而所居成聚，二年而成邑，三年而成都”，即一年，那里就形成了一个村落；二年，就形成了一个乡镇；三年，就形成了一个城市。这都是因为别人有感于他的孝德，就纷纷和他为邻为友。

有一天，他的父亲要虞舜去仓廪上边把屋顶再加固一下，于是，虞舜就爬着高高的梯子上到了屋顶。结果他的父亲从下面纵火，要烧死虞舜。可是虞舜拿着自己头上的斗笠当降落伞，从高处跳了下来，成功地避开了这次灾祸。可是虞舜仍然不计较父亲，仍然孝顺父亲，关爱兄弟。

又有一次，虞舜的父亲让他去挖井，在挖井的过程中，虞舜已经意识到了危险，所以，虞舜在挖下去一定的深度以后，他就在旁边挖了一个小洞。在他刚刚挖好一个小洞以后，他的父亲和他的弟弟就从井上把泥土和石头倒进井里，虞舜赶紧挖通他刚才从侧面挖的那个小洞，在侧面挖了一条通道逃生了。他的父亲和弟弟把这个井填掉以后，认为他这次必死无疑，所以，他们开开心心地回家了。回家之后，就开始商量着要怎样去分掉虞舜的一些财产。他的弟弟得意扬扬地说“本谋者象”，说这件事情是我谋划的，所以我应该多分一些。于是他就说：“虞舜的妻子都归我了，娥皇和女英都归我了。”而当时尧帝曾经送给虞舜一张古琴，所以象说琴也归他了。此外，牛羊和仓廪，象则说让父母留下。于是，父子二人就把舜现在拥有的财产全部瓜分了。这个时候，象跑到虞舜住的房子里，坐在席子上，叮叮咚咚地弹起琴来，并且希望得到娥皇和女英的侍奉。可象猛一抬头，却看见虞舜回来了。他先是吃了一惊，赶快假惺惺地说：“哥呀！我正在想你。你怎么挖井挖半天也不上来，都快把我想死了！”虞舜一点也不责怪弟弟，反而说：“好弟弟，你这样关心我，你我真是一父所生的亲兄弟呀！”尽管险些丧命，虞舜对象和父亲仍然没有报复之心，仍然还是用很好的态度，更加恭敬地对待父亲，对待弟弟。

后来他的孝行，得到了大家的认同。尧帝听说虞舜这样宽宏大量，对他就

更加放心了，就把治理国家的大权交给了他，自己带着一班人到各地去视察。虞舜行使了 20 年的治理大权，把各种事情办理得井井有条，使天下的人十分佩服。这时候，尧帝已经 100 多岁了，他视察各地回来之后，就把部落联盟领袖的职权全部让给了虞舜，自己退居一旁养老。这在历史上就叫作“尧舜禅让”。

虞舜担任领袖的第八年，尧帝就去世了。尧帝去世后，他更加勤恳奋发地工作，把天下治理得比尧帝时期更好。

虞舜在晚年也到处巡视。最后一次，他巡视到苍梧地区（今广西壮族自治区东北部和湖南省南部一带），得病死了。他的妻子娥皇和女英非常想念他，常常扶着门前的竹子悲哀地哭泣。她们的眼泪滴在竹子上，凝成了斑斑点点的美丽的花纹。这种有花纹的竹子，后来就被人们称为湘妃竹，其实就是斑竹。

虞舜确实是一个至孝的儿子。王凤仪说得好，行道要有铁志。孝道是要经得起考验的。有的父母可能素质比较高，懂得怎样教育小孩，那祝贺你，你的成长比较顺利；有的父母可能素质比较低，不懂怎样教育小孩，那也要恭喜你，虽然你的成长可能比较艰难，但是你会得到真正的锻炼和磨炼。

虞舜正是在这样的环境下，得到了磨炼和考验，从而成长起来，成为一个至孝的儿子的，而至孝者得天下，虞舜最后继承了皇位。

汉朝盛世之谜

后世史家，对于汉文帝刘恒称颂有加。文景之治是封建社会出现的第一个盛世景观，成为后世帝王君主争相模仿追求的榜样。文景之治，在历史长河中影响深远，功不可没，在两千多年的封建政治史上颇具特色，因此汉文帝刘恒被誉为一代圣明的君主。

汉文帝 20 多岁时，在众臣的拥戴下，继承帝位，成为名副其实的少年帝王。他生活上躬行俭约，克勤克俭，为天下先，平日里饮食是粗茶淡饭，穿着是朴实粗丝的衣服，在皇帝位上 23 年，未央宫内的器物用具没有添加一件，都是前皇帝留下的。

汉文帝在位期间不但能够坚持原则，驾驭群臣，更明白做君主的方法，很有政治才能。对内政策上，他采取合理措施，稳定团结。他非常重视兴建水利，加速发展农业生产。百姓们没有徭役赋税之苦，得到休养生息，安心田间劳作耕种，致使天下殷实富裕，百姓安居乐业，人丁兴旺，和乐美满，呈现太平盛世的景象。刘恒减轻刑法，取消了连坐刑法，废除割鼻、砍脚、脸上刺字等肉刑，以德教化感召百姓，造福天下。对外政策上，他采取安抚和亲等各项措施。因此，刘恒在位多年再也没有兴兵动武，汉朝由此逐渐趋向安定强大。

他 20 多年不懈努力，艰苦奋斗，脚踏实地奠定了西汉王朝长期稳定的政治基础，开创了社会经济迅速蓬勃发展的良好局面，为武帝时汉王朝成为世界上最强大的国家，准备了丰厚的物质条件，为后世帝王树立了以孝修身、以孝治家、以孝治国、勤政爱民的典范。

但是，当初在吕后专权的时代，没有人敢相信他能够幸存下来，更没有人认为他能够当上皇帝，更不用说开创太平盛世了。那么，刘恒又是怎样在吕后对刘家子孙诛杀中幸存下来的呢？刘恒又怎么能被大家推举继位当上皇帝呢？又是什么让他开创了太平盛世呢？

公元前 202 年，刘恒出生，是刘邦的第四个儿子，母亲是刘邦庶妻薄姬。薄姬地位极低，为人谦和，与世无争，安分守己，谨慎小心，逢事总要再三考虑，谁也不敢得罪。薄姬虽然在刘邦仅仅宠幸一次之后就被刘邦彻底忘记了，但是她很幸运怀上了龙种，生下了一个皇子，取名叫刘恒。但是由于她根本不被皇帝刘邦宠幸，所以儿子刘恒也不被皇帝喜爱。刘恒从小就生活在刀光剑影、血雨腥风的后宫之中，尤其是由吕后把持的后宫，那里充满了尔虞我诈、你争我夺。

刘恒从小在母亲的教育和影响下，就非常努力地学习，并学会了忍让，生活节俭，善于思索，处事极为谨慎小心。他性情温和，宽容大度，温文尔雅，从小就对母亲特别孝顺，每次出去玩耍刘恒都会跟母亲说一声，而每次回来都会先去跟母亲问安，害怕母亲为自己担忧。母亲吩咐的每件事，他都会认真去做，使母亲放心又省心。每当看到母亲不高兴的时候，刘恒总是千方百计地安慰她，一旦母亲的身体有所不适，刘恒总是焦急万分。

在皇帝家里，父皇有天下至高无上的权力，在这种权力的影响下，真的很难看出谁是真的有孝心。而刘恒的母亲一点不受皇帝宠幸，地位极低，小小的刘恒根本没有因为母亲的地位低微，自己这个皇子被人瞧不起，其他皇子生活得自豪、富有、高贵，而有丝毫抱怨母亲的行径。他非常懂事，非常体贴母亲，总是无微不至地关心母亲，真的是至孝的儿子。

有一天早晨，刘恒给母亲请安的时候，发现母亲的脸色有些苍白，刘恒急忙派人招来太医，太医为薄姬做了诊视后，给她开了药方，让她服药治病。刘恒在旁边，一边观察太医诊病，一边仔细地观看母亲的脸色。太医奇怪地问："难道皇子你也懂医学吗？"刘恒回答道："我不懂，我只是担心母亲的病情。"

拿回药以后，煎药的工作自然由宫女们去做，等到薄姬服药的时候，药还没有煎！刘恒很是忧心。虽然都在后宫，但待遇是很不公平的。其他的姬妾可以享用的东西，薄姬母子没有；其他的皇子随心所欲地享受特殊待遇的优越感，刘恒也不敢轻易表露。当时在宫里侍候他们母子的宫女们，也不尽心尽力地照顾他们，有时还有意无意地怠慢刁难这两位不甚引人注意的母子。

刘恒看到母亲的药还没有煎好，非常着急，正想责备负责煎药的宫女，却被母亲制止了。薄姬说，不是什么大病，早一点吃药，晚一点吃药没有关系。

刘恒听从母亲的劝说，静静地守候在母亲的身边，一直等待着宫女把药煎好。当宫女准备为她服药时，由于汤药刚刚煎好，薄姬被烫得哆嗦了一下。刘恒立刻从宫女手中接过药碗，自己亲自喂母亲服药，然后让宫女去做其他的事情。刘恒轻轻地用汤匙舀起汤药，放到嘴边，慢慢品尝一下，觉得汤药不烫了，再喂母亲服下。每口汤药，他都亲自尝一尝，先知冷热，才放心让母亲服用。等到服下一碗药，薄姬高兴地说："就看你的这份孝心，母亲的病也好了。"刘恒却说："儿子生病的时候，母亲不也是这样照顾我的吗？"

刘恒从小就在母亲的教育、引导和影响下，非常孝敬父母，尊重长辈，善待他人。当母亲有病的时候，自然会很担忧母亲，自然会细致入微地照顾母亲。

公元前 196 年，因为刘恒的至孝之道，萧何决定力荐刘恒去做代地之王。因此，萧何连同 32 位大臣一起上奏皇帝，请求立刘恒为代王。就这样，7 岁的刘恒，被封为代王，为他未来做皇帝打下了坚实的基础。

公元前195年，刘恒8岁。刘邦去世，吕后专权，下令皇子不论年龄大小，一律回到自己的封地去，但是不允许他们的母亲随他们一起去。刘恒临走的时候，特意去向吕后辞行。吕后看到他虽然只有8岁，年龄很小，却这么懂事，这么孝顺，也为此感动，再加上薄姬与世无争，就特别准予刘恒母子俩一起去代地。这是唯一母子俩一起去封地的。

刘恒刚到代地，由于代地连年战争，备受战火蹂躏，荒凉破损。面对这种艰苦陌生的情况，刘恒好学崇道，亲身耕种，节衣缩食，抗旱救灾，致使代地百姓的生活慢慢开始好起来。

对父母至孝、无微不至的关心和爱护，移孝作忠，忠于国家，才能够真正地对百姓关爱，才能用心体察百姓的疾苦和需要，才能制定出好的政策，解决百姓的疾苦和困难。

在一次抗旱救灾中，刘恒的母亲薄姬病倒了。刘恒去看望母亲，正遇上侍女刚煎好药，自然而然地准备再次喂母亲服药。薄姬说："你已经是大王了，还要亲自喂我服药？"

"不管我是不是大王，你始终是我的母亲，喂母亲服药是天经地义的事情。"刘恒说着，舀起一勺汤药，放在嘴边轻轻地吹着。

薄姬说："你回去看书吧！让侍女们服侍我。"

"不用"，刘恒说："你服完药我再去读书。"说着，先轻轻尝尝汤药，看是不是温凉适宜，然后再将一勺汤药送到薄姬的嘴边。

薄姬含下汤药，眼睛里溢满幸福的泪花。

刘恒将汤药一勺勺喂给薄姬。喂完后，刘恒轻轻扶薄姬躺下，再次帮她擦拭脸上的汗珠。

侍女小环说："每次大王来，太后都特别高兴，病情也减轻不少。可是大王你一走，太后就会惆怅不乐。"

"太医说只有心情舒畅，太后的病才好得快。"

刘恒说："母亲，是我疏忽了。我搬过来服侍您，日夜守候在您身边。"

薄姬急忙驳斥："不行，你是大王，需要处理的事情太多了，不能耽误你的读书学习。"

刘恒说："母亲，您说错了，我的事情再多，可是孝顺的事情是首要的，哪

能本末倒置。”

薄姬仍是不同意，最后刘恒说：“我每天处理完政事，然后再过来服侍您，这样总可以了吧？再说，我在你这里照样可以读书学习，还能听您给我讲故事，一举两得，何乐而不为？”

薄姬只好答应。刘恒命令侍女收拾好西边的房间，然后又在薄姬的卧室安置了一张卧榻。白天处理完政事，做完必要的工作，他就回到薄姬的院子，服侍母亲，端水喂药，无微不至。夜里，他睡在母亲的屋内，衣不解带，侍奉左右。每听到母亲一声轻微的咳嗽，他都赶紧起来，观察母亲的病情有什么变化。经过刘恒耐心侍奉，薄姬的病情渐渐好转。于是薄姬说：“我的病快要好了，你不用白天黑夜地服侍我了。”

刘恒说：“我侍奉母亲，一定要到您的病情痊愈。”

3 年过后，薄姬的病情彻底痊愈，症状完全消失，身体比生病以前还要强壮。3 年的时间里，刘恒始终如一地服侍在太后身边，真正做到了：“亲有疾，药先尝；昼夜侍，不离床。”

刘恒侍奉母亲，彻底把自己大王的架子放下来，他知道，自己就是一个儿子，吃水不忘挖井人，不能忘记父母的养育之恩。这个恩，我们纵使是孝子，也报答不完。刘恒三年如一日侍奉母亲的孝行传遍晋阳，传遍代地，甚至传遍全国各地。所有的官吏也好，百姓也好，无不为他的举动所感染，人们争相传送他的仁孝事迹，将刘恒列入《二十四孝》当中，排名第二。

公元前 195 年，刘邦去世后，吕后专权，刘氏子嗣惨遭杀戮。刘邦去世时有 8 个儿子，1 个做皇帝，7 个做诸侯王；1 个是吕后亲生的，7 个不是她亲生的。前前后后被吕后害死已经成年了的 6 个，只剩下 2 个不是她亲生的代王刘恒和淮南王刘长了。刘长年岁还小不懂事，只有几岁，而刘恒却已经 20 岁了。

一天，吕后传旨，令刘恒火速进长安去赵国。而短短几年的时间，刘邦就有 3 个儿子在赵国做赵王被吕后害死。那刘恒能逃厄运吗？

刘恒和大家共商对策后，亲笔写信给吕后。吕后看了半天，叹道：“我以前就知道刘恒仁孝，多年不见，他长大成人了，还是一样孝敬宽厚。”最后考虑再三，也就成全他了。

刘恒为什么能够让极其狠心的吕后感动？因为刘恒是至孝的儿子，在他尽孝道的过程中，已经养成了利他的思想，因此，他能够设身处地地为国家考虑，为吕后考虑，能够想到、说到、做到吕后的心里去。所以，才让吕后感动，才使他远离了危险的境地，躲过了杀身之祸。

公元前180年，吕后去世，周勃灭吕。刘氏还有其他子孙，到底谁来继承王位呢？大家经过激烈的争论之后，拥立代王刘恒，这是众人能接受的唯一方案，于是派人去请代王。

在刘邦的后人中，还有两个儿子活着，另外还有几个孙子，还有在灭吕的行动中，另外一个儿子还立了大功。但是，由于刘恒是一个至孝的儿子，因此，大家推举他做了皇帝。这就是老子说的“天道无亲，常与善人”。意思就是：孝道对待人没有什么亲疏之分，永远都是奖励善良的人，越善奖励越大，越孝奖励越大。

就这样，刘恒在没有任何靠山，没有任何势力，没有任何基础，没有任何关系的情况下，突然被大家推举继承了皇位，并且迅速牢牢地掌握着政权，开创了中国第一个太平盛世。

就凭这一点，刘恒就是一位非常伟大的皇帝。

汉文帝刘恒从小就生活在刀光剑影、血雨腥风的后宫之中，尤其是由吕后把持的后宫，那里充满了尔虞我诈、你争我夺。再加上母亲薄姬地位极低，根本不被皇帝刘邦宠幸，所以儿子刘恒也不被皇帝喜爱，并且还常常受到嫔妃、宫女、太监等的冷落。在这种特殊的情况下，一方面他身为皇子沾了其他皇子的光，接受了良好的系统教育；另一方面受母亲的为人处世的影响，和母亲的正确的引导，使得刘恒从小就非常孝敬父母，懂得体谅别人，为别人着想。

正是因为刘恒是一个至孝的皇帝，在他没有任何关系，在灭诸吕中没有任何功劳的情况下，大家一致推举他继承了皇位。当他做了皇帝后，他很自然地做到了以孝修身，以孝育人，以孝选人，以孝用人，以孝治国，从而使国家长治久安，开创了中国第一个太平盛世。

康乾盛世之谜

康熙皇帝玄烨，是仁政爱民的一代君王，是中国古代为数不多的一位历史名君，在世界古代杰出帝王内，也位居前列。康熙帝在位期间励精图治，国富民昌，是历史上有名的千古一帝。他年纪轻轻就铲除鳌拜，紧接着平定三藩，收复台湾，三次平息叛乱，维护我国领土完整。享年 68 岁，在位时间 61 年，这也使得康熙成为历史上在位时间最长的一位皇帝。

康熙执政期间，撤除吴三桂等三藩势力，统一祖国，平定叛乱，并抵抗了当时沙俄对我国东北地区的侵略，划定中国东北边界。他在承德修建了避暑山庄，作为与北方游牧民族交往的基地。从社会经济的角度考察，康熙采取了一系列有利于国计民生的政策：积极鼓励垦荒，废止圈地令，实施更名田，整修黄河、淮河、运河的水利工程。尤其是在康熙五十一年（1712）决定“永不加赋”，取消新增人口的人头税，并最终演变成“摊丁入亩”制度。最终促进了农业经济的发展，表现为耕地面积的迅速扩大与粮食产量的提高，经济作物的广泛种植，奠定了所谓“康乾盛世”的基础。康熙帝重视对汉族知识分子的优遇。他曾多次举办博学鸿儒科，创建了南书房制度，并亲临曲阜拜谒孔庙。康熙帝还组织编辑与出版了一系列重要的图书、历法和地图。

康熙皇帝为什么能够开创康乾盛世？为什么能成为中国古代为数不多的一位历史名君？在世界古代杰出帝王内。他为什么也能位居前列？

这个问题早就有了答案，但是，我要从根本上回答这个问题。这是因为康熙皇帝的孝道，康熙皇帝是至孝。古今中外的至孝皇帝都能开创出太平盛世。

我们来看看康熙皇帝是怎么尽孝道的！

公元 1654 年，玄烨出生时，是顺治十年（1653），从出生那一天起他就没有得到父爱，也没有得到母爱；2 岁时，由于顺治皇帝福临与董鄂氏的热恋，再加上清朝的各种规定，等等，直至父亲去世，他都没有得到父亲和母亲的关注和爱抚。

公元 1661 年，父亲顺治帝去世，玄烨 8 岁登基。在位 2 年后，玄烨的生母佟佳氏患病，玄烨“朝夕虔侍，亲尝汤药，目不交睫，衣不解带”“寝膳俱忘”。

母亲佟佳氏去世后，玄烨“擗踊哀号，水浆不御，哭无停声”“近侍无不感应”。他执意要将母亲的梓宫亲自送出紫禁城，经孝庄再三劝阻，才“勉遵慈谕，仍苦踊不辍”。

父爱母爱本身就珍贵，在父皇去世后，母亲的病重让他更加感觉珍贵，所以，他非常珍惜，小小年纪，就亲自尝试汤药的温度，亲自给母亲喂药，为了细心照顾母亲，达到了废寝忘食的程度。康熙和汉文帝刘恒一样，都有类似照顾母亲的经历，他们都是极其孝顺的孩子。

他能够成为一个非常有成就的皇帝，和孝庄文皇后辛勤的栽培密切有关。玄烨成年后多次讲道：“忆自弱龄，早失怙恃，趋承祖母膝下三十余年，鞠养教诲，以致有成，设无祖母太皇太后，断不能致有今日成就。罔极之恩，毕生难报。”“朕自幼蒙太皇太后教育之恩，至为深厚”“仰报难尽”。这些都是他的肺腑之言。

由此可见，玄烨是一个非常懂得知恩、感恩、报恩的人。只有懂得知恩、感恩、报恩的人，他才会珍惜，才会很好地孝顺父母，孝顺祖母。

康熙皇帝玄烨从小酷爱学习，这一嗜好伴其一生。对于孙儿的勤奋苦学，太皇太后孝庄既感慨欣慰，又十分心疼。她曾经忧喜参半，不无责备地对孙儿说：“哪有像你这样的人，贵为天子，却像书生赶考一样苦读。”

作为一个小孩来说，喜欢学习，认真学习是孝顺父母的一个重要内容。要成为一个大孝以上的人，必须成为一个热爱学习的人。刘恒和玄烨都是非常酷爱学习的人。

玄烨继承皇位前，孝庄就已经对他进行全面严格的教育、训练，培养他的良好品质、习惯与作风。祖母的督教对他的成长乃至一生，起到了至关重要的作用。

由于祖母的教导，玄烨自幼养成一丝不苟的学习态度，读书时“间有一字未明，必加寻绎，务至明惬于心而后已”。孔子所说的“知之为知之，不知为不知”，是他学习的座右铭。他从小就认识到虚心使人进步，骄傲使人落后，所以他总是虚心向人请教，不耻下问。

玄烨自少儿开始学习儒家经典，其后一直坚持不懈。他对孔子的孝道有特别深的研究和体会，这对其出色完成长达 62 年之久的统治，大有裨益。

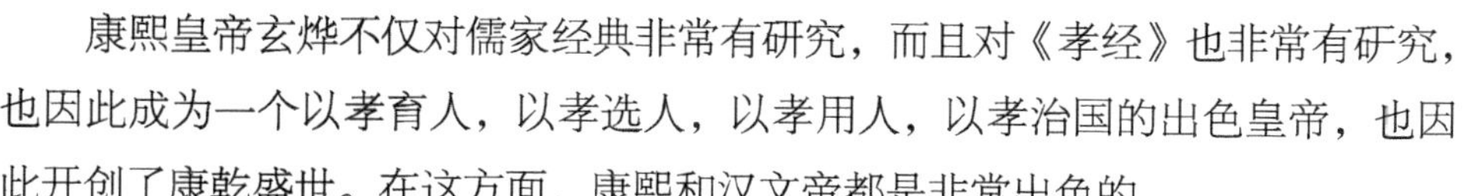

康熙皇帝玄烨不仅对儒家经典非常有研究，而且对《孝经》也非常有研究，也因此成为一个以孝育人，以孝选人，以孝用人，以孝治国的出色皇帝，也因此开创了康乾盛世。在这方面，康熙和汉文帝都是非常出色的。

他曾以自己的体会告诫儿孙们：“凡人尽孝道，欲得父母之欢心者，不在衣食之奉养也，维持善心，行合道路，以慰父母，而得其欢心，斯可谓真孝者也。”

因此可见，康熙皇帝玄烨不仅自己力行孝道，而且非常重视孝道的教育，真正做到以孝修身，以孝育人，以孝治家。他的治国和治家超出中国从古到今的绝大多数帝王。

由于父母双亲去世得早，因此，他把对父母的孝心全部寄托在孝庄太后身上。玄烨对祖母的孝心充分体现在他 30 多年的行动中。目睹这一切的朝臣们，都非常感动，认为他这样 30 多年如一日的尽心竭力地孝敬祖母，是自古帝王从来没有的事情。

他十分珍视每日与祖母的聚首。每当玄烨外出时，总是事事处处想着祖母。每次外出的途中，都会给祖母送回当地美味好吃的特产。离京期间，每隔 5 天，玄烨必定奏书向祖母请安，告诉祖母自己在外地的情况。而在回来的路上一想到即将要见到久违的祖母，他的心情就格外愉快。如遇上重大节日，他必定赶在节日之前回到京城。而且每次回来，必定先去请安。

公元 1672 年至 1681 年，也即康熙十一年至二十年，玄烨先后 6 次陪侍祖母去温泉疗养。其中，时间最长的 73 天，最短的 45 天。即使在平叛战争时期也未中断过，而且还经常更换地点，以求达到更好的疗效。孝庄每次去温泉疗养，康熙皇帝玄烨必亲自陪同，照料得无微不至。这里仅以她第一次去赤诚汤泉为例。

康熙十一年正月二十四日清晨，已提前做好准备的玄烨来到祖母宫中，扶祖母登辇后，他随辇步行，到神武门才上马。途中进膳时，他亲视祖母降辇，陪祖母一起至进膳处。得知一切安排妥当，才返回自己的行宫吃饭。饭后，玄烨赴祖母行宫，侍祖母登上辇，他又亲扶辕驾行走数十步，才上马跟随。傍晚行抵巩华城驻跸，他步送祖母乘舆至宫门，并亲视孝庄降乘舆入宫后，才放心地返回自己的行宫。

身为皇帝的玄烨，为了祖母的安全和健康，仍然从百忙中抽出大量的时间来陪同祖母疗养，彻底放下皇帝的身份，对整个过程的吃、住、行、疗养等每个细节，不仅考虑周到，而且往往亲自落实、检查每个细节是否做到位。由此可见，玄烨对祖母孝顺的程度。玄烨真的是一个至孝的皇帝，也因此他才能够开创康乾盛世。

正月二十五日快到南口时，玄烨得知祖母将要下榻的行宫尚未布置完毕，立即驰往亲视，待一切准备妥帖，才回奏祖母，并亲自将祖母送至行宫。之后，他又不顾一天的旅途劳顿，跃马出居庸关“亲阅道路”，以确保翌日祖母在路途的安全。

正月二十六日，玄烨一行经过绵延起伏的八达岭，玄烨至山麓下马，亲手为祖母“扶辇整辔”。孝庄心疼孙儿，几次对他说：“汝步行劳苦，其乘马前行。”玄烨执意不肯：“此处道险，必扶辇整辔，于心始安。”一直行至较平坦处，玄烨才重新上马。几天后过长安岭时，他同样“随驾步行”，进行护持。

正月二十七日，在怀来城东浮桥前，玄烨担心桥身不牢固，他让祖母的轿子暂且停下，自己亲自视验，确保无虞后，才请祖母过桥。

经过 9 天翻山过岭，长途跋涉，孝庄等终于平安抵达赤诚温泉。由于地方狭隘，除孝庄的行宫外，不便再建行宫，玄烨住在 7 里开外的头堡。他每天前来请安，并留下陪伴祖母。

身为皇帝的玄烨，把自己皇帝的身份彻底放下，去做侍卫、随从所做的事情，把祖母的安全放在首位，把行程中的安全细节亲自检查到位，执行到位。玄烨的至孝是实实在在地做出来的。

恰在此时，京城传来噩耗，皇后赤舍里氏所生嫡子承祜病故，年方 4 岁。承祜活泼聪颖，向为玄烨钟爱。玄烨为了不使祖母难过而影响治病效果，决定暂时向她隐瞒此事，直至孝庄回宫的 50 多天内，他始终将这一不幸消息瞒着祖母，独自背负了本可与亲人分担的痛苦。

由此可见，康熙皇帝特别孝顺，为祖母考虑细致入微，能够很好地把握事情的轻重缓急，真的非常孝顺，总是把祖母的健康放在心上。

孝庄圆满结束疗程，起驾回京。过长安岭时，大雨滂沱，玄烨不顾祖母的劝阻，仍旧下马步行，在雨天护侍祖母的辇辕，将祖母顺利护侍抵京。在这次

往返的行程中，玄烨表现出的对祖母的孝敬，确实是人们所难以想象的。

随扈的起居注官说他“天性纯孝，古帝王未之有也”，这并不为过。他完全把自己这个皇帝的身份放下，彻彻底底做子孙，不畏艰难，不畏险阻，对祖母无微不至的照顾，真真做到了至孝，和汉文帝一样成为中国历史上少有的几位至孝皇帝之一，因此开创了太平盛世。

孝庄自幼笃信喇嘛教，去五台山菩萨顶礼佛，是她多年的习惯。凡是祖母所想，玄烨无不千方百计予以满足。每次前往，必亲自提前细心做好充分准备。同年九月初，康熙皇帝玄烨为了满足祖母的愿望，孝敬祖母，从百忙中抽出一个月时间，带上哥哥、弟弟一同陪祖母前往五台山。玄烨彻底放下皇帝的架子，不顾安危，亲自率侍卫及祖母身边的太监赵守宝先行前往，勘探路途险情，亲视所修道路，每个细节都考虑得细致入微。

孝庄非常满意，抚摩着孙儿的脊背，连声称赞说：“车轿细事，且道途之间，汝诚意无不恳到，实为大孝。”许多年后，玄烨还将此事作为“臣子”“尽心体贴君亲”的例子，讲给皇子们听。他说：“凡为臣子，诚敬存心，实心体贴，未有不得君亲之欢心者也。”

玄烨身为皇帝，已经执政二十二年了，牢牢地掌握了清朝大权，取得了很多辉煌的成就，他的威望如日中天，但他还是这样彻底放下皇帝的架子，和侍从、太监一起亲自检查每个安全细节，处处从祖母的角度考虑，真的是至孝。带着这样的孝心去对待天下、对待国家，他又怎么不能开创太平盛世呢？这就是老子说的“执大象，天下往”。

康熙二十六年（1687）十一月二十一日，75岁高龄的孝庄病势凶猛，不同以往。从这一天起，玄烨处理完政务，便立即趋至慈宁宫侍疾。他守候在祖母的床边，“衣不解带，寝食俱废”，为祖母“遍检方书，亲调药饵”。孝庄入睡时，他“隔幔静候，席地危坐，一闻太皇太后声息，即趋至榻前，凡有所需，手奉以进”。孝庄心疼孙儿，多次让他回宫休息一下，但玄烨执意不肯稍离。他“惟恐圣祖母有所欲用而不能备，故凡坐卧所需以及饮食肴馔，无不备具”，就连米粥也准备了30多种，以供祖母所求。孝庄因病势渐增，实不思食，有时故意索未备之品，不意随所欲用，一呼即至。见孙儿如此殷切周到，正受病痛煎熬的孝庄不禁老泪纵横，她抚摩着玄烨的肩背感叹道：“因我老病，汝日夜焦劳，竭尽心思，诸凡服用以及饮食之类，无所不备。我实不思食，适所欲用，不过借此支吾，安慰汝心，谁知汝皆先令备在彼，如此竭诚体贴，肫肫恳至，孝之至也。惟愿天下后世，人人法皇帝如此大孝可也。”

作为一个富有朝代的皇帝，无论祖母需要什么都可以随时满足到，都可以安排很多人招呼侍候，但是玄烨的那一份用心，他衣不解带、废寝忘食、遍检方书、亲调药饵、隔幔静候、席地危坐，没有达到至孝的程度，真的是做不到。

为挽救祖母的生命，千方百计，想尽办法，常规方法，非常规方法，他都已经用尽了，最后祖母还是与世长辞。弥留之际，她知道孙儿对她的感情，担心孙儿过度悲伤，特在遗诏中指出：“惟是皇帝大孝性成，超越千古，恐过于悲痛，宜勉自节哀，以万机为重”等。

尽管康熙皇帝玄烨已有思想准备，但事情真的到来时，仍然难以接受。孝庄逝世后一连十余日，玄烨昼夜号痛不止，水浆不入口，以致吐血昏迷。新春佳节，玄烨坚持于慈宁宫为祖母守丧。他“每念教育深恩，哀痛实难自禁”，恸哭不止如前。正月十一日，孝庄的梓宫被迁往朝阳门外殡宫。发引时，玄烨坚持步行，途中每次更换抬梓宫的扛夫时，也“必跪于道左痛哭，以至奉安处，刻不停声”。

连续 60 天的侍疾、守丧生活与巨大悲痛，几乎摧毁了玄烨的身体，他“五内怔忡恍惚”“足疾虽痊，旧病丛生”。直到正月下旬，“力疾御门理事”时，还得“令人扶掖强出”。

康熙二十七年（1688）四月，玄烨亲自护送祖母的梓宫，前往遵化孝陵以南刚刚建成的暂安奉殿，恭视封掩。玄烨对祖母的感情，给法国传教士白晋留下极深刻的印象。康熙三十六年（1697），他写给法王路易十四的信中说：“像康熙皇帝那样最出色、最典型的孝道，甚至在中国历史上也是空前的。正因为唯有太皇太后曾对他有养育之恩，所以皇帝对她在一切方面的体贴、顺从，也达到了世人难以置信的程度。”“太皇太后死后的整整三年中，皇帝不仅节制自己，而且还禁止王公贵族的各种娱乐。同时，他每年还多次去远处的陵墓，悼念太皇太后，以他的种种孝敬使死者感到欣慰。三年丧服期满后，皇帝还是继续这样做。每当他路过太皇太后在世住过的宫室时，还会禁不住流下眼泪。”

康熙二十七年至六十一年（1722），玄烨前往遵化祭谒暂安奉殿、孝陵共

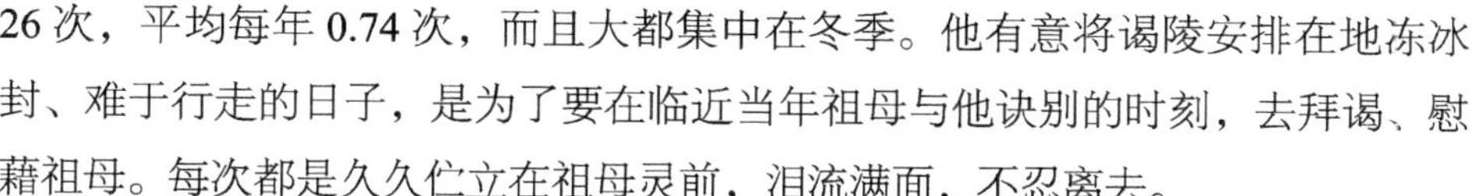

26 次，平均每年 0.74 次，而且大都集中在冬季。他有意将谒陵安排在地冻冰封、难于行走的日子，是为了要在临近当年祖母与他诀别的时刻，去拜谒、慰藉祖母。每次都是久久伫立在祖母灵前，泪流满面，不忍离去。

康熙五十六年（1717）冬，一天，玄烨和大臣们谈话时，言及太皇太后，与以往一样，他立刻“涕下如雨，哀不自胜”。这一刻骨铭心的思念，持续到他生命的终结。

公元 1722 年，十一月十三日，康熙皇帝玄烨 69 岁，病逝于畅春园寝宫。

总而言之，康熙皇帝是一个至孝的皇帝。自古到今，至孝的皇帝都能开创出太平盛世。

北宋灭亡之谜

宋徽宗赵佶酷爱艺术，是一个有艺术天才的人，在位时将画家的地位提到在中国历史上最高的位置，成立翰林书画院，即当时的宫廷画院。以画作为科举升官的一种考试方法，每年以诗词做题目，曾刺激出许多新的创意佳话。因此，在书画方面取得了很大的成就，并对中国绘画的发展有过重要贡献，其中之一就是对于画院的重视和发展。作为一位艺术家，宋徽宗应有他的历史地位。但是，作为一位国家的最高领导人——皇帝，他整天沉浸所谓的“艺术创作”中，则是不务正业了。

北宋时期，商品经济迅速发展，尤其是在宋徽宗时代，商品经济得到井喷式的发展。这使重农抑商的传统受到极大冲击，商人社会地位急剧升高。几乎与此同时，商人同皇室、贵戚和官员联姻，商人向官府交钱纳款为自己谋取官职，以及官员兼营经商甚至公开贩卖由官府专卖的茶、盐来牟取暴利也成了普遍现象，连军队经商都成为时髦。中国的商品经济在其萌芽阶段，就显现出了这种官商勾结的畸形病态。

宋代出现了许多拥有巨额财富的大商人。早在宋真宗的时候，宰相王旦就说过，在开封城里的商人中，家产超过 10 万贯的比比皆是，超过百万贯的也不少见。到了宋徽宗时，富商就像雪球一样越滚越大。由于官商不分或官商勾结，同样拥有巨额财富的“大官人”也同步增长。生活在社会底层的百姓，受到层层盘剥，自是穷的更穷，两极分化严重。

宋徽宗时期，社会之所以畸形变态，腐败突出，和宋徽宗密切相关。我们来看看宋徽宗，史家称其“穷奢极侈，滥增捐税，机巧多技，大兴土木，穷极淫乐，天变民怨”。没完没了的花石纲就是由他的“大兴土木”所引出来的。朱缅之流当然也可以借着采办花石纲中饱私囊，蔡京之流还可以弄出什么生辰纲，如此腐败敛财，方才搞得“天变民怨”，使得宋江、方腊揭竿而起。

他沉迷艺术，不懂治国，无视国防建设，忽视强军，使东北方强大起来的金王朝，不很费力地打入中原，攻占了汴京，灭亡了北宋。

导致北宋灭亡的根源在哪里呢?

实际上，无论是历史学家还是政治家，早就对其有总结，早就有了答案，但是这还不够根本。

宋徽宗是一个不孝的皇帝，但为了获取好处，他却表现得极其孝顺，而这就是假孝。

赵佶 1082 年 10 月 10 日出生。皇子们学习的主要内容为骑马、射箭、儒家经典、道家学说、史籍等，但赵佶他不爱好学习这些，只爱好笔砚、丹青、骑马、射箭、蹴鞠、豢养禽兽、侍弄花草，尤其是在书画方面显露出了卓越的天赋。

赵佶天赋很高，却没有从母亲那里继承端谨庄重的性格，相反，在周围环境的影响下，他自幼养尊处优，逐渐养成了轻佻放荡的习性，而且还结交了一些下三烂的朋友，因此，赵佶生活上也极其放肆。

随着年龄的增长，赵佶变得越加声色犬马起来，游戏踢球更是他的拿手好戏。他以亲王之尊，经常微服青楼歌馆，寻花问柳，凡是京城有名的妓女，几乎都与他有染。

赵佶还结交了一批与他臭味相投的狐朋狗友，胡作非为，无规无矩，无法无天，到处惹是生非。

这些都是品德非常恶劣的表现，属于严重的不孝行为，只是因为他是皇子，所以没有得到惩罚，这就让他更加放纵。

但是，宋徽宗在向太后面前，极力表现出极其孝顺，有礼有节，每日早晚必到向太后住处请安，骗过了向太后，博得了向太后的喜欢，得到了向太后的偏爱。

赵佶非常聪明，他很清楚，向太后在后宫中的地位和权势是最高的。因此，他虽然在外胡作非为，无规无矩，无法无天，游手好闲，惹是生非，寻花问柳，但是，他在向太后面前却表现得孝顺、聪明、有礼有节（这就是一种假孝）。他并不是为了获得皇位，而是为了从向太后那里获取利益、好处、安全和方便，因为他既不是长子也不是嫡出，何况当时的皇帝还非常年轻。因此，他甚至做梦也没想到会做上皇帝，也没有把他当作未来的皇帝来培养。也因此，他对做皇帝要具备的知识、能力等根本就不感兴趣，也就不学习，完全沉迷于他感兴趣的方面。

元符三年（1100）正月，年仅25岁的哲宗英年驾崩，没留下子嗣。显然，皇帝的人选只能在哲宗的兄弟中选择。神宗共有14子。当时在世的有包括端王赵佶在内的5人。赵佶虽为神宗之子，却并非嫡出，又非长子，按照祖宗法度，他并没有资格继承皇位。但是，由于向太后的鼎力支持，使赵佶在19岁时，被推上了皇帝的宝座。

宋徽宗即位之初，也曾广开言路，抑制奢华，平反冤狱，激浊扬清。他将被贬常州的苏东坡官复原职，将贬到永州的宰相范仁纯（范仲淹之子）召回京城。此时的赵佶俨然一位有为之君。然而，毕竟他是假孝，再加上那文人浪漫的气质和不稳定的情绪，注定了宋徽宗只能是一个艺术家，治国安邦对他来说只不过是3分钟的热情，舞文弄墨才是他毕生的乐趣。

表面上看，宋徽宗不是北宋的末代皇帝，但是实际上就是他使北宋败亡的。昏庸无道、挥霍无度、荒淫无道的宋徽宗加速了本已经腐败的北宋的灭亡。在面临势如破竹的金军铁骑大举入侵下，宋徽宗为了逃避责任，决意禅位，就这样26岁的皇太子赵桓被逼做上了皇帝，第二年北宋就灭亡。

从根本上来讲，宋徽宗就是一个不孝的皇帝，再准确一点说，他是一个假孝的皇帝，比不孝危害更大。既然是一个假孝的皇帝，当没有什么可以约束他的时候，他的本性就彻底暴露出来了——昏庸无度、挥霍无道、荒淫无道。

最后，宋徽宗和他的皇后及所有嫔妃，几乎所有子孙，几乎整个家族，包括所有重臣在内共计3000多人成为金国的俘虏，那些女眷被金国的达官贵人玩腻之后几乎全部送去做妓女，最后这3000多人几乎全部客死他乡，成为北宋实际上的末代皇帝，成为历史上荒淫腐朽皇帝的典型。

总而言之，宋徽宗就是一个假孝的皇帝。

赵佶在他刚刚懂事的时候，不愿接受比较系统且良好的教育，不愿接受儒家思想影响的结果，也没有得到母亲的正确教育和引导，又结交了一群狐朋狗友，因此，赵佶的成长就是畸形的，这使他成为一个胡作非为、无规无矩、无法无天、到处惹是生非的人。虽然他根本就不是做皇帝的料，但是由于他假孝，得到了向太后的青睐，得到了向太后的鼎力支持，因此，皇帝之位从天而降，使他做上了皇帝。

宋徽宗就是一个不孝的人，当他做了皇帝，认为自己的政权稳固之后，他的本性就彻底暴露出来了，他昏庸无道，挥霍无度，荒淫无道。这注定了北宋的灭亡。

其实，也正因为它是假孝，所以才导致了北宋的灭亡。

在中国历史上，他和隋炀帝的命运最接近，因为他们的孝道也很接近。宋徽宗是假孝，隋炀帝是假孝加逼死父亲，因此，隋炀帝比他多了一个残忍无道。也因此，隋炀帝的结局比宋徽宗更悲惨——自己被杀，朝代彻底灭亡，子女几乎灭绝。

而宋徽宗的假孝，其所有嫔妃、子女、几乎所有家族成员、重臣约3000多人被俘虏去金国，受尽耻辱，从而致使北宋灭亡。

南宋衰败之谜

认真研究一下这两个皇帝，你就会发现：这两个皇帝虽然所处时代不同，但他们都拥有精兵强将，可他们的结局却大不一样。这两个皇帝就是唐太宗李世民和宋高宗赵构。他们两个，一个开创了唐朝太平盛世，另一个却落后挨打，委屈求和，苟延残喘。

北宋灭亡，宋高宗南渡时，身边亲兵仅一千余人，然而通过各种方法，迅速调集人员防守住了淮河、长江，同时建立了南宋的根基。尽管是逃出来的南宋，没有让宋朝彻底灭亡，也算是宋高宗的功劳。他是唯一的逃出来的开国皇帝，而也正因为如此，所以他没有打出来的开国皇帝的那种本事。

宋高宗赵构在位初期因为动乱，为了保住江山，他也组织指挥过对金作战，起用主战派李纲、岳飞等，在建立南宋后仍用宋的年号。但他中期眼见女真的强势，又为了集权中央，强化皇权，因此采用了求和政策，大部分时间都是重用主和派的黄潜善、汪伯彦、王伦、秦桧等人，并处死岳飞，罢免李纲、张浚、韩世忠等主战派大臣。所以，宋高宗功过参半。

因此，也有人给他开脱。他作为一国之君而投降求和，在不是亡国之时，这是不可想象的。那么，在抗金形势有利于南宋的形势下，宋高宗为什么要蓄意破坏这样的局面？

（1）是当时宋廷中央政权极度虚弱，中央禁军基本丧失，他担心把握不住抗金的诸路大军，自然不会把金军当作威胁其统治的主要威胁。

（2）他担心迎回徽钦二帝会对他宋高宗的帝位产生影响。

（3）宋高宗的个性对南宋朝廷的影响。南宋认为宋高宗是一个善于守成而不善于开创的君主，能取得这样的“成就”，于他即使年轻时怀有恢复的志向，到了晚年，也不会轻易地改变。

我们从中国历史的角度来看，南宋产生了中国历史上最令人敬佩的文臣武将，它创造了丰富的文化遗产。尤其是在宋高宗时期，出现了李纲、宗泽、岳飞、韩世忠、梁红玉等一批出色的武将。按过去那种情况，应该开创一个国富民强的太平盛世的南宋才对，可是南宋却成为一个军事软弱、政治无能、苟延残喘的南宋，宋高宗时期反复割地、求和、赔款。这就是悲惨所在，可以说是中国最惨的朝代。

就像打牌一样，宋高宗运气很好，拿到一手好牌，一副可以开创盛世的牌，却打得如此糟糕。宋高宗的问题出在哪里呢？

这就不得不说到孝道，赵构就是一个孝道层次极低的皇帝。

赵构昏庸到明明知道金朝、元朝要灭掉自己，还要一味和对方求和。如果说是为了争取时间来强大自己还好说，但他不是这样做。他更昏庸的是偏偏自已有很出色的武将，在他不重视的情况下，也有出色的军队，但是，在不断受金朝侵扰的情况下，在父母兄弟姐妹与子女还在金朝受尽耻辱的情况下，他还不重视强军，不重视武将，还要不断贬谪几乎所有的武将，甚至杀害武将。

不管是进攻还是防守，还是签和约，如果有强大的军队做后盾，任何时候都不会吃大亏。

赵构是南宋的开朝皇帝，在中国历史上，所有的开朝皇帝都是自己打出来的，唯独这个开创南宋王朝的皇帝宋高宗是逃出来的。

公元 1107 年，宋高宗赵构出生，他是宋徽宗的第九个儿子，宋钦宗的弟弟，曾经被封为康王。

说到赵构，就不得不提一下他的父亲宋徽宗赵佶，他就是一个胡作非为、无法无天的浪荡公子，是一个假孝的皇子。因此，赵构的成长多少也是受他的父亲宋徽宗赵佶的影响，这使他和他父亲几乎一样，只是比他父亲稍好一点。

公元 1127 年，金兵攻入京城，俘虏宋徽宗、宋钦宗，随后抢劫一番，然后押着宋徽宗、宋钦宗等 3000 多人及大量的王室物品和财宝北去，北宋灭亡。

宋高宗赵构的父母、妻子、两个幼小的女儿和兄弟姐妹在内的所有北宋皇亲国戚几乎全部被金人抓走，在金国受尽凌辱，有的被折磨致死，有的沦为金人的奴隶。而且，金人把从宋朝掳掠到的女子，不论是皇后妃嫔、公主太后，还是宫女和民间女子，全部集中关押在上京的妓院里，供金国女真人玩弄、蹂躏。最为可恨的是，金国的达官贵人们还可以把他们看中的宋朝女子带回家当“性奴”。

消息传来，赵构于南京应天府（今河南商丘）即位，是为宋高宗，改元建炎，并建立南宋政权。即位后的宋高宗就决定南逃，李纲、岳飞等人纷纷表示反对，并坚决表示抗金。于是岳飞被削职，李纲被贬职，而宋高宗还是决定南逃。京师军民闻此消息，相聚啼哭。

从这一点就可看出，赵构是一个不孝的皇帝，至少可以这么说，在困难的情况下，他是不会对父母尽孝道的，他也根本不把百姓的死活、安危，以及百姓的心声放在自己的心上，也不把国家的荣辱、安危放在心上，而是把自己的利益、安危放在至高无上的地位。这就是孝道层次极低的一个表现。

公元 1128 年春天，赵构到达扬州，开始过起了醉生梦死、荒淫无道的生

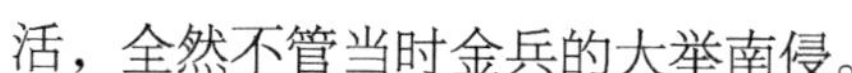

活，全然不管当时金兵的大举南侵。

公元 1129 年，金兵奔袭扬州，攻陷了天长，前锋距离扬州城仅有数十里。赵构此时正在后宫寻欢作乐，乍闻战报，慌忙带领少数随从乘马出城，急驰至瓜洲渡江逃跑。在这段逃亡的过程中，赵构和大臣们经常在寒冷的旷野中自己烧柴温饭。金兵突破了长江防线后，赵构退无可退，只得入海避敌，曾在温州沿海漂泊了 4 个多月。在逃亡的过程中，赵构历经饥寒交迫，艰难困苦。然而，这一切并未磨砺出赵构坚韧的意志力，更没激起他反金的斗志。赵构曾目睹过金兵的强悍和凶残，每当想起这些都是心有余悸。于是，他抛弃了父兄被虏、国土沦陷的国仇家恨，抛弃了依然在中原浴血奋战的宋朝军民，时时向金人求和，在送往金国的国书中，他不敢称帝，只是自称“康王”，表示愿意向金朝称臣。

在岳飞等将领都非常想把他的父兄救回来、以雪受尽的耻辱的情况下，他还是不愿意把自己的父兄救回来，不愿意尽孝道。父亲被金朝抓去，他这个时候要尽孝道是很困难的，但是，就是在这种情况下，才能看出他是不是真孝，是不是一个大孝子。如果是一个大孝子，他一定会想方设法强军，一定会想方设法打败金朝，甚至消灭金朝，把父兄救回来。可是，他还是一味求和。

建炎四年（1130），南宋大将韩世忠在黄天荡迎击金军，金朝军队遭到自开国以来的第一次挫败，但是仍然突围而去。原因很简单，金军有 10 万人，而宋军只有 8000 人。

完颜兀术摆脱了韩世忠的阻击，准备带兵撤回北方，到了静安镇（今江苏江宁西北）又遭到了岳家军的袭击，被杀得一败涂地，狼狈逃窜，使金国无法扩张。岳飞赶走金兵，收复了建康。

多强悍的武将和军队，没有朝廷的大力支持，仍然能够打胜仗。如果有一个极有孝道的皇帝，有岳飞父子俩做好准备，就足以打败金朝，救回赵构父兄，就可保南宋太平盛世 50 年，甚至消灭金朝都不是问题，更何况同一时代还有韩世忠夫妻俩，他们也能很好地配合。

再说赵构在海上获悉金兵北撤，于是迁都临安（今杭州），建立了南宋政权。这里交通便利，江河湖泊交错，金人的骑兵无法驰骋，让赵构倍感安全。而且江南是鱼米之乡，物产丰富，临安又是繁华秀丽的“东南第一州”。于是，赵构偏安一隅，不愿再和金国交战。

赵构无意雪国耻，但是宋朝的军民却都盼望朝廷北上抗金，夺回国土。在众多主张抗金的将领中，以岳飞最为有名。岳飞一心想要恢复中原，对自己和部下要求都十分严格。他的军队被称为岳家军，军纪严明，作战勇猛。在金军中更是流传着一句话："撼山易，撼岳家军难。"

南宋有岳飞、韩世忠等一批名将，再加上各地百姓组织的义军配合，要打退金兵本来也是有条件的。但是，赵构却还是一味地向金朝屈辱求和，拒绝主战派的抗金主张，最后还是以割地、纳贡、称臣等屈辱条件求和。

绍兴十年（1140），金朝再次发动全国精锐部队，以完颜兀术为统帅，分四路南下大举进攻南宋。赵构这才不得不下诏书，要各路宋军抵抗。

岳飞得到命令，立刻派兵出击，自己坐镇郾城指挥，先后收复了颍昌（今河南许昌东）、陈州（今河南淮阳）和郑州。完颜兀术见状，带大军"铁浮图"直逼郾城。完颜兀术在郾城失败后，又改攻颍昌，结果又被岳飞打败。完颜兀术在岳家军面前，连连失败，束手无策，只好打算放弃黄河以南地区，退守燕京（今北京）。但他的一个智囊却阻止他说："世界上从没有听说过，当权人物在政府内部猜忌掣肘，而大将能够在外建立功勋的。岳飞连生命都有危险，岂能有所作为。"

这位智囊的判断完全正确，自从赵构登上皇帝宝座以后，他日夜恐惧的只有两件事：一是，他的哥哥宋钦宗赵恒突然被释放回国，他的皇帝便做不成了；二是将领权力过大，万一发生"陈桥"式兵变，他的皇帝同样也做不成。

他为了自己的皇位，有实力打败金朝，救回父亲和哥哥，他也放弃。他不想想，如果他能领导南宋打败金朝，甚至消灭金朝，救回父亲和兄弟，孝敬好父亲，友爱哥哥，他们又怎么会好意思和他争皇位。因为他们腐败无能，自己都保不了自己，才被俘虏去。再说，不要说他们想抢，就算赵构想让皇位，下面的文臣武将和天下老百姓还不干呢，这些文臣武将不可能去放弃一个能打败金朝的皇帝，而去拥戴一个腐败无能的人来做皇帝。把他们救回来只是尽孝道而已，雪国家之耻而已。赵构如果很有孝道，就算没有实力，也可以暂时签下耻辱条约，之后卧薪尝胆，努力强军，消灭金朝，救回父亲和兄弟。由此可见，赵构是真的不孝。

再看看唐太宗李世民，不仅数次出计救父亲，而且还曾单骑舍命救出被围困就要被抓或被杀的父亲。和李世民相比，赵构的孝道相差太远。这也就难怪李世民可以开创唐朝盛世，而宋高宗赵构虽拥有强将精兵，却不能开创太平盛世。

此时，赵构的心腹宰相秦桧提议跟金国和解，并暗示说和解只是一种手段，目的在于解除帝位的威胁。而岳飞日夜不忘打败金军，迎回被俘的皇帝，让赵构既憎恶又害怕。眼看岳飞打下朱仙镇，又雄心勃勃直捣黄龙，赵构却急忙下令撤退，并在一天之内，连续颁发十二道召回金牌。

岳飞不能再不退兵，否则就是叛变。刚一退兵，完颜兀术看到岳家军撤走，马上重整旗鼓，向南进攻。本来被岳飞收复的河南许多州县，一下子又丢失得精光。

秦桧和赵构决心向金朝求和，他们担心受岳飞、韩世忠等人的阻挠，便让韩世忠做枢密使，岳飞做枢密副使，名义上是提升，实际上却是解除了二人的兵权。

公元 1141 年，金朝派使者到临安，谈判议和条件，最后签下了耻辱的和约。每年要缴纳给金国的巨额钱财和贡物自然会转嫁到老百姓的头上，致使各地农民纷纷起义。就在这种情况下，赵构仍然不顾人民死活，大兴土木，建造了各种神殿宫宇，举行盛大典礼，以之粉饰太平。

岳飞、韩世忠都是南宋非常出色的武将，而且彼此之间配合也非常好。岳家军也是一支非常出色的军队，完全能够打败金朝，而且事实也是如此。但是就是在这样的事实面前，赵构还是要在要消灭自己的金朝面前一味求和，并签下耻辱的条约，致使百姓承担沉重的负担。由此可见，赵构是真的昏庸无道。

公元 1142 年，绍兴和议以后，赵构决心铲除岳飞，命秦桧诬陷岳飞谋反，逮捕岳飞父子下狱。岳飞最后以“莫须有”的罪名遭到秦桧的陷害。

金朝不断侵犯自己，还把自己的父兄抓去，还反复签和约，得到大好处，大便宜而反复毁约。即便如此，赵构还是不重视发展军队，还是不断贬谪武将，杀死武将，真是昏庸无道。

1162 年，赵构只得下诏退位，将皇位交给了养子、宋太祖的七世孙赵昚，自己坐上了太上皇之位。公元1187年，81岁的赵构终于结束了他的一生。

总而言之，宋高宗赵构是一个不孝的皇帝。

赵构从小就生活在皇宫中，且正处在北宋腐败衰败的阶段。在他成长的这个关键阶段，他不愿意接受良好的教育（尽管他有好的学习条件），还受到了父亲很坏的影响，也没有得到父母正确的引导和教育，从而致使赵构的成长是不健康的，是畸形的，孝道层次是极低的。

孝道层次低的人做了皇帝，表现出来的就是昏庸无道、挥霍无度、荒淫无道、残忍无道等。越是不孝，表现越严重。

也正是因为他的孝道层次极低，所以他的父亲被抓去金朝后，他还能偏安一隅，还能认真地和金朝和谈，还签订耻辱的和约。而且，即使自己有很出色的将领，他却既不想打败金朝，也不想消灭金朝，救出父兄等人。

本来可以把南宋至少建成一个比较安定的朝代，他却硬生生把南宋搞得风雨飘摇。

西汉灭亡之谜

西汉王朝灭亡于公元8年，西汉的末代皇帝是汉平帝。因为王莽篡权，因而导致了西汉灭亡。但到底是什么原因导致王莽有机会篡权的呢？原因当然有很多，但是导致王莽有机会篡权的最根本的原因就是汉成帝的愚孝。我们现在就来好好了解一下汉成帝刘骜。

汉成帝刘骜出生于公元前51年，是汉元帝的嫡子。汉宣帝很喜欢这个嫡孙，亲自为他取名刘骜，字太孙，经常把他留在自己身边，而这样刘骜也就理所当然地成了后来的太子。

公元前33年5月，汉元帝刘奭去世。6月，皇太子刘骜继承皇位，这就是汉成帝。刘骜的亲生母亲王政君自然而然地被尊为孝元太后。从此，外戚王氏家族堂而皇之地登上了西汉的政治舞台，成为掌控国家生死存亡的决策者，也为后来的王莽篡权乱国埋下了伏笔。那么，王氏外戚是怎样登上西汉政治舞台

的呢？

刘骜尽管在农业和文化方面也是有一定的成就的，但他却是一个愚孝的皇帝。什么是愚孝？愚孝的表现，表面上看起来也是非常孝敬父母，却没有原则，就算是父母违反原则，做了严重违反道义的事情，或者严重违反法律的事情，也照样顺从。而刘骜的母亲王政君简直可以说就是一个无法无天的人。他的母亲一共有 8 个兄弟，其中有 3 个兄弟是同父同母，有 5 个兄弟是同父异母，还有 3 个姐妹，加上她共 12 个。汉朝一建立，汉高祖就有严格的规定，非刘氏不能封侯，非有功不能封侯，其主要目的就是防止外戚干扰朝政。汉成帝的母亲王政君的兄弟姐妹一不是刘氏，二没有功劳，因此他们都是不能封侯的。可是，刘骜登上皇位后，王政君理所当然地成为太后，不久，她就提出要给她的 2 个同父同母的兄弟封侯，而汉成帝则不顾原则规定就给他们封侯。王政君的大哥王凤后来官位高至大司马大将军、领尚书事，这主要还是因为汉成帝愚孝，架不住母亲王政君的闹腾硬是被提拔上来的，而不是凭真才实学干出来的。仅仅这两个同父同母的兄弟封侯还不够，5 年后，太后王政君又提出要给 5 个同父异母的兄弟封侯，汉成帝不情愿，王政君又反复折腾，汉成帝于是又不顾法规一天之内就封 5 侯。王政君有一个兄弟王曼死得早，王政君又不停地大闹要汉成帝给已经死去的哥哥王曼封侯，然后由王曼的儿子继承。这个王曼的儿子就是后来篡权乱政的历史人物王莽。此外，还有同父的姐妹的儿子，还有同母的儿子（他的母亲后来离开王家改嫁到苟家后又生了儿子），还有王氏亲戚，都在王政君的反复闹腾下，全部被安排到朝廷的重要位置做官，以致朝廷满是王氏家族的成员。因此，在王政君的反复闹腾下，王氏家族得到的封赏和重要职位已经到了登峰造极的地步，朝堂内外，王氏家族高官厚禄，掌握要职，这样的盛况已经超越了西汉的开国吕后和后来的窦太后。

我们再来看看汉成帝的长舅、王政君的大哥王凤，他为了巩固自己的地位，不断在朝堂上排除异己。王氏兄弟组成了一个团伙，他们看谁不顺眼就借汉成帝的手打击谁。不管是宦官还是其他势力，只要被看不顺眼，都会成为打击的对象。可是，汉成帝却不管不顾。

在这些王氏家族成员当中，就有一些不安分守己的人。这样就有一些人干了不少违法的事情，有的还是严重违法的事情，有的甚至是要杀头的事情。官员们都非常气愤，都知道王家的实力非常大，因此都不敢处理这些人。汉成帝每次遇到这种事情，都非常生气，都表示要严肃处理。可是这些事情一到他母亲那里，她一闹腾，最后所有的违法的事情都没有得到处理，都不了了之。就有这么一件事，王政君的兄弟王商想在自己的府内开挖人工湖，可是没有水源，他就擅自把长安城的护城墙凿了一个大洞，将城外的河水引到自家的湖中。这在当时是重罪，甚至是要杀头的，而汉成帝知道后也表示要坚决处理，但是经王政君一闹腾，就又不了了之了。还有一次，汉成帝微服私访出去游玩，路过王政君的兄弟王根的府邸时，就顺便进去参观了一下，当他看到园中的景致竟然和皇宫的几乎一模一样时，非常生气，这在当时也是重罪，甚至是要杀头的，而汉成帝也决定这次要狠狠地教训一下王根，但这时皇太后又出来阻挠，汉成帝无奈，结果又不了了之。类似这样的事情有很多。

王氏家族成员中确实也有一些能干的人，得到提拔，得到重用，举贤不避亲嘛，这也无可非议。可是，由于汉成帝是一个愚孝的皇帝，没有原则，这就导致很多没有能力、没有资格的王氏家族成员也都进入朝廷担任要职，这就导致王家一门独大。最后，不要说其他官员无法正常开展工作，就是汉成帝自己后来也无法掌控了。

王莽就是因此导致出来的一位人物。几乎是一人之下万人之上的王家老大王凤临死之前将王莽托付给汉成帝，王莽因此被提升为黄门郎、射声校尉，后又被封为新都侯，接着又升迁为骑都尉、光禄大夫、侍中。王莽不骄不躁，更加节俭，散衣物于宾客，收名士于门下，广交权贵，一时声名大振。在位者争相举荐，游士为之宣传，使其最终登上了大司马的位置。

汉成帝这种愚孝的最终结果导致外戚王氏家族一门独大，从而导致汉成帝要后悔翻盘都无能为力且没有机会了，更不要说后面的两位小皇帝了。两位小皇帝一是年龄太小（汉哀帝刘欣只活了 25 岁，汉平帝只活了 15 岁）；二是在位时间太短，两位加起来只有 11 年；三是没有经验和能力（可以说都是小孩，哪里有什么治国的能力和经验）；四是没有得力的人来辅助（王氏家族一门独大，除了王家的人，谁能辅助得了），而最后只有王莽来辅助，从而导致王莽篡权乱政，致使西汉灭亡。

如果是一个企业，愚忠愚孝会导致企业遭受损失甚至严重损失，这种现象

得不到纠正，将会使企业连年亏损，最后甚至破产；如果是一个国家，愚忠愚孝会导致国家遭受损失甚至严重损失，这种现象得不到纠正，将会使国家走上衰败的道路，甚至是灭亡；如果是一个国际组织，愚忠愚孝将会使国际组织信誉受损甚至严重受损，这种现象长期下去，完全可能导致解散。

世界通信大王任正非的成功之谜

华为技术有限公司，成立于1987年，总部位于广东省深圳市龙岗区。华为是全球领先的信息与通信技术（ICT）解决方案供应商，专注于ICT领域，坚持稳健经营、持续创新、开放合作，在电信运营商、企业、终端和云计算等领域构筑了端到端的解决方案优势，为运营商客户、企业客户和消费者提供有竞争力的ICT解决方案、产品和服务，并致力于实现未来信息社会、构建更美好的全连接世界。2013年，华为首超全球第一大电信设备商爱立信，排名《财富》世界500强第315位。华为的产品和解决方案已经应用于全球170多个国家，服务全球运营商50强中的45家及全球1/3的人口。

2017年6月6日，《2017年BrandZ最具价值全球品牌100强》公布，华为名列第四十九位；2018年《中国500最具价值品牌》华为居第六位；2018年12月18日，《2018世界品牌500强》揭晓，华为排名第五十八位；2019年7月22日美国《财富》杂志发布了最新一期的世界500强名单，华为排名第六十一位。

2018年2月，沃达丰和华为完成首次5G通话测试。2019年8月9日，华为正式发布鸿蒙系统；8月22日，2019中国民营企业500强发布，华为投资控股有限公司以7212亿营收排名第一位；12月15日，华为获得了首批“2019中国品牌强国盛典年度荣耀品牌的殊荣”。

2020年8月10日，《财富》公布世界500强榜（企业名单），华为排在第四十九位。同年，排名中国民营企业500强第一名。

写任正非、写华为的书籍有很多，很多书都总结了任正非的成功之道，也总结了华为成功的崛起之道。但是，今天我要从根本上揭开任正非的真正的成功之道，揭开华为成功的崛起之谜。

华为之所以有今天的成就，起决定作用的就是任正非的孝道。任正非算得上至孝的儿子，至孝得天下，做生意可以富可敌国，就可以做到那个行业的顶级，从政可以官至顶级，从事科技可以成为科技泰斗。现在，我们就来了解一下任正非。

任正非的祖籍是浙江金华，于1944年10月25日生于贵州。他共有七兄妹，他排行老大。

任正非的父亲叫任摩逊，20岁的时候考上了北平民大，读经济学专业。但平静的读书生活还没维持多久，先是日寇侵入中国东北，继而父母又相继去世，任摩逊的学业进行不下去了，只好辍学回乡。回乡后，为了生计，任摩逊先后在浙江和南京做过老师。1937年，经同乡介绍，颠沛流离的任摩逊在广州进了国民党412军工厂做会计，后来工厂搬迁到贵州，任摩逊也跟着来到了贵州。这段工作经历，后来给任摩逊个人和家庭带来了接连不断的灾难。

后来因为任摩逊私下举办读书会宣传抗日而遭到特务的威胁，他只好离开工厂逃回老家。在老家又被特务威胁，他只好装作自己得了严重的传染病，借机坐火车逃离家乡，继续回到贵州。返回贵州的任摩逊重新做了老师，和当数学老师的贵州本地姑娘程远昭结婚。

中华人民共和国成立后，任摩逊跟随解放军剿匪部队一起进入贵州的少数民族山区，在那里创办学校。当时任正非家在当地人看来算是“富人”了，因为他们家炒菜时是有盐的，这就是当地人眼中的“富人”标准。实际上，据任正非回忆，他们虽然不算很穷的孩子，但是和城市的孩子比起来，在见识方面就太孤陋寡闻了。

任摩逊将全部的时间和精力几乎都放在了办学上面，家里基本上完全靠程远昭一个人操持，但她从不抱怨，因为在她心里，怎样确保让一家人都能活下去就是她最大的使命。她每天几乎都是张罗着让一家人吃上饭，然后自己又要忙着收拾，经常忙得顾不上吃饭，甚至生完孩子当天就要进厨房做饭，而忍饥挨饿也是常有的事。

为了保证7个孩子都能活下来，任正非的父母想了一个办法——分餐（也

就是每个人吃多少都是固定好了的，大家不能争抢）。这样安排，虽然每个人都仍然感觉饥饿，但毕竟能保证每个孩子都有东西吃，不至于活活饿死。为了孩子，任正非的母亲经常把自己的口粮省下来倒进孩子的碗里。

多年以后，任正非在接受一家德国电视台采访的时候回忆："从小到大，我最深刻的记忆就是吃不饱，尤其是'三年困难时期'，我最大的梦想就是吃一个馒头，甚至晚上睡觉做梦都是在想是不是能有个馒头吃。那时候哪里会想什么要好好学习，哪里会考虑将来会有什么发展机会？"

任正非后来在文章里回忆这段岁月时写道："每个学期每人要交 2 ～ 3 元的学费，妈妈每次都为学费发愁，我经常看到妈妈月底就到处向人借钱度饥荒，而且经常走了几家都未必能借到。"任正非直到高中毕业都没有穿过衬衣，考上大学后，妈妈送了两件衬衣给任正非，任正非心里堵得慌，想哭。因为他知道，他有衬衣了，那就意味着弟弟妹妹的日子会更艰难。

那时候布票、棉花票管制，最少的一年，任正非家每人只发 0.5 米布票。当时他家里是 2 ～ 3 个人合盖一条被子，破旧的被单下面铺的是稻草，任正非上大学要带走一条被子，家里就更困难了。没有被单，任正非的妈妈就捡毕业学生丢弃的破被单洗干净后，缝缝补补给了任正非。这床被单陪伴他度过了 5 年的大学生活。

1963 年，任正非 19 岁，考上了重庆建筑工程学院，他非常珍惜这个能够改变命运的机会，在学校里发奋苦读。因为他想，只要大学毕业参加工作，就能赚钱孝敬父母，帮助父母减轻负担。

任正非是至孝的人，他时时都会为父母考虑，想着为父母减轻负担。那至孝的人能怎么样？孔子说过一句话"孝悌之至，通于神灵，光于四海，无所不通"。这也是任正非能创办华为并把华为做成世界通信大王的根本原因。

任正非的父亲曾反复叮嘱任正非：只有知识才能改变命运，只有在知识上过强过硬，未来才能更体面地照顾弟妹、回报父母。

于是在学校里，任正非屏蔽外界的一切干扰，一头扎进知识的海洋里汲取各种知识。他将高等数学的习题册从头到尾温习了两遍，在电子计算机、数字技术、自动控制、简易逻辑和哲学等学科上也下了苦功。除了各种专业知识外，他还选修了 3 门外语，反复研读德国军事家克劳塞维茨的《战争论》，这使他已后在商场博弈中更有底气。所有这些学习对任正非后来的成功都是有帮助的，但是这不是根本。根本是任正非是一个至孝的儿子，具有至孝之道，正是他的至孝之道成就了任正非，成就了华为，才有了华为的成功崛起，使华为不仅成为国内的顶尖企业，也成为世界顶尖企业。而这就是华为成功的崛起之谜。

世界电动汽车大王王传福的成功之谜

比亚迪股份有限公司创立于 1995 年，现拥有 IT、汽车、新能源和轨道交通四大产业，并在香港和深圳两地上市。比亚迪镍电池、手机锂电池、手机充电器全球第一，手机按键全球出货量第一，手机外壳出货量全球第二，稳居全球第一大充电电池生产商地位。2003 年，王传福力排众议进军汽车市场，创建了著名的比亚迪汽车。比亚迪汽车是目前世界上唯一一家同时掌握电池、电机、电控、充电基础设施以及整车技术的车企，产品涵盖七大常规领域——私家车、出租车、城市公交、道路客运、城市商品物流、城市建筑物流、环卫车以及四大特殊领域——仓储、港口、机场、矿业。比亚迪汽车还以连续 5 年超 100% 的高增长，快速成长为最具创新的新锐民族汽车品牌，更以独特技术领先全球电动车市场。2021 年，比亚迪新能源汽车销量大增，全年新能源汽车销量突破 60 万台，同比增长 218.3%。年报显示，2021 年，比亚迪新能源汽车市场占有率达 17.1%，年内增长 8%，新能源汽车保持全国汽车领先地位。2022 年第一季度，比亚迪新能源汽车继续占据领先地位。在新能源方面，比亚迪成功推出了电动车、储能电站、太阳能电站等绿色产品，立志于继续引领全球新能源变革。

说起比亚迪就要说说王传福。到 2022 年，他成了世界电动汽车大王。那他是如何成为汽车大王的呢？写他的人很多，不同的人有不同的答案，但多数都没有回答得很完美。今天，我要用我们中华优秀的传统文化给出答案，揭开世界电动汽车大王王传福的成功之谜。

王传福于 1966 年生在安徽芜湖的无为县，上有 1 个哥哥、5 个姐姐，下有

1个妹妹，家里一共10口人。他的母亲是一名传统的家庭妇女。他的父亲是他们村的村党支部书记，是个脑子灵活且手艺精湛的匠人。他的父亲的木匠活做得特别精美，打出来的家具很受大家的喜欢，也能赚些钱，而再加上他的父亲为人又热情，经常帮助他人，深得乡亲们的喜爱。因此，他们一家人的生活虽然算不上富贵，却过得特别温馨。

王传福在上学之后，成绩一直都是特别优异的，因此他成了父母眼中的希望。对于出身平凡的孩子来说，知识能够改变未来，努力读书考上一所理想的大学，拥有一份稳定的工作，这是那时所有人的期盼。而王传福却发誓一定要考上中专，以后吃公家饭，并且回报家人。

王传福本来也是朝着这一目标去前进的，可没想到厄运却不期而至。在他13岁的时候，父亲由于身体不适被确诊为肝癌，这让整个家庭都陷入了阴霾之中。虽然在医院救治了许久，也花费了不少的积蓄，可他的父亲最终还是离开了人世。

家里的顶梁柱突然倒了，王传福的妈妈靠着她那瘦弱的身体和勤劳的双手勉强支撑起整个家，几个姐姐先后嫁人，妹妹也被送到亲戚家抚养。王传福还有一个年长5岁的哥哥，他和哥哥都是很懂事、很孝敬父母的孩子。为了能够解决生活的困境，减轻母亲的负担，哥哥早早地便辍学，开始在社会上打拼。虽然父亲的离世让王传福很悲痛，但有哥哥与母亲的陪伴，他的生活也还算过得平稳。

原本王传福打算考一所中专，毕业就去工作，从而为家庭减轻负担。然而，他的母亲正好在他参加初中毕业考试的时候去世，王传福也因此缺考两门，与中专无缘。

没有了父母的庇佑，兄弟两人的生活陷入了困境。哥哥这时也刚刚成年不久，长兄为父，他作为大哥毅然早早地全部承担起了本由父母承担的家庭重担。当时王传福也曾想过不再上学，这样就能够减轻哥哥的负担。当他有这样的想法时，哥哥就像父亲一样严厉地制止了，并告诉他一定要好好上学，将来考上大学，以此来改变自己的命运。听完此话，王传福的眼泪涌出，背起行囊去继续上学！

有了哥哥的鼓励，王传福更加努力了。为了能够让这个家更加完整，也为了能有人照顾兄弟两人的生活，王传福的哥哥经媒人介绍，与张菊秀成婚。张菊秀出身贫苦，所以她并不在乎王传福一家的困境。

张菊秀很懂得孝敬父母，因而贤惠且善良，婚后一直照顾着两兄弟的生活。有了她的里外操持，这个家才有了温馨的氛围。中华优秀传统文化就有长兄为父、长嫂为母的传统，张菊秀作为长嫂，就像母亲一样对王传福的生活细心照顾和支持，也经常会在精神上给予支持与鼓励。

王传福高中的生活过得特别节俭，为了能够给家中省钱，他每周只用 10 元的生活费。为了解决王传福读书所需要的费用，哥哥和嫂子就开了一家店，又做起了小生意，一边赚钱供着正在长身体的王传福，一边防备有关部门对投机倒把的检查。有一段时间，因为生意不好，哥嫂为了不耽误王传福的学习，就挨家挨户地去借钱，甚至回娘家去借。当大嫂把皱皱巴巴的纸票交到王传福手中时，王传福流下了感动的泪水。也正是因为有哥嫂像父母一样的付出，他对于考大学更加的有动力了，他发誓：自己一定要出人头地，将来报答哥哥嫂嫂如此深沉的恩情。

也正是因为哥嫂像父母待子女一样地待他，本就孝顺的王传福也更加懂得珍惜感恩，也像对待自己的父母一样对待哥嫂，像孝敬父母一样孝敬哥嫂。功夫不负有心人，通过多年的努力，王传福以优异的成绩考入了中南大学。当拿到录取通知书的那一刻，他最先想到的就是给嫂子和哥哥看。这是对他多年努力的证明，也让家人特别的欣慰。

高兴之余，大学的学费成了一家人的难题。由于没有经济基础，在短短的一个多月的时间内凑齐学费，并不是一件容易的事。为了支持王传福顺利上大学，王传方变卖了家里唯一的手表，而嫂子张菊秀则更是卖了所有的嫁妆给他凑足了学费。为了解决弟弟以后上大学的生活费，哥嫂二人甚至把家搬到了千里之外的长沙，在学校附近摆摊谋生，继续供王传福读书。看到哥哥如此辛苦，王传福在大学里也是努力学习，丝毫不敢懈怠。中南大学就在岳麓山下，王传福却整整 4 年都没有爬过这座山。

他读书所取得的成绩，不仅是在为自己的未来寻求出路，也是在回报哥哥嫂子的付出。大学本科读完之后他又开始攻读硕士。王传福每次考试都是一路开绿灯，也因此得到了导师的高度认可。

一直到1990年王传福读完研究生毕业，哥嫂都是竭尽全力地为他付出和奉献。他毕业后被分配到了一家有色金属研究院工作，这才有了工资，这才让他们一家的生活有所改善。王传福得到人生的第一笔薪水时，首先想到的就是自己的哥嫂。他把工资全给了哥嫂，每个人都激动得热泪盈眶。之后王传福意外开始接触电池领域的研究，由于出众的表现，被提升为比格电池公司的经理。

工作几年之后，他有了经验与人脉，开始尝试着与自己的表哥一起创建了比亚迪。王传福为人好，有诚信又有知识做基础，很快比亚迪的名气越来越大。比亚迪镍镉电池在很多领域都被广泛使用，而王传福也成了电池领域的领军者。

随着科技的不断进步，王传福又先后购买了许多先进的设备，并且开始重用人才，最终成功研发了锂电池。2002年比亚迪成了上市公司，第二年又开始进军汽车行业，王传福的事业越做越大，资产也越来越雄厚。

事业有成的他，并没有忘记自己的哥嫂对他的支持与陪伴。在成功之后他的哥嫂成了公司后勤部的主管。在购买新房的时候，王传福总是会将对门的房子也一同买下，赠予哥嫂。一家人就住对门，这样工作与生活都能够相互扶持。

孝道越好，成就越大，幸福指数越高，越懂得珍惜和感恩。这就是一个人成功的根本，这就是孝道决定人生与命运。

孔子在《孝经》中说："孝悌之至，通于神明，光于四海，无所不通。"这句话的意思就是说："对于父母兄长孝敬顺从达到了极致，就可以通达于神明，光照于天下，任何地方都可以感应相通，做任何事情都能成功。"

这里说的就是至孝。至孝的人，从政就可以得天下，开创太平盛世；不从政从商，就富可敌国，成为首富；做任何事情都能做到顶级。

王传福的哥嫂在家庭面临危难之际，早早地承担起本应由父母承担的家庭重担，对自己的弟弟就像父母对待子女一样全力照顾支持，这就是孝道最真实的体现，因此，尽管没有什么文化，也没有什么技能，最后也享受到了父母一样的福报。

在过去的农村，也就是改革开放之前和改革开放初期的农村，不少农村都很穷。像王传福哥哥这样的人也有，没有文化，没有技能，但是，不管家庭多贫穷，也不管千难万难，他们都要把父母孝敬好，即使他们一生都没有在外做出什么成绩，但是，他们的后代都很有出息，他们的后代都很孝敬他们，最后他们都享受到了福报。

有一句名言叫“寒门出贵子”，这句话实际上是错误的。我们国家人口众多，在那个年代大家都很贫穷，寒门很多，出于寒门的人当然也就太多了，其中出贵子的家庭又有多少呢？实际上，不论寒门还是贵门，只要孝道好就能出贵子，只是寒门出的贵子往往更感人、更励志而已。孝道不好，寒门的人不论多少都成不了贵子。

世界玻璃大王曹德旺的成功之谜

曹德旺是福耀玻璃集团创始人、董事长。他是实业中难有的不行贿的企业家，自称“没送过一盒月饼”，以人格做事。2009 年 5 月，曹德旺登顶企业界奥斯卡之称的“安永全球企业家大奖”，是首位华人获得者；2014 年 12 月，首部自传性著作《心若菩提》正式出版；2018 年 9 月，曹德旺入选“世界最具影响力十大华商人物”；2018 年 10 月 24 日，入选中央统战部、全国工商联《改革开放 40 年百名杰出民营企业家名单》。福耀汽车玻璃目前占中国汽车玻璃市场的 70%，是中国第一、世界第二大汽车玻璃厂商。福耀玻璃的部分高新技术产品代表当今世界上最高的制造水平，并拥有独立的知识产权。曹德旺是行善的佛教徒，累计个人捐款已超 110 亿元。那么，他为什么能够成为世界玻璃大王呢？我们现在就来好好了解一下曹德旺。

关于曹德旺的视频和书籍很多，其中也有很多书籍和视频讲到了曹德旺成功的原因，讲到了曹德旺的成功之道。但是，如果你没有曹德旺的孝道，不管怎么运用曹德旺的策略、方法等，你都无法达到曹德旺的高度。如果你深谙我们中华民族孝文化的话，你就懂得怎么去识别一个人，你就会明白曹德旺取得这些成就的关键原因，你就会知道他为什么能够成为世界玻璃大王。

曹德旺于 1946 年 5 月出生，福建省福清市人。曹德旺的学历不仅不高，甚至可以说很低，他 9 岁才上学，14 岁就被迫辍学，初中还没有毕业。

曹德旺的人生经历很丰富，在街头卖过烟丝、贩过水果、拉过板车、修过

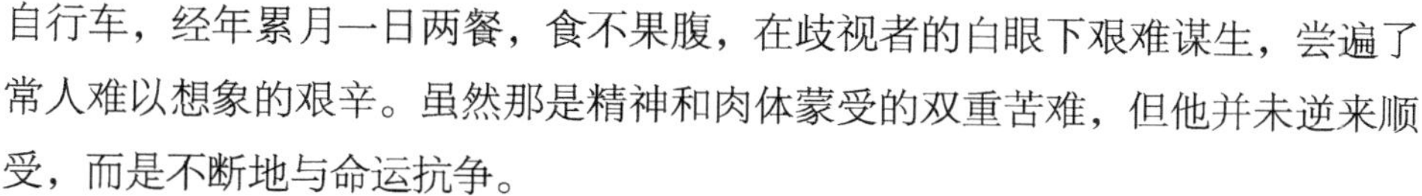

自行车，经年累月一日两餐，食不果腹，在歧视者的白眼下艰难谋生，尝遍了常人难以想象的艰辛。虽然那是精神和肉体蒙受的双重苦难，但他并未逆来顺受，而是不断地与命运抗争。

9岁以前，曹德旺经常都在田野里跑，每天还要捡树叶回家当柴烧。9岁以后，他开始上学，一下子要安安静静地坐在课堂里几个小时，自然就觉得凳子上扎着钉子似的，怎么坐都不舒服，所以他是一个比较调皮的学生。他的学习成绩虽不是很好，却也算过得去。那时的学分是5分制，从小学一年级到六年级，他的成绩总是在3分和4分之间，最好的也就是4分了，从来没有拿过5分。

小学5年级后，为了减轻父母的负担，曹德旺每天天不亮就要起床到附近的山野去捡树枝、扒树叶或者茅草，背回家，匆匆地吃点稀饭、地瓜什么的，抓起书包就到学校上课。下课后，吃完饭再去捡树枝、扒树叶或者茅草回家。早上捡的，是供母亲中午烧饭菜用的，中午捡的是供母亲晚上烧饭菜用的。冬天还好，夏天的时候，南方很热，又是正午，捡完树叶就会出一身汗，他就会跳进浅水沟里洗澡，穿上衣服再直接跑回学校上下午的课。天天如此。

一个孩子，每天天蒙蒙亮起床干活，接着上一上午的课，然后再干一个中午的活，到了下午上课时，自然累得上下眼皮直打架，而扛不住了，就趴在桌面上睡着了。这样的事经常发生，老师当然生气。初一上学期的一天，曹德旺又在课中睡着了，下课后，老师把他拎到教导主任面前，请求处置他。

由于学校没有调查清楚情况，就在学校所有学生面前对曹德旺做出了错误的处罚，使曹德旺幼小的心灵受到很大的伤害，使他不愿再回学校。就这样，他辍学了。他把自己关在屋里哭得非常伤心，委屈、惭愧、懊恼、悔恨，各种滋味都有吧。

书不能读了，日子却还得过下去。母亲从队里牵了一头牛回来，14岁的他成了队里的放牛娃。一天两个工分，一个工分8分钱，一天有1角6分钱的收入。现在到菜市场买菜，1角2角经常被忽略不计的，那时的1角6分钱却相当于现在的几元钱，可以买到1.4斤大米或者3两猪肉。

他每天一早起床捡柴、挑水、放牛，傍晚将牛牵回栏里后再去捡柴。有时，还要到田里帮舅舅种地。冬天地瓜收成的日子，则负责到地里翻捡薯蒂，补充家里不足的口粮。

离开了学校，仍然想读书，怎么办呢？还想读书却不能读了，曹德旺就把哥哥读过的书带在身边，边放牛边捡柴之余边自学。看不懂的字，他就问哥哥，而哥哥不在身边时，他就用《新华字典》和《辞海》查找。那时的《新华字典》一本 8 角钱，是他割了一年多的马草攒下的；《辞海》3 元钱，是他割了三年多的马草才攒够了钱买下的。

那时，只要是印有字的纸，他都会拿起来读，他的很多知识的积累，都来自他的自学。一直到现在，他仍然爱看各种书籍，并有一个怪癖，到他家千万别向他借书或要书，再好的朋友他都不会给，真是有一点爱书如命。

放牛的日子不过一年。与后来的日子比起来，这一年并不算苦，也不算累，却让他在幼小的年纪就体验了成人世界的险恶与底层百姓受欺凌的滋味。这个苦，他没对母亲说，怕她伤心。不过，这样的人情冷暖，也成为他后来处世的经验。

15 岁那年，曹德旺的父亲需要他帮着做生意。他虽然小，但他还是顺从地跟父亲回了家。回家的第一件事是学骑自行车，学习了一个上午的自行车，下午就骑着自行车和爸爸一起上福州进香烟卖。从福州买些香烟，运到高山卖，从中赚取价差。但那时，是不允许自由买卖商品的，抓到就会当投机倒把论处，轻者没收，重者收押，游街示众。由于他的个子的确小，虽然 15 岁了，但看着也就十二三岁的模样，因此他用自行车运烟的时候没有人检查他。

由于曹德旺年纪小，个子更小，体力实在跟不上父亲，但是曹德旺为了给家里出一份力，减轻父母的负担，还是硬撑着。三天时间，他来回骑了 100 多公里，进货 30 斤。跟随父亲两次以后，他就自己独自进货了，而他父亲则负责卖货。

曹德旺说："记得某个冬日的一天，我进好货，大概是头天受了风寒，骑出福州没多久就开始拉肚子。从福州到宏路的太城岭，五十多公里的山路，平日里半天的时间就可以骑到，那一天，我用了一天的时间。一路上，我都想停下来，不走了，但是，又担心车上的货会不安全。于是骑一会儿，停一会儿，腿越来越软，车越来越重，人就像在棉花上。那时的山路并不像现在的公路，崎岖而窄小，一不小心就可能连车带人翻到山涧下。抵达太城岭时，已经是晚上快 8 点了。我都不知道自己是怎么翻过太城岭的，来到老蔡的杂货铺时，只知

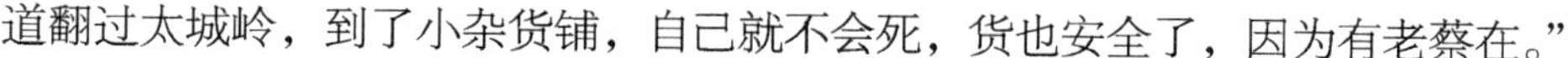

道翻过太城岭，到了小杂货铺，自己就不会死，货也安全了，因为有老蔡在。”

到小杂货铺时，应该是晚上 8 点多，他人都变形了，见了杂货铺主老蔡也无力说话。老蔡一见，赶紧出了货铺，接过他的单车支好，再扶他进了货铺。一进去，他就瘫坐在椅子上。老蔡急忙烧了热水，让他擦擦身烫烫脚，又煮稀饭给他吃，再用开水冲神曲，让他喝下，又扶他上床，之后他就昏昏迷迷地睡了过去。

曹德旺昏睡着，高山的家里却彻夜难眠。那个年代没有电话，老蔡不可能将他的情况及时通知他的父亲。

那天曹德旺本应该在下午三四点回到高山的。可一直到晚上，他的父母亲都没见到他。家里人急了，父亲母亲一次一次地到镇口去接他，但路的那一端，始终没有他的身影。那一夜，他的父亲应该是遭了母亲的不少埋怨，天还没亮，就忐忑地出发，沿路打听有没有人见到他，一直找到老蔡的杂货铺。

“在我这儿，还在睡呢。德旺这孩子可了不得，生了那么重的病，人都走形了还不忘记把货带到家。”

曹德旺虽然这次得了一次重病却没有说不干，为了减轻父母的负担继续坚持着干下去。只是这以后没多久，他的父亲就改做了水果生意。曹德旺每天得凌晨 2 时起床，冬天顶着寒风，夏日冒着酷暑，骑车到福清县城，天刚刚发亮，批发好水果，随便吃点东西再载着 300 多斤重的水果骑车回高山。到高山，通常已是下午 3 时左右，再和父亲一起卖水果。水果卖完一般就天黑了，回家吃晚饭通常都要到晚上 7 点半以后。这样辛苦一天下来，能收获 3 元左右的利润。

17 岁的少年，正是生长的旺盛期。凌晨 2 时，刚刚进入梦乡，哪里起得了床？所以，每天，都是母亲坐在床前，不断地喊着，轻推着酣睡的他才起的床。常常，他睁开眼睛时，看见母亲的眼睛还是湿润的，没来得及擦干。

“妈，你为什么哭？”

“傻孩子，妈没有哭，只是难过。”

“为什么难过？”

“唉，叫你难过，不叫你又不行。”母亲说着又有些忍不住，眼泪在眼眶里直打转。

“你小小年纪，小小个子，就要承担起家里的重担。孩子，难为你了。”

曹德旺为了孝敬父母，减轻父母的负担，咬着牙坚持着，从不说“不”字，也不因为看到母亲心疼难过而趁机讨价还价。

如果只是一次两次这么早叫醒曹德旺，相信他的母亲不会这样心痛。因为长期这样叫醒曹德旺，才使得年少的曹德旺长期不能睡好睡够，也才使得曹德旺的母亲每每叫他起床都常常流泪。他的母亲因他的行动而感动，心痛也因他的这种孝而倍感欣慰。这就让我想到了“孝悌之至”,“孝悌之至”能怎样？“孝悌之至，通于神明，光于四海，无所不通”。这也难怪曹德旺做汽车玻璃能做成世界玻璃大王了。

和水果的利润比，烟丝的利润要高许多。水果生意做了三四年，他的父亲又回头做起了烟丝生意。不到一年，他的父亲被当地的工商局抓了现场，烟丝被收缴，自行车也被收了去。

不久，他的母亲生病了。由于三年严重困难和“大跃进”、大鸣大放，人们没有了吃的。能吃的，树根、树皮、野菜、观音土……吃一切能“填饱”肚皮的东西，以致很多人全身浮肿。而曹德旺的母亲也是在那时得了浮肿病。她常常肿得走不动路，需要有人在家服侍她。可是，大姐出嫁了，哥哥在学校读书，妹妹还小，母亲和父亲就商量着给曹德旺找个媳妇来服侍母亲。

为了孝敬好母亲，照顾好母亲，曹德旺也就同意了结婚。于是，他的舅舅介绍了他同村的一个姑娘，说是一户好人家的女儿，叫陈凤英，要他去看。为了更好地孝敬母亲，他就让母亲去看，只要母亲满意就行。母亲看了之后很满意，于是，曹德旺就和这位姑娘结婚了。

结婚后，曹德旺同母亲沟通并经母亲同意后，就出去闯天下了，但是他却把老婆留在家里继续照顾母亲。因为他不想老了以后像爸爸一样，所以他决定不重走父亲的老路。独立出去后，他首先要做的是政府允许做的事，而且他要学会做赚钱的生意。

从上述这些，就能看出曹德旺从小就拼尽全力为父母减轻负担，极其孝敬父母，而且在孝敬父母的过程中领悟到了孝敬父母不能愚孝，要遵纪守法。这为他以后开创福耀提供了安全的保障，为他打赢美国和加拿大两国政府的官司奠定了根基。

也正是这种孝敬父母的思想观念和言行，使得曹德旺有了今天的成就。但

是，他的所有财产、公司都是他太太的名字，他要让她觉得安心，这辈子有依靠。他们虽然没有那些激情如火的海誓山盟，但是他们毕竟是从年轻到白发，中间所有的悲伤和快乐都是连在一起的，这是一种血脉相连的感情，没有经历过的人是体会不到的。

曹德旺为什么要做这样的安排呢？这是因为在他还没有富起来的时候，他的老婆嫁给他的时候，还是一个少女，没有读过书，他们的结合完全是父母之命，媒妁之言。结婚前他们连面都没有见过，仅仅看过一张很小的黑白照片，所以他们没有经历过谈恋爱的过程，却有一心好好孝敬父母的共识。正因为这样，他才能一心开创他的玻璃厂，因此他才能把他所有的精力都贡献在这个事业上，使他的事业得到了持续的发展，最终成为玻璃大王。

可是，一想到她嫁给他的时候是那样一个纯朴的少女，这么多年，无论什么样的事情发生，她都始终如一地听从他的安排，他就觉得有义务要尽到自己的责任。通常，孝心好的人才懂得珍惜和感恩，而曹德旺就是这种人。

忠心是婚姻这座大厦的基石和顶梁柱，而忠心面对父母、长辈叫孝心，面对国家、企业、上级、另一半叫忠心。虽然面对的对象不同，叫法不同，表现形式有所不同，但本质上都是同一个心。通过曹德旺对太太的做法，我们看到了他的忠心的程度，也从另一个角度看到了他的孝心的程度。因而，他能登上世界汽车玻璃的顶峰是顺理成章的事。

到这里，我们就能明白为什么说忠孝是立国兴国、立家兴家、立业兴业之本的原因了，也能明白孝道决定人生了。